机动车排放检验网络监督管理系统
——实时监管功能设计基础

主　编：双菊荣　罗海斌

副主编：庄宏财　殷景明　魏仁洪　农加进

U0252177

中国环境出版集团·北京

图书在版编目（CIP）数据

机动车排放检验网络监督管理系统：实时监管功能设计基础/双菊荣，罗海斌主编. —北京：中国环境出版集团，2023.3

ISBN 978-7-5111-5429-3

Ⅰ.①机… Ⅱ.①双…②罗… Ⅲ.①智能技术—应用—汽车排气污染—空气污染监测 Ⅳ.①X831-39

中国版本图书馆 CIP 数据核字（2023）第 026516 号

出 版 人　武德凯
责任编辑　李兰兰
封面设计　宋　瑞

出版发行　**中国环境出版集团**
　　　　　（100062　北京市东城区广渠门内大街 16 号）
　　　　　网　　　址：http://www.ccsp.com.cn
　　　　　电子邮箱：bjgl@cesp.com.cn
　　　　　联系电话：010-67112765（编辑管理部）
　　　　　　　　　　010-67112735（第一分社）
　　　　　发行热线：010-67125803，010-67113405（传真）
印　　刷　北京建宏印刷有限公司
经　　销　各地新华书店
版　　次　2023 年 3 月第 1 版
印　　次　2023 年 3 月第 1 次印刷
开　　本　787×1092　1/16
印　　张　19.25
字　　数　400 千字
定　　价　80.00 元

前　言

I/M 制度（机动车排放检验与维护制度）是机动车排放污染防治最有效的措施之一，已成为当今世界的一种共识。I/M 制度包含检验与维护两层含义，I 制度主要指排放定期检验制度，M 制度主要指排气维护制度。我国在 20 世纪末和 21 世纪初就开始了 I 制度的研究，经过二十多年的发展，已建立了较为完善的 I 制度，排放检验工作也在全国全面展开，有效缓解了我国城市机动车快速增长所带来的大气环境污染压力，也促进了我国机动车排放污染防治工作的进步与发展。

机动车排放检验网络监督管理系统（简称监管系统）是我国各级机动车排气监管部门所采用的信息化业务管理系统，主要作用是采集排放检验过程数据与结果数据，对排放检验过程进行实时监管。由于各地缺少有机动车排气监管经验的信息化管理与建设方面的综合型人才，软件开发人员对机动车排放检验与监管业务也不熟悉，监管系统基本没有根据具体检验业务实施模块化管理或没有建立具体业务监管模块，一定程度上制约了我国机动车排气监管信息化业务水平的提高。部分城市虽在机动车排气检测线上加装了黑匣子和黑烟抓拍等辅助监管设施，强化了机动车排放检验业务的实时监管，但监管系统的作用仍停留在视频监控、数据采集以及简单的数据分析与统计等方面，机动车排气检测全过程的实时监管能力仍然缺乏，加上长期以来各地机动车排气监管人力资源严重不足等因素，造成了目前机动车排放检验行为难以有效规范、行业违规违法行为较突出等问题。

本书针对目前机动车排放检验监管现状以及在用监管系统存在的不足，从机动车排放检验全过程质控管理着手，依据《汽油车污染物排放限值及测量方法（双怠速法及简易工况法）》（GB 18285—2018）和《柴油车污染物排放限值及测量方法（自由加速法及加载减速法）》（GB 3847—2018）在用车国家标准，以及 HJ/T 289—2006、HJ/T 290—2006、HJ/T 291—2006、HJ/T 292—2006、HJ/T 395—2007、HJ 1237—2021 和

HJ 1238—2021 等标准，结合机动车排放检验业务特点与管理需要，对仪器性能检查与机动车排气检测各测试阶段的质控参数进行了分析、梳理与归类。通过分析监管系统的基本层次结构与主要业务功能，提出采用状态管理检验业务、控件管理质控参数限值等方法建立机动车排放检验业务实时监管模块的建设思路，并按标准规定的仪器性能检查内容、机动车排气检测方法与检测流程，建立了以基模块、子模块和主模块为主的三层机动车排气检测业务实时监管模块的控制流程，力求为机动车排气监管部门、监管系统开发商与开发人员、高等院校教学与科研人员、简易工况法设备集成商与设备工控软件开发人员、机动车排放检验机构软件开发人员、移动源管理系统研发人员、机动车排气监管人员、机动车排放检验从业人员等提供一本实用的教学与参考书籍。

本书旨在为监管系统的研发与建设提供参考思路与方法，未涉及具体软件编程内容。书中的相关流程图为非软件开发流程图，也未按软件流程图绘制方法规范绘制，软件开发时尚需细化完善。本书由广东省广州生态环境监测中心站双菊荣教授级高工和广东泓胜科技股份有限公司罗海斌工程师主编。第 1 章、第 3 章、第 4 章、第 5 章由广东泓胜科技股份有限公司罗海斌、庄宏财、殷景明和魏仁洪四位工程师编写；第 2 章、第 6 章、第 7 章由广东省广州生态环境监测中心站双菊荣教授级高工和农加进高级工程师编写。

本书的撰写参阅了同行专家、学者的著作、论文等文献资料，并得到广东省广州生态环境监测中心站、佛山市生态环境局顺德分局、清远市生态环境局机动车排气污染防控中心、广东泓胜科技股份有限公司以及国内一些机动车排气检测设备生产企业、排放检验机构的支持与帮助，本书的出版也得到了中国环境出版集团李兰兰编辑的鼎力支持，在此一并表示感谢。

由于在用机动车排放标准、排气检测技术及检测设备生产技术的更新与提高较快，各地机动车排放检验监管需求也将不断强化与完善，加上本书的编写时间仓促和编者水平有限，书中疏漏谬误之处在所难免，恳请读者和同行批评指正，编者将在本书修订时进一步修改完善。

编　者

2023 年 1 月

目　录

第 1 章　排放定期检验导论

所谓排放定期检验（简称排放检验），是指依据国家相关法律法规，由政府部门主导、机动车排放检验社会机构承担的一项周期性强制机动车排放审验业务。通过审验甄别出排放超标车辆，采取限制上路行驶措施强制超标车辆进行排放维修与治理，达到促进车主加强车辆维护与保养、减少机动车排放对大气环境污染影响的目的。

1.1　排放检验依据的主要法律法规

1.1.1　《中华人民共和国大气污染防治法》

排放检验依据的上位法为《中华人民共和国大气污染防治法》（简称《大气法》）。2015 年修订的《大气法》首次将机动车排放污染防治纳入国家环境保护法律最高层面，经 2018 年再次修订，共包含了 18 条机动车船污染防治条款，其中有 12 条涉及机动车排放污染防治工作，与排放检验相关的主要条款为第五十三条和第五十四条，具体内容如下：

第五十三条　在用机动车应当按照国家或者地方的有关规定，由机动车排放检验机构定期对其进行排放检验。经检验合格的，方可上道路行驶。未经检验合格的，公安机关交通管理部门不得核发安全技术检验合格标志。

县级以上地方人民政府生态环境主管部门可以在机动车集中停放地、维修地对在用机动车的大气污染物排放状况进行监督抽测；在不影响正常通行的情况下，可以通过遥感监测等技术手段对在道路上行驶的机动车的大气污染物排放状况进行监督抽测，公安机关交通管理部门予以配合。

第五十四条　机动车排放检验机构应当依法通过计量认证，使用经依法检定合格的机动车排放检验设备，按照国务院生态环境主管部门制定的规范，对机动车进行排放检验，并与生态环境主管部门联网，实现检验数据实时共享。机动车排放检验机构及其负责人对检验数据的真实性和准确性负责。

生态环境主管部门和认证认可监督管理部门应当对机动车排放检验机构的排放检验情况进行监督检查。

《大气法》第五十三条和第五十四条明确了机动车排放检验的合法地位，也明确了排放检验由机动车排放检验机构承担，以及承担机动车排放检验机构的基本要求与责任。

除《大气法》外，大多数省份也依据《大气法》制定了省级机动车污染防治条例，许多大中城市（如广州市、杭州市、南京市、青岛市、深圳市等）也结合地方管理需求，发布了地方机动车排放污染防治条例（简称条例）。条例的发布，为排放检验的开展与有效实施提供了可操作性保障。

为强化机动车的排气污染防治与监管，国务院生态环境主管部门先后发布了《汽车排气污染监督管理办法》《机动车排放污染防治技术政策》《摩托车排放污染防治技术政策》《柴油车排放污染防治技术政策》等一系列机动车排气污染防治监督管理与技术政策性文件，为机动车排气污染防治工作提供了良好的技术政策支撑。

1.1.2 排放检验依据的标准体系

排放检验主要依据国家发布的在用车排放标准开展检验业务，现行有效的国家在用车排放标准主要包括以下 3 个：

（1）《汽油车污染物排放限值及测量方法（双怠速法及简易工况法）》（GB 18285—2018）；

（2）《柴油车污染物排放限值及测量方法（自由加速法及加载减速法）》（GB 3847—2018）；

（3）《农用运输车自由加速烟度排放限值及测量方法》（GB 18322—2002）。

在用汽车主要依据 GB 18285—2018 和 GB 3847—2018 两个标准开展排放定期检验。

为规范在用车排气检测设备的生产，原国家环境保护总局还配套制定和发布了 5 个排气污染物测量设备技术要求推荐性标准：

（1）《汽油车双怠速法排气污染物测量设备技术要求》（HJ/T 289—2006）；

（2）《汽油车简易瞬态工况法排气污染物测量设备技术要求》（HJ/T 290—2006）；

（3）《汽油车稳态工况法排气污染物测量设备技术要求》（HJ/T 291—2006）；

（4）《柴油车加载减速工况法排气烟度测量设备技术要求》（HJ/T 292—2006）；

（5）《压燃式发动机汽车自由加速法排气烟度测量设备技术要求》（HJ/T 395—2007）。

GB 18285—2018 和 GB 3847—2018 也部分引用了上述 5 个标准中的相关内容，目前，这 5 个排气污染物测量设备技术要求推荐标准仍现行有效。

为进一步规范排放定期检验行为，2021 年，生态环境部又发布了 2 个机动车排放定期检验规范性标准：

（1）《机动车排放定期检验规范》（HJ 1237—2021）；

（2）《汽车排放定期检验信息采集传输技术规范》（HJ 1238—2021）。

上述标准构成了我国在用机动车排放定期检验的标准体系。

1.1.3　《中华人民共和国计量法》

2018 年修正的《中华人民共和国计量法》（简称《计量法》）第二十二条规定，为社会提供公证数据的产品质量检验机构，必须经省级以上人民政府计量行政部门对其计量检定、测试的能力和可靠性考核合格。

为了规范检验检测机构资质认定工作，优化准入程序，国家市场监督管理总局于 2021 年 4 月修改了《检验检测机构资质认定管理办法》，发布了《检验检测机构监督管理办法》，均于 2021 年 6 月 1 日正式实施，相关主要条款详见 1.5.1 节和 1.5.2 节。

《大气法》第五十四条也明确规定，承担排放检验业务的机动车排放检验机构应当依法通过计量认证，因此，排放检验工作也必须遵守《计量法》、《检验检测机构资质认定管理办法》和《检验检测机构监督管理办法》等相关规定与要求。

1.2　排放检验的运作模式

排放检验主要参考了公安部门安全技术检验运作模式，由机动车排放检验社会机构承担具体检验业务。《大气法》第五十三条规定，未经检验合格的，公安机关交通管理部门不得核发安全技术检验合格标志。为方便车主进行排放检验，排放检验也基本依托机动车安全技术检验机构承担。

1.2.1　排放检验机构应具备的基本条件

根据《大气法》第五十四条以及《计量法》有关规定要求，承担排放检验业务的检验检测机构应具备以下基本条件：

（1）具备独立法人资格，能承担相应的法律与民事责任。

（2）有排放检验专用场地并安装有符合国家标准要求的排放检验设备，排放检验车辆出入应方便和不致造成检验场所及周边道路的拥堵，应确保排放检验时不会对附近市民的正常工作与生活造成明显影响，特别是不能对环境敏感点造成影响。

（3）应结合排放检验工作要求建立完善的质量体系和配备满足排放检验的人力资源。

（4）取得计量认证资格，计量认证能力附表应包含拟从事的排放检验业务内容。

（5）检验设备与属地生态环境主管部门建设的机动车排放检验网络监督管理系统联网，实现排放检验数据的实时上传与共享。

（6）遵纪守法，服从属地生态环境主管部门和计量认证主管部门的日常监督管理。

1.2.2 排放检验周期与安全技术检验周期同步

机动车定期检验包含安全技术检验和排放检验两方面内容。由于生态环境部门缺乏限制超标车辆道路行驶的有效手段，所以《大气法》规定"未经检验合格的，公安机关交通管理部门不得核发安全技术检验合格标志"。由此可见，排放检验业务虽由生态环境部门主管，却必须依靠公安机关交通管理部门进行把关，这也是排放检验机构依托安全技术检验机构建设、排放检验周期与机动车安全技术检验周期同步的主要原因。

在用车的检验周期通常由公安机关交通管理部门依据车辆的用途、使用频率、车型大小与新旧程度等指标综合考虑制定，主要遵循以下基本原则：

（1）新注册登记车辆的检验周期相对较长，老旧车辆的检验周期相对较短。

（2）非营运车辆的检验周期相对较长，营运车辆的检验周期相对较短。客运车辆的检验周期相对较短，货运车辆的检验周期相对较长。

（3）小型车辆的检验周期相对较长，中型车辆的检验周期次之，大型车辆的检验周期则相对较短。

此外，在用车的检验周期也会根据车辆生产的总体技术水平进行调整，比如新注册登记小型非营运客车，自注册登记日起的免检周期就进行了 2 年和 6 年两次调整，目前还有个别省试点将免检周期调整到 10 年。

1.2.3 排放检验纳入安全技术检验审核管理

《大气法》将排放检验合格标志并入安全技术检验合格标志的审核与发放，目的是确保排放检验工作的有效实施。图 1-1 是排放检验（简称气检）与安全技术检验（简称安检）审核流程。

由图 1-1 可知，排放检验具体业务管理由生态环境主管部门和计量认证主管部门（市场监督管理部门）负责，生态环境主管部门不单独核发排放检验合格标志，排放检验合格标志的发放纳入安全技术检验合格标志的发放管理。为方便公安机关交通管理部门的审验把关，生态环境部门或检验机构只向公安机关交通管理部门的安全技术检验管理系统推送或上传排放检验合格车辆信息，排放检验不合格车辆的信息不推送或不上传。

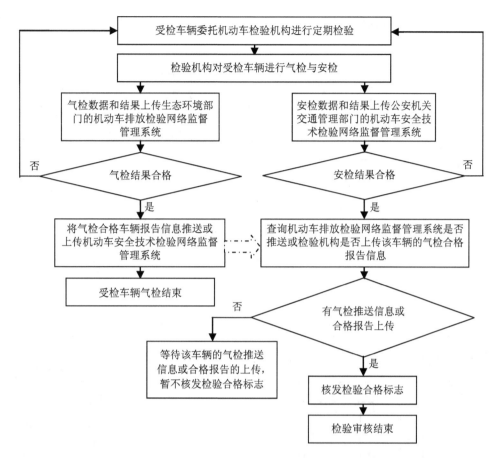

图 1-1　排放检验（简称气检）与安全技术检验（简称安检）审核流程

1.2.4　排放检验数据的管理

机动车定期检验实施"三检合一"后，营运车辆的综合性能检验也由机动车检验机构承担，这样排放检验数据还可能需要与交通运输部门进行共享。

排放检验具体业务的监管通常为市级生态环境主管部门，区县级生态环境主管部门配合。为规范排放检验行为，国家和省级生态环境主管部门也会配合市场监督管理部门、国家认证认可监督管理委员会等开展监督性检查，因此，排放检验涉及国家、省、市与区县四级管理。

排放检验通常以省级行政区或地级市为监管基层建立监管系统，由此可见，排放检验数据的管理有国家、省、市和排放检验机构四级，以及国家、省和排放检验机构三级两种管理模式。但无论是三级还是四级管理模式，所建立的基层监管系统的结构与功能基本相同，为方便表述与讨论，后续章节均将"基层监管系统"用"监管系统"进行表述。图 1-2 是以地级市为监管基层绘制的排放检验数据与信息共享示意图。

如果以省级行政区为监管基层，只需将图 1-2 中的省级系统删除并将市级系统改为省级系统即可。

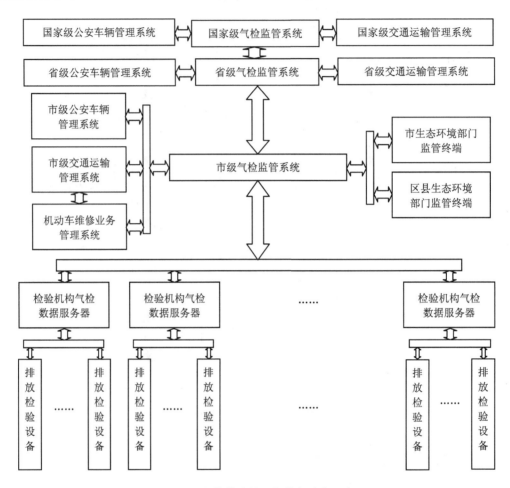

图 1-2　排放检验数据与信息共享示意

1.3　排放检验所采用的排气检测方法

GB 18285—2018 规定了稳态工况法、瞬态工况法、简易瞬态工况法 3 种简易工况法和双怠速法（非工况法）共 4 种排气检测方法，各地可根据地方管理需要选择其中一种简易工况法作为排放检验的排气检测方法，不能采用简易工况法进行排气检测的车辆则采用双怠速法进行排气检测。GB 3847—2018 仅规定了加载减速法（工况法）和自由加速法（非工况法）2 种排气检测方法，不能采用加载减速法进行排气检测的车辆则采用自由加速法进行排气检测。由于瞬态工况法设备成本高、设备所需安装场地较大，暂时未被各地采用，因此，目前我国排放检验主要有简易瞬态工况法、双怠速法、加载减速法和自由加速法，以及稳态工况法、双怠速法、加载减速法和自由加速法 2 种排气检测方法组合模式。为方便表述，后续章节中将用瞬态模式和稳态模式分别表述。

1.3.1　简易瞬态工况法

简易瞬态工况法主要用于轻型汽油车排气污染物的测试。简易瞬态工况法的测试循环采用了国家原轻型汽车排放标准（GB 18352.3）中 I 型试验运转循环 1 部中的一个市区运转循环单元，具体如图 1-3 所示，运转循环中各运行工况所占的时间百分比如表 1-1 所示。

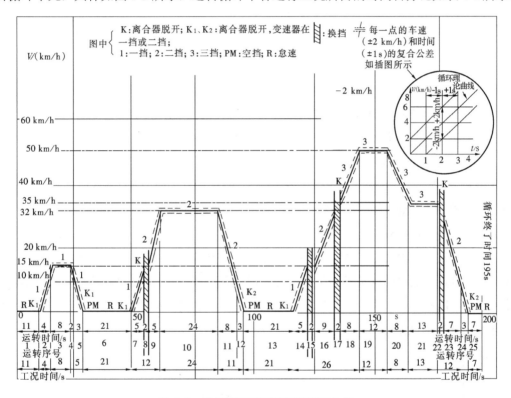

图 1-3　简易瞬态工况法测试循环曲线

表 1-1　简易瞬态工况法测试循环工况时间占比与测试挡位使用情况

工况	时间/s	适用车速范围	百分比/%	
怠速	60	—	30.8	35.4
怠速、车辆减速、离合器脱开	9	—	4.6	
换挡	8	—	4.1	
一挡	24	≤15 km/h	12.3	
二挡	53	≤35 km/h，>15 km/h	27.2	
三挡	41	>35 km/h	21.0	
合计	195	—	100	

简易瞬态工况法共包含 15 个运行工况（习惯上称其为十五工况法），测试循环的有效运行时间为 195 s，测试循环最大车速为 50 km/h，测试平均车速为 19 km/h，理论行驶距离为 1.013 km，测试速度允差为 ±2 km/h。

简易瞬态工况法测量的排气污染物指标为 CO、THC、NO_x 及 CO_2，测量结果为测试循环的排放总量，单位为 g/km。

为方便表述，本书参考 GB 18285—2018 表述，使用汽油车表示所有点燃式汽车，后续章节中如无特别说明，使用汽油车表述时均表示包含了燃气汽车。

1.3.2　稳态工况法

稳态工况法的测试循环较简单，主要包含了 ASM5025 和 ASM2540 两个测试工况，各测试工况的含义如下。

ASM5025：工况测试设定车速为 25 km/h，测功机以加速度为 1.475 m/s^2 时输出功率的 50% 对测试车辆进行加载。ASM5025 中的前两个数字"50"表示加载百分数，后两个数字"25"为工况测试设定车速。

ASM2540：工况测试设定车速为 40 km/h，测功机以加速度为 1.475 m/s^2 时输出功率的 25% 对测试车辆进行加载。ASM2540 中的前两个数字"25"表示加载百分数，后两个数字"40"为工况测试设定车速。

稳态工况法每个工况的测试时间不超过 90 s，包含一个 10 s 分析仪预置时间、一个 10 s 快速检查工况时间以及不大于 70 s 的工况测量过程，累计测试总时长不能超过 145 s。此外，每个工况还包含了测试前 5 s 速度稳定过程，且速度稳定时间不计入工况测试时间，稳态工况法的测试循环如图 1-4 所示。

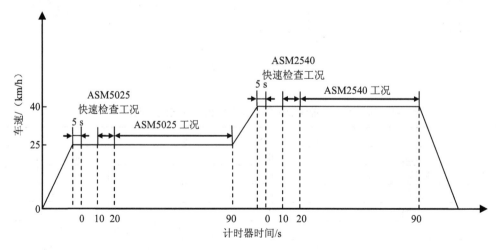

图 1-4　稳态工况法测试循环

这里将标准规定的工况运行要求说明如下：

（1）手动变速器车辆使用二挡测试，如果二挡的最高车速低于 45 km/h，可以使用三挡测试，自动变速器车辆则使用 D 挡进行测试。

（2）稳态工况法测试时，如果任意连续 10 s 内的车速相对第 1 s 时的车速变化小于 ±1.0 km/h，则测试结果有效。快速检查工况 10 s 内所有污染物的排放平均值经修正后均低于限值的一半则测试结果为合格，或整个测试过程中任意连续 10 s 内任何一种污染物的排放平均值经修正后高于限值的 5 倍则测试结果为不合格，检测结束。因有上述两项规定，每个工况的测试时间通常会小于 90 s。

（3）稳态工况法测试时，测功机滚筒线速度或加载扭矩，如果连续 2 s 或累计 5 s 超出线速度或加载扭矩允许波动范围，测试工况计时器置 0 并重新计时，此时测试过程未被终止。工况计时器重新计时意味着实际工况测试时间为原计时加上重新计时后的测试时间，如果反复出现重新计时，标准规定单工况的测试总时间不能超过 145 s。

（4）GB 18285—2018 规定，稳态工况法设备的排放分析仪取样和分析系统的 CO、HC、CO_2 的总响应时间为 $T_{90} \leqslant 8$ s、$T_{10} \leqslant 8.3$ s，NO 的总响应时间为 $T_{90} \leqslant 10$ s、$T_{10} \leqslant 12.4$ s，可见排放分析仪输出的分析结果存在 8~12 s 的响应延时。为消除分析仪响应延时影响，保证连续 10 s 内测试结果的真实与有效，标准规定在正式进行排气测量前先进行 5 s 速度稳定运行过程和对排放分析仪进行 10 s 时间预置。

（5）稳态工况法测量的主要污染物指标为 CO、HC、NO 与 CO_2，测量结果的单位为体积百分比浓度。

此外，GB 18285—2018 还规定，重型汽油车也需采用稳态工况法进行排气检测。

1.3.3　加载减速法

与汽油车简易工况法不同，加载减速法虽对测试过程有明确规定，但没有规定统一的工况测试循环，测试过程所形成的测试曲线由车辆发动机本身性能决定。不同测试车辆所形成的加载减速法测试过程曲线差异较大，图 1-5 所示是加载减速法测试所形成的典型测试过程曲线。

加载减速法主要包括功率扫描区和工况测量区两部分，功率扫描过程是排气测量过程的基础。功率扫描过程通过底盘测功机给测试车辆进行连续加载，找出车辆在测试挡位下发出最大轮边功率（MaxHP）值点的功率值及滚筒线速度（VelMaxHP）值。排气测量过程则以功率扫描过程所获得的 VelMaxHP 值为基准，分别对 100%VelMaxHP 和 80%VelMaxHP 两个工况速度进行排气测量。

GB 3847—2018 未对 100%VelMaxHP 和 80%VelMaxHP 的工况测量顺序进行限制，即加载减速法测试时既可以先进行 100%VelMaxHP 速度工况测试，也可以先进行

80%VelMaxHP 速度工况测试，因此，监管系统建设时应考虑加载减速法这一特殊情况。

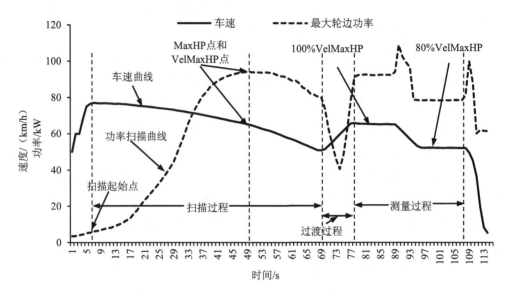

图 1-5　加载减速法的典型测试过程曲线

1.3.4　双怠速法

双怠速法为无负载测试方法，测试工况与测试方法都较简单，主要有怠速和高怠速两个测试工况。GB 18285—2018 所定义的怠速工况和高怠速工况如下：

怠速工况：指发动机处于最低稳定转速运行工况，即离合器处于接合位置、变速器处于空挡位置（对于自动变速箱车辆，挡位处于"停车"或"P"挡位置），油门踏板处于完全松开位置。可见怠速工况实际上就是发动机处于无负荷自由运行状态。

高怠速工况：指发动机处于怠速运行工况，通过油门踏板将发动机转速稳定控制至标准规定的高怠速转速。

GB 18285—2018 规定，轻型汽油车的高怠速转速为"（50%额定转速±200）r/min"或"（2 500±200）r/min"，重型汽油车的高怠速转速为"（50%额定转速±200）r/min"或"（1 800±200）r/min"。双怠速法测试流程：先进行 30 s 70%额定转速（简称暖机工况）预运行，然后进行 45 s 高怠速测量，最后进行 45 s 怠速测量。图 1-6 所示为根据 GB 18285—2018 规定的双怠速法测试流程绘制的轻型汽油车双怠速法测试循环示意图，重型汽油车双怠速法测试循环与轻型汽油车相似，差别主要为重型汽油车的发动机额定转速与轻型汽油车的发动机额定转速不同，所以它们的暖机工况和高怠速工况的运行转速不同。

图 1-6 中将轻型汽油车的 70%额定转速设为 3 500 r/min，该转速值是根据标准规定

的高怠速转速推算得出，推算方法是假定 2 500 r/min 高怠速转速为额定转速的 50%，推算的轻型汽油车额定转速为 5 000 r/min，由此推算出 70%额定转速为 3 500 r/min，同理也可以推算出重型汽油车的 70%额定转速为 2 520 r/min。

　　GB 18285—2018 规定，怠速工况和高怠速工况的运行时间均为 45 s，测量结果取后 30 s 时间内的读数平均值。

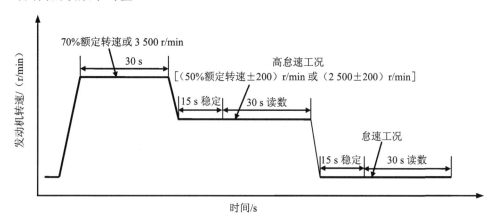

图 1-6　轻型汽油车双怠速法测试循环示意

1.3.5　自由加速法

　　自由加速法由 6 个自由加速工况组成。自由加速工况的定义为发动机处于怠速稳定运行状况，在 1 s 内将油门踏板快速、连续和平稳踩到底，使喷油泵在最短时间内供给最大油量，发动机达到断油点转速后松开油门踏板，恢复至发动机处于怠速稳定状况。图 1-7 为自由加速法测试循环曲线示意。

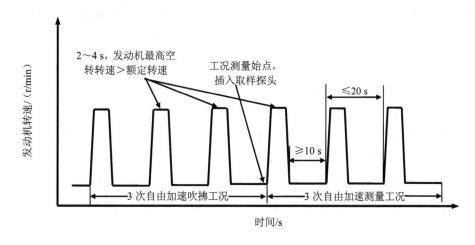

图 1-7　自由加速法测试循环曲线示意

GB 3847—2018 规定，正式进行自由加速法排气测量前，先对测试车辆的排气系统进行 3 次等效自由加速过程吹拂以清除排气系统上的积碳，测试结果则取后 3 次自由加速工况测试结果的算术平均值。可见，自由加速法由 6 个自由加速工况组成，实际测试时可根据测试车辆排气系统的清洁情况适当增加自由加速工况的吹拂数量。

自由加速法对整个自由加速工况的尾气排放进行连续取样测试，测试结果为自由加速工况过程尾气对光的最大光吸收系数值，因而在实际测试过程中适当延长油门踩到底时间和延长怠速稳定时间可以更好地保证每个自由加速工况测试结果的一致性。由图 1-7 可见，油门踏板踩到底至发动机转速达到最大转速后应稳定 2 s 左右，松开油门使发动机转速达到怠速转速后应稳定 10 s 左右，且所有自由加速工况的最大转速接近、怠速转速接近。

此外，GB 3847—2018 规定每个自由加速工况在松开油门前的转速应达到额定转速，实际上油门踩到底时的转速应大于额定转速。GB 3847—2018 还规定取样探头应在完成排气系统吹拂后，3 次自由加速工况排气测量前插入排气管。

1.4　排放检验所使用的排气检测设备

通常，双怠速法利用简易瞬态工况法或稳态工况法设备所配备的排放分析仪进行排气检测，自由加速法则利用加载减速法设备所配备的不透光烟度计进行排气检测，因此，排放检验主要用到简易瞬态工况法、稳态工况法和加载减速法 3 大类排气检测设备。

1.4.1　简易瞬态工况法设备

简易瞬态工况法设备主要用于轻型汽油车的排气检测，主要由工控电脑、底盘测功机、气体流量分析仪、排放分析仪、气象站、发动机转速计、OBD 读码器、司机助显示器、冷却风机等装置或仪器构成，为方便表述，后续章节将这些装置或仪器统称为仪器。

图 1-8 为简易瞬态工况法设备的具体构成示意。各主要仪器的作用如下。

（1）工控电脑是设备的大脑，通过安装在工控电脑上的工控软件对设备实施统一管理，控制与协调设备各部分按照标准规定的测试程序开展检测工作，实时收集设备各部分采集的运行参数与数据，进行数据的综合分析与处理，并计算出最终的排气测量结果。

（2）底盘测功机在工控软件的控制下，模拟受检车辆在实际道路上的运行负荷。

（3）排放分析仪（图中的瞬态分析仪）实时测量受检车辆在测试运行过程所排放的原始尾气中各主要气体污染物（CO、CO_2、HC 和 NO 或 NO_x）的浓度及氧气（O_2）浓度。

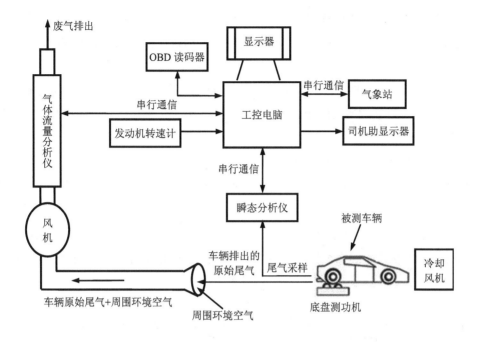

图 1-8 简易瞬态工况法设备结构原理示意

（4）气体流量分析仪实时测量流过流量计的稀释尾气流量与稀释尾气中的 O_2 浓度，并结合排放分析仪实时测得的受检车辆原始尾气中的 O_2 浓度，测算出尾气被稀释的比例和原始尾气流量。

（5）气象站实时测量和记录受检车辆所处测试环境温度、湿度和压力参数，设备工控软件则依据所测得的实际环境参数实时修正排气测量结果。

（6）发动机转速计用来实时测量和监控测试过程中受检车辆的发动机运行转速。

（7）OBD 读码器用来读取车载 OBD 系统的相关信息。

（8）司机助显示器主要用于提示和指导检验员按标准规定流程操作受检车辆。

（9）冷却风机主要用来对受检车辆的发动机进行冷却降温。

1.4.2 稳态工况法设备

就设备硬件来说，除不需要配备气体流量分析仪外，稳态工况法的主要构成仪器与简易瞬态工况法设备基本相同，其主要差别如下。

（1）GB 18285—2018 规定稳态模式地区的轻型汽油车和重型汽油车都需采用稳态工况法进行排气检测，而瞬态模式地区仅轻型汽油车需采用简易瞬态工况法进行排气检测，重型汽油车则采用双怠速法进行排气检测。因此，稳态工况法有重型汽油车设备，设备所使用的底盘测功机滚筒承载能力和基本惯量都较大。

（2）简易瞬态工况法设备的底盘测功机模拟受检车辆在实际道路上的运行负荷，稳态工况法测试时，底盘测功机对测试车辆进行恒量加载，标准规定的加载量计算方法详见附录1。

（3）稳态工况法的排放分析仪不需要测量 NO_2，简易瞬态工况法的排放分析仪则需要测量 NO_2，所以它们所用的排放分析仪存在一定差异，标准规定的主要技术性能和技术要求却基本相同。

（4）标准规定的测试循环不同。

由此可见，稳态工况法设备包含工控电脑、底盘测功机、排放分析仪（图中的稳态分析仪）、气象站、发动机转速计、OBD 读码器、司机助显示器、冷却风机等主要仪器，图 1-9 为稳态工况法设备的基本构成示意。由于稳态工况法设备各构成仪器的功能和作用与简易瞬态工况法设备的同类构成仪器功能和作用完全相同，因此，这里不再重复介绍。

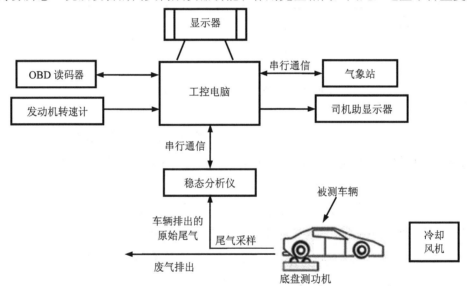

图 1-9　稳态工况法设备的结构示意

1.4.3　加载减速法设备

加载减速法设备主要由工控电脑、底盘测功机、不透光烟度计、NO_x 分析仪、发动机转速计、OBD 读码器、气象站、司机助显示器、冷却风机等仪器构成。图 1-10 是加载减速法设备的结构原理示意，各部分的作用如下。

（1）工控电脑、发动机转速计、OBD 读码器、气象站、司机助显示器和冷却风机的作用与简易瞬态工况法或稳态工况法设备的相应装置相同。

（2）底盘测功机在工控软件的控制下，按工控软件指令对受检车辆实施加载。

（3）不透光烟度计和 NO_x 分析仪分别实时测量受检车辆处于不同运行工况下的排气烟度值，以及 NO_x 和 CO_2 排放浓度值。

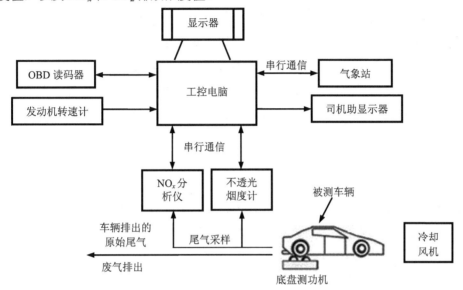

图 1-10　加载减速法设备的结构原理示意

1.4.4　排气检测设备的归类

由 1.4.1 节至 1.4.3 节介绍的各工况法设备基本结构可知，它们所配备的许多仪器或仪器测量原理与作用基本相同。为方便后续章节讨论，这里将各简易工况法设备所配备的仪器情况汇总至表 1-2。

表 1-2　简易工况法排气检测设备所配备的主要仪器情况

仪器名称	设备类别			说明
	简易瞬态工况法	稳态工况法	加载减速法	
底盘测功机	配备	配备	配备	—
OBD 读码器	配备	配备	配备	可用于双怠速法和自由加速法排气检测
发动机转速计	配备	配备	配备	
司机助显示器	配备	配备	配备	
气象站	配备	配备	配备	
冷却风机	配备	配备	配备	—
排放分析仪	配备	配备	不配备	可用于双怠速法排气检测
NO_x 分析仪	不配备	不配备	配备	
不透光烟度计	不配备	不配备	配备	可用于自由加速法排气检测
气体流量分析仪	配备	不配备	不配备	—

由表 1-2 可知,不同排气检测方法的排气检测设备硬件均包含了底盘测功机、OBD 读码器、发动机转速计、司机助显示器、气象站、冷却风机等仪器,还需根据设备的具体用途选配排放分析仪、NO_x 分析仪、不透光烟度计、气体流量分析仪等。不同简易工况法设备所配备的同类仪器虽存在一定差异,比如底盘测功机的单轴载重、功率吸收能力,排放分析仪与 NO_x 分析仪测量的技术参数等不同,但同类仪器的测量原理、测量方法、仪器性能检查方法以及标准规定的排气检测过程质控方法却大同小异,本节对简易工况法设备进行归类处理的目的是简化后续章节有关内容的讨论与介绍。

1.5 排放检验业务的管理

排放检验属国家法律法规强制性规定内容,通常由政府主管部门下属的业务机构或单位依据国家和地方相关法律法规及政策要求负责业务管理。

1.5.1 排放检验机构的资质管理

《大气法》规定承担排放检验业务的机构必须先取得计量认证合格资格,所以排放检验机构必须按照《检验检测机构资质认定管理办法》取得计量认证资格,排气检测设备必须按地方管理要求与监管系统联网,并通过地方生态环境主管部门组织的技术核查和认可后方可承担排放检验业务工作。

《检验检测机构资质认定管理办法》对检验检测机构申请资质认定的基本条件、资质的管理等规定了如下主要条款。

第九条 申请资质认定的检验检测机构应当符合以下条件:

(一)依法成立并能够承担相应法律责任的法人或者其他组织;

(二)具有与其从事检验检测活动相适应的检验检测技术人员和管理人员;

(三)具有固定的工作场所,工作环境满足检验检测要求;

(四)具备从事检验检测活动所必需的检验检测设备设施;

(五)具有并有效运行保证其检验检测活动独立、公正、科学、诚信的管理体系;

(六)符合有关法律法规或者标准、技术规范规定的特殊要求。

第十八条 检验检测机构应当定期审查和完善管理体系,保证其基本条件和技术能力能够持续符合资质认定条件和要求,并确保质量管理措施有效实施。

检验检测机构不再符合资质认定条件和要求的,不得向社会出具具有证明作用的检验检测数据和结果。

第十九条 检验检测机构应当在资质认定证书规定的检验检测能力范围内,依据相关标准或者技术规范规定的程序和要求,出具检验检测数据、结果。

第三十一条　检验检测机构有下列情形之一的，资质认定部门应当依法办理注销手续：

（一）资质认定证书有效期届满，未申请延续或者依法不予延续批准的；

（二）检验检测机构依法终止的；

（三）检验检测机构申请注销资质认定证书的；

（四）法律、法规规定应当注销的其他情形。

第三十二条　以欺骗、贿赂等不正当手段取得资质认定的，资质认定部门应当依法撤销资质认定。

被撤销资质认定的检验检测机构，三年内不得再次申请资质认定。

第三十三条　检验检测机构申请资质认定时提供虚假材料或者隐瞒有关情况的，资质认定部门应当不予受理或者不予许可。检验检测机构在一年内不得再次申请资质认定。

第三十四条　检验检测机构未依法取得资质认定，擅自向社会出具具有证明作用的数据、结果的，依照法律、法规的规定执行；法律、法规未作规定的，由县级以上市场监督管理部门责令限期改正，处 3 万元罚款。

第三十五条　检验检测机构有下列情形之一的，由县级以上市场监督管理部门责令限期改正；逾期未改正或者改正后仍不符合要求的，处 1 万元以下罚款。

（一）未按照本办法第十四条规定办理变更手续的；

（二）未按照本办法第二十一条规定标注资质认定标志的。

第三十六条　检验检测机构有下列情形之一的，法律、法规对撤销、吊销、取消检验检测资质或者证书等有行政处罚规定的，依照法律、法规的规定执行；法律、法规未作规定的，由县级以上市场监督管理部门责令限期改正，处 3 万元罚款：

（一）基本条件和技术能力不能持续符合资质认定条件和要求，擅自向社会出具具有证明作用的检验检测数据、结果的；

（二）超出资质认定证书规定的检验检测能力范围，擅自向社会出具具有证明作用的数据、结果的。

1.5.2　排放检验机构的监督管理

2021 年 6 月 1 日开始实施的《检验检测机构监督管理办法》将违规违法检验报告归为不实检验报告和虚假检验报告两大类，并规定了具体违规违法处罚内容，具体包括如下监督管理条款。

第七条　从事检验检测活动的人员，不得同时在两个以上检验检测机构从业。检验检测授权签字人应当符合相关技术能力要求。

法律、行政法规对检验检测人员或者授权签字人的执业资格或者禁止从业另有规定的，依照其规定。

第十三条 检验检测机构不得出具不实检验检测报告。

检验检测机构出具的检验检测报告存在下列情形之一，并且数据、结果存在错误或者无法复核的，属于不实检验检测报告：

（一）样品的采集、标识、分发、流转、制备、保存、处置不符合标准等规定，存在样品污染、混淆、损毁、性状异常改变等情形的；

（二）使用未经检定或者校准的仪器、设备、设施的；

（三）违反国家有关强制性规定的检验检测规程或者方法的；

（四）未按照标准等规定传输、保存原始数据和报告的。

第十四条 检验检测机构不得出具虚假检验检测报告。

检验检测机构出具的检验检测报告存在下列情形之一的，属于虚假检验检测报告：

（一）未经检验检测的；

（二）伪造、变造原始数据、记录，或者未按照标准等规定采用原始数据、记录的；

（三）减少、遗漏或者变更标准等规定的应当检验检测的项目，或者改变关键检验检测条件的；

（四）调换检验检测样品或者改变其原有状态进行检验检测的；

（五）伪造检验检测机构公章或者检验检测专用章，或者伪造授权签字人签名或者签发时间的。

第二十五条 检验检测机构有下列情形之一的，由县级以上市场监督管理部门责令限期改正；逾期未改正或者改正后仍不符合要求的，处 3 万元以下罚款：

（一）违反本办法第八条第一款规定，进行检验检测的；

（二）违反本办法第十条规定分包检验检测项目，或者应当注明而未注明的；

（三）违反本办法第十一条第一款规定，未在检验检测报告上加盖检验检测机构公章或者检验检测专用章，或者未经授权签字人签发或者授权签字人超出其技术能力范围签发的。

第二十六条 检验检测机构有下列情形之一的，法律、法规对撤销、吊销、取消检验检测资质或者证书等有行政处罚规定的，依照法律、法规的规定执行；法律、法规未作规定的，由县级以上市场监督管理部门责令限期改正，处 3 万元罚款：

（一）违反本办法第十三条规定，出具不实检验检测报告的；

（二）违反本办法第十四条规定，出具虚假检验检测报告的。

《大气法》第一百一十二条明确规定，"违反本法规定，伪造机动车、非道路移动机械排放检验结果或者出具虚假排放检验报告的，由县级以上人民政府生态环境主管部门没收违法所得，并处十万元以上五十万元以下的罚款；情节严重的，由负责资质认定的部门取消其检验资格"。因此，应将《大气法》与计量认证的相关法律法规有机结合，依法依规对排放检验机构实施监督管理。

1.5.3 排放检验工作程序

排放检验业务主要由机动车排放检验机构承担，属政府强制性委托检验内容，通常包括委托、检验与审核 3 个过程。图 1-11 是机动车排放检验工作程序示意。

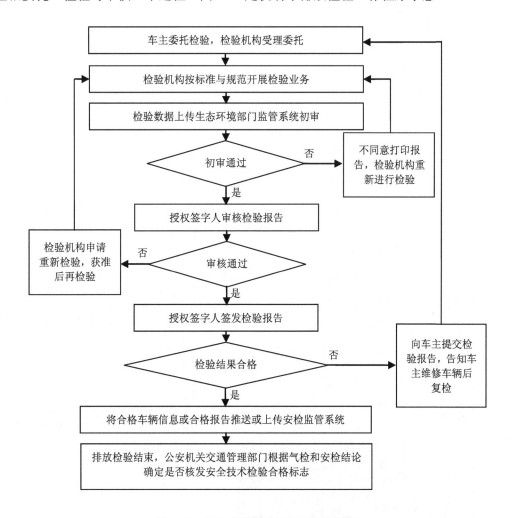

图 1-11　机动车排放检验工作程序示意

由图 1-11 可知，排放检验需经过车主委托、检验机构接受委托和开展排放检验、生态环境部门监管系统初审、授权签字人终审、公安机关交通管理部门核发安全技术检验合格标志等过程。由此可见，安全技术检验合格标志包含了排放检验合格标志内容，排放检验实质上等同于安全技术检验的一个重要检验项目。

1.5.4 排放检验流程

根据 GB 18285—2018 和 GB 3847—2018 两个在用车标准规定,排放检验主要包含外观检验、车载诊断系统（OBD）检查（简称 OBD 检查）、排气污染物检测（简称排气检测）和燃油蒸发排放控制系统检验（简称蒸发排放检验）4 个方面,具体检验流程如图 1-12 所示。

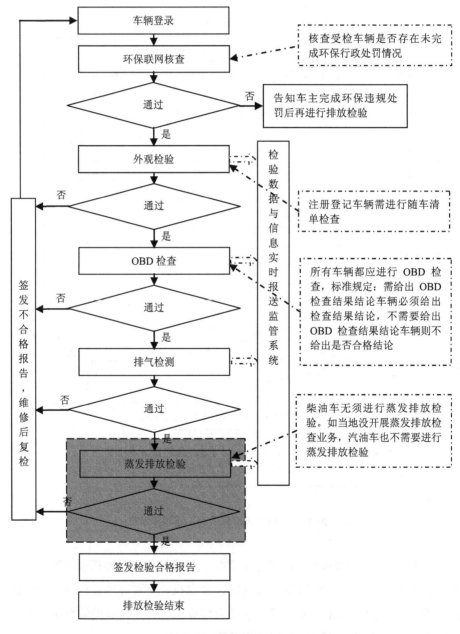

图 1-12 排放检验流程

GB 18285—2018 和 GB 3847—2018 还规定，排放检验需按"外观检验→OBD 检查→排气检测→蒸发排放检验"顺序开展，前项检验项目未完成或不合格则不允许进行下一项项目检验。任何一项检验不合格都应对车辆维护维修后再进行复检，复检流程与图 1-12 完全相同，即自车辆登录从头开始。此外，柴油车无须进行蒸发排放检验，如当地开展了蒸发排放检验业务，汽油车还需依照图 1-12 中所示增加蒸发排放检验（图中灰色虚框部分）过程。

1.5.5　排气检测方法的选用

1.3 节已说明排放检验主要有瞬态和稳态两种检验模式。根据 GB 18285—2018 和 GB 3847—2018 的有关规定可知，排放检验原则上应优先采用简易工况法进行排气检测，确实无法采用简易工况法进行排气检测的车辆才许可采用非工况法进行排气检测。根据上述原则及 HJ 1237—2021 规定确定的排气检测方法选用原则详见表 1-3。

表 1-3　排气检测方法的选用原则

车辆类别	选用的检测方法		适应受检车辆类型
汽油车	瞬态模式地区	简易瞬态工况法	除无法手动切换为两驱模式的全时四轮或自适应四驱车辆，以及无法手动关闭防侧滑功能车辆外，原则上所有其他轻型汽油车都应优先选用该检测方法
		双怠速法	所有重型汽油车及所有无法用简易瞬态工况法进行排气检测的轻型汽油车
	稳态模式地区	稳态工况法	除无法手动切换为两驱模式的全时四轮或自适应四驱车辆，以及无法手动关闭防侧滑功能车辆外，原则上所有其他汽油车都应优先选用该检测方法
		双怠速法	无法使用稳态工况法进行排气检测的所有汽油车
柴油车	加载减速法		除无法手动切换为两驱模式的全时四轮或自适应四驱车辆，以及无法手动关闭牵引力控制或自动制动系统车辆、设计车速小于或等于 50 km/h 车辆、无法手动中断电机扭矩输出的柴电混合动力车辆外，原则上所有柴油车都应优先选用该检测方法
	自由加速法		无法使用加载减速法进行排气检测的所有柴油车

1.6　排放定期检验与 I/M 制度的关系

I/M 制度起源于美国，在欧洲、美国、日本等发达国家和地区得到推广应用。I/M 制度是英语 Inspection and Maintenance Program 的缩写，是目前国际上流行和公认的、较科学和有效的在用车排气污染防治制度。

I 制度主要指排放定期检验制度，M 制度主要指排气维护制度。I/M 制度的含义是通过强制性排放检验，甄别出排放不合格车辆，强制进行排气维护维修与治理，以确保其达标行驶。排放检验的形式主要有道路抽检、车辆停放地抽检及排放定期检验等，道路抽检与车辆停放地抽检为抽样检验，监管面较小，排放定期检验为周期性检验，检验对象为车辆全部，是目前世界上最有效的排气监管措施之一。I/M 制度的实施可有效促进车主加强车辆的日常维护维修与保养。图 1-13 为典型的 I/M 制度运行流程。

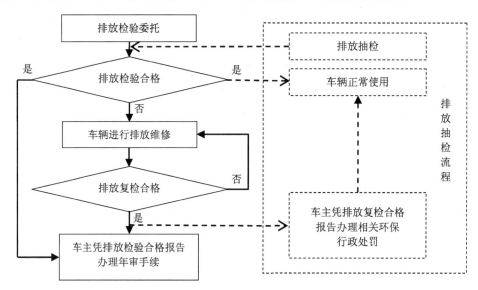

图 1-13　典型的 I/M 制度运行流程

第 2 章　排放检验过程的质控

排放检验主要包含外观检验、OBD 检查、排气检测和蒸发排放检验等内容，其中排气检测过程是排放检验的重点质控环节。1.3 节将排放检验分为瞬态模式和稳态模式，两种模式共包含了 5 种排气检测方法，本章将重点讨论排气检测设备的性能质控和排气检测过程的质控。

2.1　排放检验常用名词术语解析与使用约定

为方便后续章节讨论，本节先对排放检验过程中常见标准名词术语、简化名词术语及后续章节将用到的主要专用名称术语等进行解析说明和规定使用约定。

2.1.1　标准名词术语与简化名词术语

标准：特指 GB 18285—2018 和 GB 3847—2018 两个在用车标准。

标准体系：指与排放检验业务相关的国家标准，主要包括 GB 18285—2018、GB 3847—2018、HJ/T 289—2006、HJ/T 290—2006、HJ/T 291—2006、HJ/T 292—2006、HJ/T 395—2007、HJ 1237—2021 和 HJ 1238—2021。后续章节中如用标准体系表述则表示包含了上述所有标准。

简易工况法：指 GB 18285—2018 和 GB 3847—2018 中规定的简易瞬态工况法、稳态工况法、加载减速法这 3 种检测方法的总称。

检验：指排放检验全过程，包括检验委托与受理、环保联网核查、车辆信息登录、外观检验、OBD 检查、排气检测以及蒸发排放检验、复检等，简单地说，就是受检车辆自委托排放检验开始至车辆取得排放检验合格报告为止的全过程。

检查：以查看、查验为主。比如外观检验，主要查验车辆的机械与安全性能是否满足排气检测要求，排放装置是否齐全与外表有无缺陷；OBD 检查则主要查验车辆是否有 OBD 装置，检查车载 OBD 系统工作是否正常、有效，以读取车载 OBD 系统数据为主。此外，除非特别说明，后续章节中将所有与设备质控检查相关的测试、检查等统一用检查表述,比如将负荷精度测试表述为负荷精度检查,将响应时间测试表述为响应时间检查等。

检测:包含检查和测试两层意思。排气检测中的检查包含排气测试前车辆的机械与安全性能及车辆架设安全检查,车辆是否关闭附加负载和辅助功能,是否达到正常行驶工作状态,设备是否达到标准规定的测试要求等;测试主要指按标准规定的测试工况或流程对受检车辆进行排气污染物的测量过程。

首检:指受检车辆在每个检验周期内第一次开展的排放检验过程。第一次排放检验合格,车辆只需进行首检,不合格则需进行复检。

复检:指受检车辆首检不合格,在完成维修治理后的再次排放检验,如果复检仍不合格,受检车辆还需再次进行维修治理和再次复检,直至复检合格为止。可见,首检不合格车辆需要进行一次或多次复检。

分析仪:特指专用于尾气污染物成分测量的仪器。排放检验用分析仪主要有 3 种,稳态工况法设备配备的排放分析仪主要测量 CO、CO_2、HC、NO 和 O_2 共 5 种气体成分,习惯上称为五气分析仪;简易瞬态工况法设备配备的排放分析仪在五气分析仪的基础上增加了 NO_2 的测量,主要测量 CO、CO_2、HC、NO、NO_2 和 O_2 共 6 种气体成分;加载减速法设备配备的 NO_x 分析仪主要测量 NO、CO_2 和 NO_2 共 3 种气体成分。这里约定,除非特别交代,后续章节中如果用分析仪表述,则包含了上述 3 种分析仪,如果用排放分析仪表述,则表示包含了稳态工况法和简易瞬态工况法设备所配备的排放分析仪,并约定用稳态分析仪和瞬态分析仪分别表述稳态工况法和简易瞬态工况法所配备的排放分析仪。

仪器性能检查:指按标准体系规定方法对排气检测设备所配备仪器的测量误差进行检查的过程。

日常检查:指标准体系规定每天应开展的仪器性能检查,检查内容主要包括底盘测功机的加载滑行,分析仪取样系统泄漏检查与单点检查,不透光烟度计的滤光片检查,气体流量分析仪流量误差检查等。为保证排气检测结果的有效,通常应在每天正式开展排气检测前完成日常检查工作。

期间核查:指为保证计量器具出具数据的有效,在标准规范规定的计量器具检定/校准周期内增加的计量器具性能检查内容。期间核查由检验检测机构自行检查,检查周期通常由标准规范规定或监管部门规定或检验机构内部作业指导书规定,HJ 1237—2021 根据 GB 18285—2018 和 GB 3847—2018 规定的仪器性能检查内容,明确了部分仪器性能检查周期(详见附录 2)。

标气检查:指使用标准推荐的标气对分析仪示值误差进行检查的过程。

低标检查:指使用标准推荐的低浓度标气(简称低标气)进行标气检查的过程。

高标标定：指使用标准推荐的高浓度标气（简称高标气）对分析仪测量示值进行两点校正的过程。

传感器响应时间：标准规定的分析仪传感器响应时间包括 T_{90} 和 T_{10} 两个指标。T_{90} 指分析仪调零后，自给分析仪通入高标气进行检查开始，至分析仪示值为稳定示值的 90% 时所耗费时间。T_{10} 指自分析仪达到高标气稳定示值后，关闭高标气并通入零气进行调零开始，至分析仪示值为高标气稳定示值的 10% 时所耗费时间。标准规定传感器响应时间在高标标定过程中进行检查。

单点检查：标准规定的单点检查方法是使用低标气检查分析仪的示值误差，如果低标检查结果合格则单点检查结束，如果不合格则需进行高标标定，高标标定后再次进行低标检查，只有低标检查合格，单点检查才算合格，否则应对分析仪进行维护维修和线性校准。

五点检查：指使用标准推荐的低标气、中低浓度标气（简称中低标气）、中高浓度标气（简称中高标气）、高标气、零气共 5 种标气顺序对分析仪的示值误差进行标气检查。

线性校准：指对分析仪读数示值进行线性化的过程，即使用多种标气将分析仪示值校准至与标气值一致的过程。

漂移检查：指使用标准规定的标准物质对仪器示值的稳定性进行检查的过程。如果检查全过程中的示值变化范围处于标准规定范围，则漂移检查合格，否则，漂移检查不合格。GB 18285—2018 规定应对分析仪进行零点和量距点漂移检查，使用的标准物质为零气和高标气，GB 3847—2018 规定应对不透光烟度计进行零点漂移检查，使用的标准物质为 0% 量值滤光片。

转化效率：特指将 NO_2 转化为 NO 的能力。简易瞬态工况法和加载减速法需要测量 NO_x，NO_x 是 NO 与 NO_2 的总和。标准规定 NO_2 的测量方法有 2 种，一种是使用化学发光法、紫外或红外法等光学方法进行测量，也简称为直接测量法；另一种是使用转化炉将 NO_2 转化为 NO 后进行测量。如果转化炉能将 90% 以上的 NO_2 转化为 NO，则转化炉的转化效率符合标准规定要求。为表述方便，这里约定后续章节将使用化学发光、紫外或红外测量 NO_2 的方法简称为直接测量法，用转化炉测量 NO_2 的方法简称为转化测量法。

测功机：特指排放检验用底盘测功机。简易工况法设备均配备测功机，不同设备所配备的测功机技术参数与性能会存在一定差别，但它们的工作原理、作用、标准规定的仪器性能检查内容与方法等基本相同。为简化表述，如无特别说明，后续章节均用测功机表述底盘测功机，并约定使用测功机表述时则包含了全部简易工况法设备所使用的底盘测功机。

仪器、设备：仪器通常指用于实验、观测、检验检测、绘图等的器具，较大的仪器通常称为设备。为表述方便，如无特别说明，后续章节所述设备主要指简易工况法设备，仪器主要指工况法设备所配备的分析仪、测功机、烟度计、气体流量分析仪和气象站等。

名义速度：指表征一定速度范围或速度段特征的速度代表值。名义速度值通常为某个速度段的中间速度值或平均速度值。

附加损失：指滚筒转轴与轴承之间转动摩擦对测功机加载量的损失。

加载滑行：指测功机使用恒定负荷载对高速运转滚筒施加加载的滑行过程，用以检查测功机的附加损失是否得到有效校准。

负荷准确度检查、负荷精度检查：与加载滑行的过程与作用类似，差异是加载滑行为日常检查，标准许可的滑行误差较大，负荷准确度检查或负荷精度检查为期间核查，标准许可的滑行误差较小。负荷准确度和负荷精度是 GB 18285—2018 与 GB 3847—2018 两个标准所使用的不同表述，实质意义与作用完全相同，为方便表述，除非特别说明，后续章节中将统一使用负荷精度检查表述。

加载响应时间：指测功机自收到加载指令后自当前加载量到达目标加载量所耗费的时间，也就是标准中的响应时间，为区别于分析仪的传感器响应时间，本书将使用加载响应时间表述。标准规定需测量测功机的 T_{90} 和 T_{95} 两个响应时间，分别指测功机完成加载阶跃量的 90% 或 95% 时所耗费时间。加载阶跃量指目标加载量与起始加载量之差值。

变负荷滑行：类似于加载滑行过程，不同的是滚筒滑行过程中测功机所施加负荷依据滑行速度在不停改变，也是用来检查测功机的附加损失是否得到有效校准。

附加损失测试：指测量测功机附加损失量大小的过程。

中断：指测试过程出现异常，将当前测试过程终止并按标准规定扭转至新的测试流程继续进行测试的过程。测试过程发生中断后不影响测试结果的准确性与有效性。

终止：指测试过程出现异常需按标准规定停止测试。测试过程终止后，之前的测试过程与结果均无效，需按标准规定重新进行测试。

锁止：排放检验锁止的主要对象为设备的排气检测功能。比如设备所配备的相关仪器未按规定周期进行性能检查或检查结果不合格，则锁止设备的排气检测功能。排气检测功能被锁止后，设备工控软件及所配备的仪器仍能正常操作与使用，在所有仪器均按要求完成性能检查且性能检查结果合格后，则应自动解锁。

2.1.2　其他专用名称术语

监管系统：特指 1.2.4 节中所述的基层监管系统。

排放检验：排放定期检验的简称。

联网协议：特指监管系统与其他业务系统之间所规定的信息、数据等的交互与共享协定。

测前检查：指排气测试前标准规定的仪器性能检查内容。标准规定，稳态工况法和简易瞬态工况法测试前需对分析仪进行自动校正，加载减速法测试前需对不透光烟度计进行零点和量距点检查，双怠速法测试前需对排放分析仪调零和进行 HC 残留检查，自由加速法测试前需对烟度计进行调零等。

加载增量：指测功机加载过程中相邻两次加载量的差值或变化值。

OBD 检查：指对车载诊断系统（OBD）的检查。

蒸发排放检验：燃油蒸发排放控制系统检验的简称。

非工况法：指双怠速法和自由加速法。

暖机工况、暖机怠速：特指双怠速法中的 70% 额定转速运行工况。

混合标气：指标气所包含的气体物质有 2 种或 2 种以上不同组分。排放分析仪使用的混合标气包含 CO、HC、NO 和 CO_2 4 种气体组分，NO_x 分析仪使用的混合标气包含 NO 和 CO_2 2 种组分。为方便表述，后续章节中将使用 CO 混合标气和 NO 混合标气分别表述这两类标气。

约束条件、限值：约束条件指参数限制使用范围或许可变化范围，限值通常指标准限值。为表述方便，后续章节中也使用限值表示参数的约束条件。

非标参数、非标限值：指标准未明确规定约束条件或限值，后续章节结合标准规定和排放检验业务实际情况增加设置的质控参数与质控参数约束条件或限值。非标限值应结合实际情况灵活选用，应能结合排气监管需要修改维护，以避免非标限值的使用对排放检验工作的正常开展造成影响。

汽油线、柴油线、混合线：分别指汽油检测线、柴油检测线、柴汽混合检测线。

OBD 读码器：指目前检验机构在用的 OBD 诊断仪，为与其他 OBD 诊断仪区分，后续章节均用 OBD 读码器进行表述。

标示、标识：标示主要表征事物所处状态类别，标识主要表征事物属性类别，均包含有识别含义。标示会动态变化，标识通常不发生改变。

2.2 排放检验过程主要质控内容

设备性能质控是保障排气检测数据准确、有效的基础环节，排气检测过程质控是排放检验过程最复杂的质控环节。

2.2.1 排放检验过程的质控要素

排放检验过程一般包含人、机、物、法、环、样、测等 7 个质控要素。排放检验过程 7 个质控要素的主要内容如图 2-1 所示。

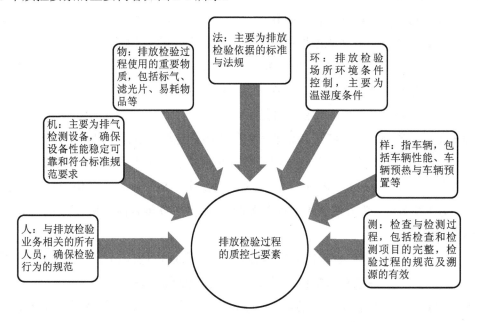

图 2-1　排放检验过程质控七要素的主要内容

这里对排放检验过程的 7 个质控要素做如下简要说明：

（1）人员要素方面。主要为与排放检验业务相关的所有人员，通常依靠检验机构质量体系文件、日常监管以及检验员合格证培训、继续教育等措施提高检验人员的守法意识与技术业务能力，以保证排放检验行为的规范。

（2）机（设备）要素方面。主要为排气检测设备，检验机构所配备的设备应符合标准规定要求，满足所承担业务的能力要求。通常通过设备定期检定/校准、日常检查和期间核查等方法，确保排气检测设备的综合性能符合标准规定技术要求。

（3）物质要素方面。主要包括标准物质和易耗件两类。排放检验用到的标准物质为标气、滤光片、砝码等，它们主要用于设备性能的校准与检查，所以标准物质的精度等级、量值范围、使用有效期等必须符合标准与质量管理要求。排放检验的易耗件主要包括分析仪使用的氧传感器、各级过滤器、取样管与取样探头，以及不透光烟度计的取样管与取样探头等，氧传感器过期或失效、过滤器污损、取样管和取样探头出现损坏或泄漏等应及时更换。

（4）标准与法规要素方面。主要为排放检验标准体系，包括 GB 18285—2018、GB 3847—2018、HJ 1237—2021 等。

（5）环境要素方面。排放检验场所通常为开放式环境，对测试环境的要求相对宽松。虽然标准对排放检测场所的环境温湿度条件有明确规定，但限于各地气候条件差异，而排放检验面对广大车主，如严格按标准实施，带来的负面社会影响可能较大，所以目前基本没有严格执行。

（6）样品要素方面。排放检验的样品为受检车辆，车辆的质控内容主要为车辆的机械性能与安全性能，排放控制装置齐全性和外表无明显损伤，排气系统无泄漏，车辆正常预热等。排气检测时必须对受检车辆的上述性能与状况进行严格把关。

（7）测量要素方面。排放检验包括外观检验、OBD 检查、排气检测和蒸发排放检验等内容，主要质控节点为排气检测过程。排气检测过程的质控内容较多，将在 3.7 节专门介绍。

由上述说明可知，排放检验的 7 个质控要素相互关联，设备是排气检测所用工具，标准物质用于仪器性能检查，排放检验过程及排气检测方法选用依据标准规定规范执行，车辆的性能要求也与排气检测方法相关，而所有质控工作都需由人来执行与完成，人是 7 个要素中最关键的要素。由此可见，在 7 个质控要素得到良好保障的前提下，就能确保排放检验工作的规范与有效。

2.2.2　排气检测设备性能检查主要内容

排气检测设备是出具排气检测数据的基本工具。为保证设备出具的数据准确、有效，标准体系对排气检测设备规定了一系列仪器性能校准与检查内容，主要包括定期检定/校准、标定/校正、日常检查和期间核查等。定期检定/校准属计量认证强制性内容，通常能得到良好保障，所以仪器性能的质控重点为标定/校正、日常检查和期间核查。根据表 1-2 所示的简易工况法设备的仪器配备情况以及标准体系规定的仪器性能检查内容，可将排气检测设备主要的仪器性能检查内容归类为表 2-1 所示。

除表 2-1 所列内容外，为保证设备整体性能达到标准规定要求，还应保证仪器性能校准和检查用标准物质的精度等级、量值范围、使用有效期等符合标准与质量管理要求，也应按要求及时更换各种易耗部件。

由于检验机构普遍使用稳态（或简易瞬态）工况法设备的排放分析仪进行双怠速法

排气检测，使用加载减速法设备的不透光烟度计进行自由加速法排气检测，因此，只要简易工况法设备的性能满足标准要求，也就能保证双怠速法和自由加速法设备的性能满足标准要求。

表 2-1　排气检测设备相关仪器性能检查主要内容

检查类别	性能检查内容	备注/说明
仪器标定/校正	分析仪标定	将分析仪的线性校准曲线调整至最佳状态
	测功机附加损失测试	测量测功机传动部件在不同速度下对加载的损失量大小，以修正测功机设置加载量的大小
	测功机惯性质量测试	测量测功机传动部件（滚筒）惯性质量的大小
	测功机力传感器的校准	校准力传感器测量准确度，确保测功机加载的准确
日常检查	测功机加载滑行	检查测功机运行稳定性和附加损失是否得到良好校准
	分析仪泄漏检查	防止因泄漏造成分析仪测量结果的不准确
	分析仪单点检查	检查分析仪的线性校准曲线是否调整至最佳状态或是否得到有效线性化。采用直接测量法测量 NO_2 的分析仪，应使用混合标气和 NO_2 标气分别检查
	不透光烟度计滤光片检查	检查不透光烟度计的线性校准是否达到标准要求
	流量计平均流量相对误差检查	检查流量计鼓风机性能是否发生了严重偏离
	环境参数检查与校正	确保设备环境参数测量结果的有效
期间核查	测功机期间核查（含负荷精度、加载响应时间、变负荷滑行检查）	检查测功机的整体性能是否符合标准要求
	分析仪五点检查	检查分析仪线性校准是否有效。采用直接测量法测量 NO_2 时，应使用混合标气和 NO_2 标气分别检查
	排放分析仪漂移检查	检查排放分析仪测量结果的稳定性。采用直接测量法测量 NO_2 时，应使用混合标气和 NO_2 标气分别检查
	分析仪传感器响应时间检查	检查分析仪各传感器能否在规定时间达到有效测量值
	不透光烟度计零点漂移检查	检查不透光烟度计测量结果的稳定性
	流量计流量漂移检查	检查气体流量分析仪流量测量结果的稳定性
	稀释氧传感器的校准/检查	检查稀释氧传感器测量结果的稳定性与有效性
	流量分析仪温度传感器检查	检查流量分析仪温度传感器的有效性
	流量分析仪压力传感器检查	检查流量分析仪压力传感器的有效性
	转化效率测试	检查转化炉将 NO_2 转化为 NO 的能力

2.2.3　排气检测过程质控内容

根据 GB 18285—2018 和 GB 3847—2018 的相关规定与技术要求，可将排气检测过程分解为图 2-2 所示的 5 个质控环节，表 2-2 是排气检测各个阶段应开展的主要质控内容。

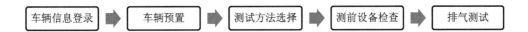

图 2-2　排气检测流程

　　车辆信息登录和车辆预置环节实质上属样品要素内容，测试方法选择则属标准与法规要素内容，测前设备检查和排气测试环节属设备、测量要素内容。由此可见，排气检测过程包含了机、物、法、样、测等诸多质控要素。因排气测试过程的质控参数较多，因此，表 2-2 中未列出各种排气检测方法的具体质控内容与要求，相关内容与要求将在后续章节中专门介绍。

表 2-2　排气检测过程的主要质控内容

检测过程	质控内容与要求	备注/说明
车辆信息登录	确保车辆与车型参数录入准确	影响测试结果的参数必须准确
车辆预置	机械性能和安全性能满足排气检测要求，排气系统无泄漏，排放装置齐全和无外表损伤等	所有排气检测方法规定
	关闭所有以发动机为动力的附加设备	
	预热车辆至正常工作状态	
	确保车辆处于空载状态	简易工况法规定
	关闭防侧滑、防抱死、电子稳速等辅助功能	
	将车辆按要求架设至测功机上	
测试方法选择	优先选择简易工况法，应结合具体车型情况确定测试方法	适用于所有车辆
测前设备检查	排放分析仪自动校正	稳态和简易瞬态工况法规定
	稀释 O_2 传感器读数检查	简易瞬态工况法规定
	调零、HC 残留检查	双怠速法规定*
	烟度计零点和量距点检查或校正	加载减速法和自由加速法规定
排气测试	过程参数与测试结果质控	所有检测方法，后续章节具体介绍

注：* 如果使用工况法设备的排放分析仪进行双怠速检测，双怠速法也可以按工况法要求进行测前设备检查。

　　除表 2-2 所列内容外，HJ 1237—2021 在 GB 18285—2018 和 GB 3847—2018 的基础上，再次明确规定了分析仪和不透光烟度计的取样管长度，表 2-3 是根据上述 3 个标准整理的取样管长度和取样探头插深要求。

表 2-3 分析仪和不透光烟度计取样管长度与取样探头插深要求

类别	排放分析仪	NO$_x$ 分析仪	不透光烟度计	
			轻型车	重型车
取样管长度/m	≤7.5	≤7.5	≤3.5	≤3.5
取样探头插深/mm	≥400	≥400	≥400	≥400

注：HJ 1237—2021 将不透光烟度计的取样管长度统一规定为 3.5 m，且表中的取样管长度均包含了取样探头、管路上的过滤器件在内。

除表 2-1 至表 2-3 的质控内容外，排放检验过程还应对外观检验、OBD 检查和蒸发排放检验等加强质控管理。外观检验主要由人工操作完成，OBD 检查主要依靠 OBD 读码器读取车载 OBD 系统信息完成，蒸发排放检验除需对蒸发排放检验设备进行定期检定/校准外，也主要由人工操作完成。此外，排气检测过程也是由检验员操作设备完成，所以，强化检验员的遵纪守法意识，规范检验员的排放检验行为，是确保排放检验结果准确与有效的关键。

2.2.4 标准物质的质控管理

排气检测用到的标准物质主要有标气、滤光片、砝码和转鼓转速计等。滤光片用于不透光烟度计检查，砝码用于测功机张力传感器的校准，转鼓转速计用于测功机转速校准。滤光片、砝码和转鼓转速计为非易耗标准物质，只需按规定进行定期检定/校准，并在检定/校准有效期内使用，便能保障其使用的有效性。标气用于分析仪的标定与检查，属易耗标准物质，同样也应在有效期内使用。

GB 18285—2018 和 GB 3847—2018 明确规定了分析仪标定与检查用的标气类别，也规定了推荐标气浓度值和容许偏差范围，具体详见表 2-4。后续章节中的所称零气、低标气、中低标气、中高标气和高标气等均指表 2-4 中的对应标气类别。

表 2-4 标准推荐使用的标气情况

标气类型	推荐的标气浓度值	
	排放分析仪[①]	NO$_x$ 分析仪[②]
零气	O$_2$=20.8%； HC<1×10^{-6}THC； CO<1×10^{-6}； CO$_2$<2×10^{-6}； NO<1×10^{-6}； NO$_2$<1×10^{-6}	O$_2$=20.8%； NO<1×10^{-6}； NO$_2$<1×10^{-6}； CO$_2$<2×10^{-6}

标气类型	推荐的标气浓度值	
	排放分析仪[①]	NO_x 分析仪[②]
低标气	CO 混合气：$C_3H_8=50\times10^{-6}$； CO=0.5%； $CO_2=12.0\%$； NO=300×10⁻⁶ NO_2 标气：$NO_2=50\times10^{-6}$	NO 混合气：NO=300×10⁻⁶； $CO_2=2.0\%$ NO_2 标气：$NO_2=50\times10^{-6}$
中低标气	CO 混合气：$C_3H_8=100\times10^{-6}$； CO=2.0%； $CO_2=12.0\%$； NO=800×10⁻⁶ NO_2 标气：$NO_2=80\times10^{-6}$	NO 混合气：NO=900×10⁻⁶； $CO_2=6.0\%$ NO_2 标气：$NO_2=160\times10^{-6}$
中高标气	CO 混合气：$C_3H_8=200\times10^{-6}$； CO=4.0%； $CO_2=12.0\%$； NO=1 200×10⁻⁶ NO_2 标气：$NO_2=120\times10^{-6}$	NO 混合气：NO=1 800×10⁻⁶； $CO_2=8.0\%$ NO_2 标气：$NO_2=300\times10^{-6}$
高标气	CO 混合气：$C_3H_8=500\times10^{-6}$； CO=5.0%； $CO_2=16.0\%$； NO=2 000×10⁻⁶ NO_2 标气：$NO_2=200\times10^{-6}$	NO 混合气：NO=3 000×10⁻⁶； $CO_2=12.0\%$ NO_2 标气：$NO_2=600\times10^{-6}$

注：①稳态工况法设备排放分析仪不需要使用 NO_2 标气；②NO_x 分析仪不需要测量 O_2 浓度值，零气可以使用高纯氮气。

对于表 2-4 补充如下说明。

（1）标准规定实际使用的标气应处于推荐浓度值的±15%范围。

（2）标准规定 NO_x 分析仪所使用零气中的 O_2 浓度值为 20.8%，因 NO_x 分析仪仅测量 NO、NO_2 和 CO_2 3 种污染物，与零气中的 O_2 浓度不相关，实际工作中可以使用高纯氮气作为 NO_x 分析仪的零气。

（3）稳态工况法仅测量 NO，因此，稳态模式地区不需要为排放分析仪配备 NO_2 标气。

2.3　仪器的日常检查

由表 2-1 可知，排气检测设备的仪器性能检查主要包括仪器标定/校正、日常检查和期间核查 3 大类。由于仪器经标定/校正后，通常需通过性能检查以确定标定/校正效果是否可靠和有效，所以有关仪器的标定/校正将并入仪器性能检查过程介绍。由表 2-1 还可知，日常检查主要包括测功机加载滑行、分析仪泄漏检查、分析仪单点检查、不透光烟度计滤光片检查、流量计平均流量相对误差检查等内容。由于不同排气检测设备所配备的同类仪器的性能检查方法基本相同，所以后续章节中如无特别交代，均按仪器类别进行介绍。

2.3.1 加载滑行检查和附加损失测试

简易工况法测试过程中，测试车辆发出的驱动功率除被测功机功率吸收装置吸收外，还会被滚筒转轴与轴承间的摩擦阻力损耗，GB 18285—2018 和 GB 3847—2018 将这一损耗简称为附加损失。附加损失测试的作用是测量测功机传动部件损耗大小，加载滑行的作用是检查测功机附加损失测试结果是否可靠与有效。

2.3.1.1 加载滑行检查和附加损失测试原理

加载滑行检查的测试原理如下。

假设测功机的附加损失为零，也假设给滚筒施加一个阻碍其运转的理论滑行功率，计算出各名义速度段的滑行时间，即理论滑行时间。加载滑行检查时，测功机首先将滚筒加速至滑行最高速度，然后给滚筒施加一个大小等于"理论滑行功率–附加损失功率"的指示功率（或吸收功率），测量各名义速度段的实际滑行时间，最后计算实际滑行时间与理论滑行时间的相对误差，以检查附加损失是否得到有效校准。GB 18285—2018 和 GB 3847—2018 规定实际滑行时间与理论滑行时间的相对误差绝对值应小于 7%，式（2-1）是标准给出的理论滑行时间计算公式。

$$CCDT_v = \frac{DIW \times (V_{v+10}^2 - V_{v-10}^2)}{2\,000 \times (IHP_v + PLHP_v)} \tag{2-1}$$

式中：$CCDT_v$ —— 滑行名义速度段 v 的理论滑行时间，s；

DIW —— 测功机所有转动部件的惯性质量，kg；

V_{v+10} —— 滚筒线速度 $v+10$（v 为滑行名义速度，单位为 km/h），m/s；

V_{v-10} —— 滚筒线速度 $v-10$（v 为滑行名义速度，单位为 km/h），m/s；

IHP_v —— 测功机在滑行名义速度 v 时的指示功率，kW；

$PLHP_v$ —— 测功机在滑行名义速度 v 时的附加损失功率，kW。

由式（2-1）可知，分母中的 IHP_v 实质上就是测功机应设置的吸收功率，IHP_v+PLHP_v 则是理论滑行功率或日常加载滑行检查时的加载滑行功率。GB 18285—2018 规定汽油线的加载滑行功率为 6.0～13.0 kW 的任意功率，GB 3847—2018 未明确加载滑行功率范围，HJ 1237—2021 则规定柴油线的加载滑行功率为 10.0～30.0 kW 的任意功率。由式（2-1）还可知，标准规定的滑行速度段是以名义速度 v 为中点速度，滑行速度范围为（$v\pm10$）km/h，但在使用式（2-1）计算理论滑行时间时应将速度单位换算为 m/s。

由式（2-1）也可知，理论滑行时间与滚筒的惯性质量及滑行速度段起止速度的平方差成正比，与滑行功率成反比。为估计滑行计时误差影响，这里选择汽油线轻型车底盘测功机（假定滚筒的惯性质量为 907.2 kg）、35～15 km/h 滑行速度段和滑行功率为 13 kW 来估算加载滑行的最小理论滑行时间，估算结果如式（2-2）所示。

$$\mathrm{CCDT}_v = \frac{907.2 \times \left[\left(\frac{35 \times 1\,000}{3\,600} \right)^2 - \left(\frac{15 \times 1\,000}{3\,600} \right)^2 \right]}{2\,000 \times 13} \approx 2.692(\mathrm{s}) \tag{2-2}$$

如果实际滑行时间计时误差为 20 ms，对相对滑行误差计算结果的最大影响超过 ±0.74%。若选择柴油线轻型车底盘测功机估算加载滑行的最小理论滑行时间，也假设滚筒的惯性质量为 907.2 kg，滑行功率和滑行速度段按 HJ 1237—2021 和 HJ 1238—2021 中规定的 30 kW 和 30～10 km/h 估算，则 CCDT_v 仅为 0.933 s。如果实际滑行时间计时误差为 20 ms，对相对滑行误差计算结果的最大影响将超过 ±2.1%。由此可见，测功机的取样频率至少应为 100 Hz，这也是 HJ 1238—2021 将测功机日常检查过程数据的信息采集记录时间规定为 ms 级的原因。

附加损失测试过程与加载滑行过程类似，如果将式（2-1）变换为式（2-3），即是附加损失的测试原理。

$$\mathrm{PLHP}_v = \frac{\mathrm{DIW} \times \left(V_{v+10}^2 - V_{v-10}^2 \right)}{2\,000 \times \mathrm{ACDT}_v} - \mathrm{IHP}_v \tag{2-3}$$

式中，ACDT_v 为滑行名义速度段 v 的实际滑行时间，s；其他参数则与式（2-1）完全相同。

标准规定，加载滑行检查的相对误差绝对值超过 7%，应进行附加损失测试以校准附加损失大小。附加损失测试后需再次进行加载滑行检查，直至加载滑行检查的相对误差绝对值小于 7% 为止，否则需对测功机进行维护与维修。

2.3.1.2　加载滑行检查和附加损失测试应记录的信息

HJ 1238—2021 明确了排放检验需采集记录的信息内容，排放检验过程应按 HJ 1238—2021 规定要求保证采集记录信息的完整，原则上日常工作所采集记录的信息只能多于 HJ 1238—2021 规定内容，因此监管系统建设时，所发布的联网协议以及应建立的数据库表需确保相关信息的完整。为方便讨论，自本节开始，后续章节主要列出质控参数信息，不再重复交代与说明。

根据加载滑行和附加损失测试原理，将测功机加载滑行检查和附加损失测试应记录的主要过程参数与信息汇总至表 2-5。

表 2-5　加载滑行检查和附加损失测试应记录的主要过程参数与信息

加载滑行检查应记录的参数		附加损失测试应记录的参数	
参数类别	参数名称	参数类别	参数名称
基本参数	惯性质量（kg）	设置参数	最高滑行速度（km/h）
	各滑行速度段理论滑行时间（s）		最低滑行速度（km/h）
设置参数	滑行功率（kW）		附加损失测试各滑行名义速度段起止速度（km/h）
	滑行最高速度（km/h）		
	各名义滑行速度段起止速度（km/h）	过程参数	滑行时间（hh：mm：ss.ssss）
过程参数	滑行时间（hh：mm：ss.ssss）		逐条滚筒滑行速度（km/h）
	逐条滚筒滑行速度（km/h）		逐条指示扭力（N）
	逐条附加损失扭力（N）		逐条指示功率（kW）
	逐条附加损失功率（kW）	结果参数	各速度段的名义附加损失扭力（N）
	逐条指示扭力（N）		各速度段的名义附加损失功率（kW）
	逐条指示功率（kW）	其他	滑行起始时间（hh：mm：ss.ssss）
结果参数	各名义速度段实际滑行时间（s）		滑行结束时间（hh：mm：ss.ssss）
	各名义速度段滑行相对误差（%）		
其他	滑行起始时间（hh：mm：ss.ssss）		
	滑行结束时间（hh：mm：ss.ssss）		

说明：记录内容应自滑行最高速度开始至最低速度，按测功机取样频率逐条记录。

2.3.1.3　加载滑行速度段的设置

　　GB 18285—2018 和 GB 3847—2018 虽对加载滑行和附加损失作出了一系列规定，但 GB 3847—2018 未规定加载减速法设备具体的加载滑行名义速度与滑行速度段，为此，HJ 1238—2021 通过制定排放定期检验信息采集传输技术规范，明确了加载减速法设备的具体加载滑行和附加损失测试的名义速度与滑行速度段，详见表 2-6。

表 2-6　加载滑行与附加损失测试的滑行速度段与滑行速度范围

检测设备名称	滑行类别	参数名称	速度段或速度范围
稳态（或简易瞬态）工况法	加载滑行	最高滑行速度	标准未明确，推荐大于 56 km/h
		滑行速度段与名义滑行速度	50～30 km/h，名义速度为 40 km/h；35～15 km/h，名义速度为 25 km/h
	附加损失测试	最高滑行速度	标准规定：60 km/h，推荐大于 88.5 km/h
		最低滑行速度	标准规定：稳态为 8 km/h，简易瞬态为 10 km/h
		滑行速度段与名义滑行速度	50～30 km/h，名义速度为 40 km/h；35～15 km/h，名义速度为 25 km/h

检测设备名称	滑行类别	参数名称	速度段或速度范围
加载减速法 （HJ 1238—2021 规定）	加载滑行	最高滑行速度	标准未明确，推荐大于 88.5 km/h
		滑行速度段与 名义滑行速度	100～80 km/h，名义速度为 90 km/h[*]； 90～70 km/h，名义速度为 80 km/h[*]； 80～60 km/h，名义速度为 70 km/h； 70～50 km/h，名义速度为 60 km/h； 60～40 km/h，名义速度为 50 km/h； 50～30 km/h，名义速度为 40 km/h； 40～20 km/h，名义速度为 30 km/h； 30～10 km/h，名义速度为 20 km/h
	附加损失测试	最高滑行速度	100 km/h（至少为 80 km/h），推荐大于 88.5 km/h
		最低滑行速度	10 km/h
		滑行速度段与 名义滑行速度	与加载滑行相同

注：* 表中虽给出了这两个滑行速度段，但标准未对此严格要求，实际工作中可以不进行这两个速度段滑行，所以推荐的最高滑行速度为 88.5 km/h。如果进行这两个速度段滑行，则加载滑行和附加损失测试的最高滑行速度应接近 110 km/h。

对于表 2-6 做如下说明。

（1）标准规定的稳态工况法、简易瞬态工况法和加载减速法的附加损失最高滑行速度分别为 60 km/h、60 km/h 和 100 km/h（至少为 80 km/h），而标准规定的变负荷滑行最高速度为 88.5 km/h，且计时起点的速度为 80.5 km/h（详见 2.4.2 节），如果稳态工况法和简易瞬态工况法按标准规定设置附加损失滑行最高速度，将无法保证 80.5～60 km/h 速度范围内附加损失得到有效校准，所以表 2-6 推荐这两种排气检测方法的附加损失测试最高速度大于 88.5 km/h。

（2）HJ 1238—2021 规定上传的加载滑行速度段包含了 100～80 km/h 和 90～70 km/h 两个速度段，如果进行这两个速度段滑行，则加载滑行检查和附加损失测试的最高滑行速度应接近 110 km/h。

（3）后续章节中有关加载滑行检查和附加损失测试的讨论，均以表 2-6 中给出的名义滑行速度、滑行速度段和滑行最高与最低速度等为基础。

2.3.2　分析仪的泄漏与低流量检查

分析仪单点检查前应先进行泄漏检查，单点检查需在每天设备开机预热稳定后、正式开展排气检测前进行。正常情况下每天只需进行一次泄漏检查，检查时只需根据设备工控软件提示将取样探头用密封帽密封，检查过程通常由设备工况软件自动完成。

标准未规定泄漏检查记录内容，但规定如果泄漏检查不通过，需锁止分析仪及相应检测线设备的排气检测功能。如果监管系统需加强泄漏检查的监管，可要求设备工控软件在泄漏检查时实时上传分析仪取样系统的实时压力值,以监管其泄漏检查是否符合规定要求。

分析仪低流量检查通常在排气检测过程中检查,如果排气检测时分析仪取样管或取样探头出现堵塞情况,会导致分析仪的取样流量偏低。取样流量低于分析仪许可的最低流量阈值时,分析仪会发出低流量警报并停止分析仪的测量功能,设备软件也将终止排气检测工作。

2.3.3　分析仪的单点检查

GB 18285—2018 和 GB 3847—2018 规定的分析仪单点检查流程和方法基本相同,差别是检查用标气组分不同。单点检查的流程已在 2.1.1 节的名词术语解析时进行了介绍,这里不再重复说明。单点检查以低标气检查为基础,标准规定的分析仪标气检查示值误差限值详见表 2-7,单点检查的流程如图 2-3 所示,单点检查应记录的主要过程参数与信息详见表 2-8 和表 2-9。

表 2-7　标准规定的分析仪标气检查示值误差限值与传感器响应时间限值

限值类别		稳态分析仪	瞬态分析仪	NO_x分析仪
HC	绝对误差/10^{-6}	≤±4	≤±4	—
	相对误差/%	≤±3	≤±3	—
CO	绝对误差/10^{-2}	≤±0.02	≤±0.02	—
	相对误差/%	≤±3	≤±3	—
	传感器响应时间 T_{90}/s	≤5.5	≤5.5	—
	传感器响应时间 T_{10}/s	≤5.7	≤5.7	—
CO_2	绝对误差/10^{-2}	≤±0.3	≤±0.3	—
	相对误差/%	≤±3	≤±3	≤±5
NO	绝对误差/10^{-6}	≤±25	≤±25	≤±25
	相对误差/%	≤±4	≤±4	≤±4
	传感器响应时间 T_{90}/s	≤6.5	≤6.5*	≤6.5*
	传感器响应时间 T_{10}/s	≤6.7	≤6.7*	≤6.7*
O_2	绝对误差/10^{-2}	≤±0.1	≤±0.1	—
	相对误差/%	≤±5	≤±5	—
	传感器响应时间/s	≤12	≤12	—
NO_2	绝对误差/10^{-6}	—	≤±25	≤±25
	相对误差/%	—	≤±4	≤±4

注:* 指 NO_x 传感器响应时间限值,所包含的 NO 和 NO_2 两个传感器均应满足该响应时间要求。

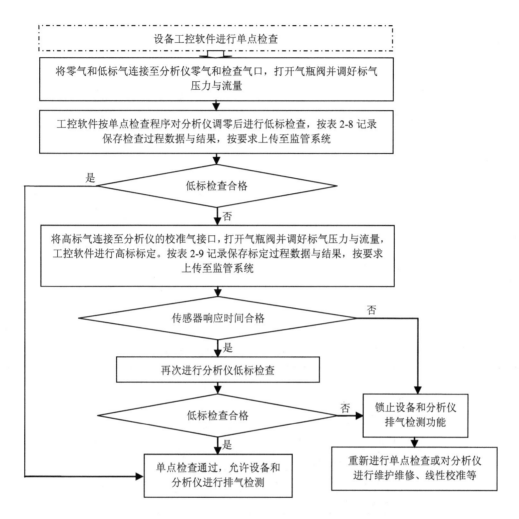

图 2-3　分析仪的单点检查流程

关于单点检查，做如下说明。

（1）如果分析仪需测量 NO_2 浓度值，且 NO_2 的测量方法为直接测量法，则需要使用混合标气和 NO_2 标气分别进行单点检查，否则仅需进行混合标气的单点检查。

（2）单点检查时，标气所有成分的低标检查结果的绝对误差或者相对误差不超过表2-7 中相应误差限值时，则单点检查合格，此时仅需记录表 2-8 所列各参数的过程数据与结果。如果出现 1 种或 1 种以上标气成分的低标检查结果的绝对误差与相对误差同时超过表 2-7 中相应误差限值情况，则需对分析仪进行高标标定。在高标标定过程和标定后的调零过程同时进行传感器响应时间 T_{90} 和 T_{10} 检查，此时应记录表 2-9 所列各参数的过程数据与结果。

（3）除氧传感器外，如果任一传感器出现响应时间不符合表 2-7 要求，应锁止分析仪和排气检测设备的排气检测功能，单点检查结果为不合格。HJ 1237—2021 规定如果连续 3 次单点检查不合格，应对分析仪进行维护维修或线性校准，且在维护维修和线性校准后进行五点检查。

（4）氧传感器响应时间 T_{10} 在排放分析仪高标定过程检查，T_{90} 则在高标标定后的调零过程检查。如果氧传感器响应时间连续 7 d 不合格，应锁止分析仪与排气检测设备的排气检测功能，此时应替换氧传感器后再进行响应时间测试。

（5）如果高标标定与高标标定后的调零过程所有传感器的响应时间均合格，则应再次进行低标检查，此时应再次记录表 2-8 所列各参数的过程数据与结果。

由此可见，单点检查有 2 类记录，表 2-8 为低标检查过程数据与结果记录，表 2-9 为高标标定过程数据与传感器响应时间结果记录。单点检查时，如果低标检查合格，则仅需记录表 2-8 所列参数的过程数据与结果；如果低标检查不合格，则按表 2-8→表 2-9→表 2-8 顺序记录参数的过程数据与结果。为此，单点检查的记录应建立表 2-8 和表 2-9 之间的关联关系，以便同一次单点检查全过程数据与结果的关联查询。

表 2-8　低标检查应记录的主要过程参数与信息

	排放分析仪		NO$_x$ 分析仪	
标准气体	零气，CO 混合低标气，NO$_2$ 低标气（仅简易瞬态工况法）	标准气体	高纯 N$_2$（零气），NO 混合低标气与 NO$_2$ 低标气	
过程参数	检查时间（hh：mm：ss）	过程参数	检查时间（hh：mm：ss）	
	逐秒 CO 浓度值		逐秒 NO 浓度值	
	逐秒 HC 浓度值		逐秒 CO$_2$ 浓度值	
	逐秒 NO 浓度值		逐秒 NO$_2$ 浓度值	
	逐秒 CO$_2$ 浓度值	结果参数	NO 误差和结果判断	总结论
	逐秒 O$_2$ 浓度值		CO$_2$ 误差和结果判断	
	逐秒 NO$_2$ 浓度值（仅简易瞬态工况法）		NO$_2$ 误差和结果判断	
结果参数	CO 误差和结果判断	总结论		
	HC 误差和结果判断			
	NO 误差和结果判断			
	CO$_2$ 误差和结果判断			
	O$_2$ 误差和结果判断			
	NO$_2$ 误差和结果判断（仅简易瞬态工况法）			
其他	丙烷当量系数（PEF）			

注：1. NO$_2$ 低标气检查需单独进行，过程数据和结果应与混合气检查分开记录。

2. 如果 NO$_2$ 采用转化测量法测量，则不需要进行 NO$_2$ 低标气检查，但应按标准规定定期进行转化效率检查。

表 2-9　高标标定过程应记录的主要参数与信息

	排放分析仪			NO$_x$ 分析仪		
标准气体	零气，CO 混合高标气，NO$_2$ 高标气（仅简易瞬态工况法）		标准气体	零气、NO 混合高标气及 NO$_2$ 高标气（仅简易瞬态工况法）		
过程参数	检查时间（hh.mm.ss）		过程参数	检查时间（hh.mm.ss）		
	逐秒 CO 浓度值			逐秒 NO 浓度值		
	逐秒 HC 浓度值			逐秒 CO$_2$ 浓度值		
	逐秒 NO 浓度值			逐秒 NO$_2$ 浓度值		
	逐秒 CO$_2$ 浓度值		结果参数	NO 传感器的 T_{90} 与 T_{10} 值及结论		总结论
	逐秒 O$_2$ 浓度值			CO$_2$ 传感器的 T_{90} 与 T_{10} 值及结论		
	逐秒 NO$_2$ 浓度值（仅简易瞬态工况法）			NO$_2$ 传感器的 T_{90} 与 T_{10} 值及结论		
结果参数	CO 传感器的 T_{90}、T_{10} 值及结论	总结论				
	HC 传感器的 T_{90}、T_{10} 值及结论					
	NO 传感器的 T_{90}、T_{10} 值及结论					
	CO$_2$ 传感器的 T_{90}、T_{10} 值及结论					
	O$_2$ 传感器的 T_{90}、T_{10} 值及结论					
	NO$_2$ 传感器的 T_{90}、T_{10} 值及结论（仅简易瞬态工况法）					
其他	丙烷当量系数（PEF）					

注：1. NO$_2$ 高标气标定与响应时间测试应单独进行，过程数据和结果应与混合气分开记录。
　　2. 如果 NO$_2$ 采用转化测量法测量，则不需要进行 NO$_2$ 高标气标定，但应按标准规定定期进行转化效率检查。

2.3.4　烟度计的滤光片检查

HJ/T 292—2006 规定，应使用名义值为 30%、50%、70% 和 90% 的滤光片对不透光烟度计进行日常校准/检查，且检查示值绝对误差不能超过 ±2%。限于大多数不透光烟度计未开放校准功能，所以设备工控软件也仅开发了滤光片检查功能。目前各地规定的不透光烟度计检查用滤光片数量未统一，本节按使用 30%、50%、70% 和 90% 4 种名义量值滤光片检查进行介绍。表 2-10 是滤光片检查应记录的主要参数与信息。

表 2-10　滤光片检查应记录的主要参数与信息

检查用滤光片	滤光片检查量值	过程参数	结果参数
30%、50%、70% 和 90% 名义滤光片	校准有效期内证书上的校准值	逐秒滤光片检查读数	检查结果与结论
		逐秒滤光片检查误差	

2.3.5　流量计平均流量相对误差检查

气体流量分析仪是简易瞬态工况法设备所配备的一个重要装置，主要用于测量稀释尾气的氧含量与稀释尾气流量，并结合瞬态分析仪测量的尾气氧含量，由设备工控软件计算出稀释尾气的流量值，式（2-4）是具体计算公式。

$$Q_{尾} = \frac{环境O_2 - 稀释O_2}{环境O_2 - 原始尾气O_2} \times Q_{稀}$$

（2-4）

式中：$Q_{尾}$ —— 测试车辆排放的尾气流量，L/s；

环境 O_2 —— 指环境空气中的氧含量，%；

稀释 O_2 —— 气体流量分析仪测量的稀释尾气氧含量，%；

原始尾气 O_2 —— 瞬态分析仪测量的原始尾气氧含量，%；

$Q_{稀}$ —— 气体流量分析仪测量的稀释尾气流量，L/s。

流量计是气体流量分析仪的一个主要部件，主要用于稀释尾气流量的测量。HJ/T 290—2006 规定流量计平均流量相对误差检查属日常检查内容，并规定流量计在不带集气管时，20 s 时间读数平均值与流量计名义流量值的相对误差绝对值不能超过 10.0%。表 2-11 是流量计平均流量相对误差检查应记录的主要参数与信息。

表 2-11　流量计平均流量相对误差检查应记录的主要参数与信息

流量计名义流量	过程参数	结果参数
名义流量值（校准或检定值）	逐秒流量测量值	20 s 流量测量结果均值
		相对误差值
		检查结果与结论

2.3.6　气象站环境参数值的校正

气象站又名设备环境参数仪。标准规定，排气检测结果应使用测试车辆所在的环境参数值进行修正，以增强排气检测结果的可比性。为保证设备气象站测量的环境参数值有效，标准规定每天正式开始排气检测前应先对气象站的环境参数测量值进行校正。

虽检验机构所在地点位置、检测场所设备安装环境不同，同时间内的环境参数测量值可能相差较大，但基本上受制于区域性气候影响。在用车排气检测过程对环境要求较低，排气检测时车辆流水式进入检测场所，检测场所通常处于敞开状况和使用抽风装置或对流风扇保持场所环境空气清新，且排气检测过程中设备还使用冷却风机等，外环境对检测场所环境影响较大，一般来说同一检测场所的背景温湿度与大气压力相差较小，同区域内不同检测场所总的环境状况接近。进行设备环境参数值校正时，为保证校正结果的有效性，还可以将校正用环境温湿度值和大气压力值与网络发布的区域性环境值比较，分析其合理性，以减小因校正用环境温湿度计和大气压力表故障所造成的校正错误。

2.4　仪器的期间核查

期间核查的作用是确保仪器在规定的检定/校准有效期内能持续符合仪器测量精度与准确度要求。由表 2-1 可知，排气检测设备相关仪器的期间核查主要包括：测功机期间核查（含负荷精度、加载响应时间和变负荷滑行 3 项检查），分析仪的五点检查和传感器响应时间检查，排放分析仪、不透光烟度计和流量计的漂移检查，转化炉转化效率检查等内容。

2.4.1　期间核查周期的设定

期间核查周期通常由检验机构根据设备性能与使用频率等通过作业指导书规定，排放检验隶属政府行政管理范畴，期间核查周期一般由标准、属地生态环境主管部门或排放监管部门结合排气检测实际情况和管理需要规定。期间核查周期的确定通常应遵循如下原则。

（1）期间核查周期通常是检定/校准周期的整除数。

（2）属地规定的期间核查周期应小于或等于标准或国务院生态环境主管部门规定的期间核查周期，标准或国务院生态环境主管部门未规定期间核查周期时，以属地规定为准。

（3）检验机构作业指导书规定的期间核查周期应小于等于属地生态环境主管部门规定的期间核查周期。

（4）期间核查的设置周期整体上遵循检验机构规定期间核查周期≤区县级规定期间核查周期≤地市级规定期间核查周期≤省级规定期间核查周期≤国家级规定期间核查周期原则。

HJ 1237—2021 规定的期间核查周期如下（详见附录 2）：

（1）测功机的性能检查（含力传感器、转鼓转速、负荷精度、加载响应时间、变负荷滑行等检查）每 180 d 至少 1 次，但没有规定加载减速法测功机的负荷精度检查周期；

（2）测功机附加损失测试每周至少 1 次；

（3）分析仪高标标定（含传感器响应时间检查）每月至少 1 次；

（4）氮氧转化效率检查每周至少 1 次；

（5）连续 3 次单点检查不通过，在对分析仪进行维护保养或线性化后，需进行五点检查。

HJ 1237—2021 未对分析仪、不透光烟度计的漂移检查周期，流量分析仪的性能检查周期等进行明确规定，其检查周期可根据地方管理需要明确。

2.4.2 测功机的期间核查

测功机的期间核查主要包括负荷精度、加载响应时间和变负荷滑行 3 大项检查内容。根据 GB 18285—2018 和 GB 3847—2018 规定，期间核查应顺序连续完成这 3 大项检查内容。

2.4.2.1 负荷精度检查

负荷精度的检查原理、滑行速度段和检查方法与加载滑行检查基本相同，差别是标准明确规定了负荷精度检查的 3 个滑行功率，且规定的滑行相对误差限值较小。表 2-12 是标准规定的简易工况法负荷精度检查滑行功率与滑行误差限值情况。

表 2-12 简易工况法负荷精度检查滑行功率与滑行相对误差限值情况

简易瞬态工况法和稳态工况法		加载减速法	
滑行功率	滑行相对误差绝对值限值	滑行功率	滑行相对误差绝对值限值
4 kW	≤4%	10 kW	≤2%
18 kW		20 kW	
11 kW	≤2%	30 kW	≤4%

HJ/T 290—2006、HJ/T 291—2006 和 HJ/T 292—2006 规定的加载滑行功率为 6.0～13.0 kW 的任意功率，HJ 1237—2021 规定的加载减速法加载滑行功率为 10.0～30.0 kW 的任意功率，标准规定的滑行相对误差限值均为 ±7%。与表 2-12 中的负荷精度检查比对，可以发现滑行功率同样是 11 kW、10 kW、20 kW、30 kW，负荷精度检查相对误差限值却严格得多，分别为 ±2%、±2%、±2% 和 ±4%，且需一次性完成 3 个功率的滑行检查。

据了解目前大多数排气检测用测功机的取样记录频率仅为 100 Hz，即 10 ms 记录一组数据。由 2.3.1 节估算结果可知，轻型柴油车底盘测功机在滑行功率为 30 kW 时，20 ms 计时取值误差对相对滑行误差计算结果的最大影响超过 ±2.1%。如果将滑行功率改为 20 kW 和 10 kW 估算，计时取值误差对相对滑行误差计算结果的最大影响分别达到 ±1.4% 和 ±0.7%。对于负荷精度检查来说，计时取值误差影响对滑行误差计算结果的影响程度接近或超过一半，即使负荷精度检查结果为合格，也毫无意义，相反如果因计时误差影响造成检查结果无法合格时却会影响排放检验工作的正常开展。因此，HJ 1237—2021 未有规定加载减速法测功机的负荷精度检查周期。

负荷精度检查应记录的参数、滑行速度段、滑行速度范围等与加载滑行基本相同，详见表 2-5 和表 2-6，这里不再重复列出。

2.4.2.2 加载响应时间检查

GB 18285—2018 和 GB 3847—2018 规定，完成负荷精度检查后，应马上进行加载响应时间检查。标准对简易工况法设备之测功机所规定的加载响应时间检查方法完全相同，相关检查控制参数详见表 2-13，所规定的响应时间 T_{90} 限值为 300 ms。

表 2-13 标准规定的测功机加载响应时间检查控制参数

变量名称	测试编号							
	1	2	3	4	5	6	7	8
速度 a/（km/h）	16	16	24	24	40	40	48	48
起始负荷 b/kW	4	7	12	16	15	19	4	12
起始扭力 F_b/N	900	1 575	1 800	2 400	1 350	1 710	300	900
终了负荷 c/kW	7	3	16	12	19	15	12	4
终了扭力 F_c/N	1 575	675	2 400	1 800	1 710	1 350	900	300
T_{90} 时的加载扭力目标值 F_{90}	1 507.5	765	2 340	1 860	1 674	1 386	840	360

注：表中 T_{90} 时的加载扭力目标值 F_{90} 是根据式（2-5）计算得出，起始扭力和相应终了扭力是根据式（2-6）计算得出。

由表 2-13 可知，加载响应时间需进行 8 项检查，每项检查的测试过程完全相同。GB 18285—2018 和 GB 3847—2018 规定的每项加载响应时间检查方法和步骤如下。

（1）驱动滚筒使其线速度达到 64 km/h，这时在功率吸收单元（PAU）上施加的负荷为零；

（2）切断驱动力，使滚筒处于自由滑行状态，当其速度达到 56 km/h 时，向功率吸收单元（PAU）施加起始扭矩（该扭矩值可由起始负荷 b 和速度 a 计算得出）；

（3）当测功机速度达到速度 a 时，再向 PAU 施加在该速度下的终了扭矩（该扭矩值可由终了负荷 c 和速度 a 计算得出）；

（4）当施加终了扭矩的命令送达 PAU 控制器之际，记录该时间，定义该时间为启动时间（$t=0$）；

（5）监测并记录 PAU 扭矩传感器实际的输出信号；

（6）当输出达到 90% 终了扭矩时，记录该时间，这就是响应时间（t）；

（7）如果步骤（5）中监测并记录到的输出信号超过终了扭矩步骤（3）峰值时，应作为不合格结果记录。

由于扭力与扭矩成正比，加载响应时间检查时通常用扭力替代扭矩进行检查。根据步骤（6）说明，正常理解应为当扭力为 90%F_c（终了扭力）时的时间即为加载响应时间。如果这样理解，表 2-13 中的第 2、4、6、8 项检查根本无法完成，原因是测功机在速度为 56 km/h 时施加给 PAU 的起始扭力 F_b 大于速度为 a 时施加的终了扭力 F_c。开展这 4 项检查时，如果在速度 a 时施加终了扭力 F_c，正常情况下其 PAU 扭矩传感器实际输出的扭矩不可能 <F_c，更不可能为 90%F_c。根据 GB 3847—2018 附件 BB 中 BB.1.7 条有关"验收

标准：在 300 ms 内，对扭矩阶跃变化的响应应达到 90%" 说明，T_{90} 时的加载扭力目标值 F_{90} 应按加载扭矩阶跃变化值计算，计算公式如式（2-5）所示。

$$F_{90} = F_b + 0.9 \times F_c - F_b \qquad (2\text{-}5)$$

表 2-13 中 T_{90} 时的加载扭力目标值 F_{90} 就是利用式（2-5）计算得出。此外，表 2-13 中的起始扭力和终了扭力是根据标准规定，使用式（2-6）计算得出。

$$F = \frac{P}{V} \qquad (2\text{-}6)$$

式中：F —— 扭力，N；

P —— 功率，W；

V —— 速度，m/s。

加载响应时间检查过程应记录的主要参数与信息如表 2-14 所示，8 项检查都需按表 2-14 重复记录。

表 2-14　加载响应时间检查应记录的主要参数与信息

参数类别	记录参数
基本参数	检查项编号
	起始滑行速度（滑行最高速度）（km/h）
	速度 a（km/h）
	起始负荷 b（kW）
	终了负荷 c（kW）
过程参数	滑行时间（hh：mm：ss.ssss）
	逐条滑行附加损失扭力值（N）
	逐条滑行附加损失功率值（kW）
	逐条滑行指示扭力值（N）
	逐条滑行指示功率值（kW）
	逐条滑行速度（km/h）
结果参数	滑行速度为 56 km/h 时的时间（hh：mm：ss.ssss）
	滑行速度为 a 时的时间（hh：mm：ss.ssss）
	滚筒实际受到制动负荷为 90%、95% 阶跃终了负荷时的时间（hh：mm：ss.ssss）
	响应时间 T_{90}、T_{95}
	检查结果与结论

2.4.2.3　变负荷滑行检查

GB 18285—2018 和 GB 3847—2018 规定，完成加载响应时间检查后，应马上进行变负荷滑行检查。同加载响应时间检查一样，标准对所有简易工况法设备之测功机所规定的变负荷滑行检查方法也完全相同，差异仅为不同惯性质量测功机的理论滑行时间会不同，当然其实际滑行时间也会不同。

变负荷滑行检查方法是先将滚筒速度驱动至 88.5 km/h 后切断驱动力，并向滚筒施加
3.7 kW 加载负荷和使滚筒开始滑行，当滚筒速度滑行至 80.5 km/h 时开始计时，顺序
按表 2-15 规定的测试速度段设置滑行负荷，直至滚筒速度为 8.0 km/h 结束。标准规定的
各速度段实际滑行时间与理论名义滑行时间之间的滑行相对误差限值见表 2-16。

表 2-15 标准设定的变负荷滑行检查负荷-速度

速度/（km/h）	负荷/kW	速度/（km/h）	负荷/kW	速度/（km/h）	负荷/kW
80.5	3.7	54.7	17.6	30.6	11.8
78.8	4.4	53.1	18.4	29.0	11.0
77.2	5.1	51.5	17.6	27.4	10.3
75.6	5.9	49.9	16.9	25.7	8.8
74.0	6.6	48.3	16.2	24.1	7.4
72.4	7.4	46.7	15.4	22.5	8.1
70.8	5.9	45.1	14.7	20.9	8.8
69.2	7.4	43.4	13.2	19.3	8.1
67.6	8.8	41.8	11.8	17.7	7.4
66.0	10.3	40.2	10.3	16.1	6.6
64.4	11.8	38.6	11.0	14.5	5.9
62.8	13.2	37.0	11.8	12.9	5.1
61.1	14.7	35.4	12.5	11.3	4.4
59.5	15.4	33.8	13.2	9.7	3.7
57.9	16.2	32.2	12.5	8.0	3.7
56.3	16.9				

表 2-16 标准规定的变负荷滑行检查相对误差限值

初速度/（km/h）	末速度/（km/h）	理论名义时间/s	容许误差绝对值
80.5	8.0	25.3	≤4.0%
72.4	16.1	15.3	≤2.0%
61.1	43.4	3.9	≤3.0%

变负荷滑行检查与加载滑行检查过程相似。加载滑行过程的滑行负荷（功率）恒定
不变，变负荷滑行过程的负荷根据滑行速度不断改变，但可以理解为由多个不同滑行功
率和滑行速度段的加载滑行过程组成，因此，变负荷滑行检查应记录的主要参数和信息
也与加载滑行基本相同，详见表 2-5 和表 2-6，这里也不再重复列出。

由表 2-15 和表 2-16 可知，变负荷滑行检查的滑行速度区间为 8.0～80.5 km/h，此时
的附加损失测试必须覆盖该滑行速度区间，否则难以保证变负荷滑行结果合格。

值得说明的是，表 2-16 中的理论名义时间是标准按惯性质量为 907.2 kg 的测功机给
出，测功机的惯性质量不同时，应使用 2.3.1 节的式（2-1）重新计算各滑行速度段的理论

滑行时间，并按表 2-16 的速度区间将表 2-15 中速度区间内各速度段的理论滑行时间累计相加得出。

2.4.2.4　测功机期间核查流程

标准规定，测功机期间核查应先进行负荷精度检查，接着进行加载响应时间检查，最后再进行变负荷滑行检查，也就是说，测功机的期间核查需一次性完成 3 个指定功率的负荷精度检查，8 项加载响应时间检查和变负荷滑行检查。检查过程只要出现某个功率的负荷精度检查结果不合格、或某项加载响应时间的检查结果不合格、或变负荷滑行检查结果不合格情况，通常应对测功机进行维护维修、惯性质量（DIW）测试、张力传感器校准和附加损失测试等维护校准工作。由于测功机的维护与校准会引起惯性质量（DIW）和附加损失等量值的改变，此时计算的测功机各滑行速度段之理论滑行时间也会相应改变，所以在测功机完成维护校准后，又必须重新按负荷精度检查→加载响应时间检查→变负荷滑行检查顺序，重新完成测功机所有期间核查项目的测试。有关测功机期间核查流程见图 2-4。

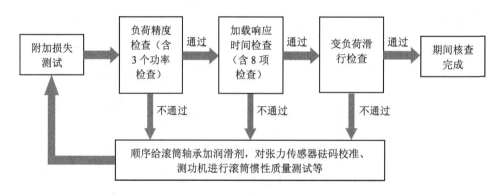

图 2-4　测功机期间核查流程

HJ 1237—2021 根据实际情况没有要求加载减速法设备进行负荷精度检查，所以加载减速法设备测功机的期间核查可将图 2-4 中的负荷精度检查内容删除。

2.4.3　分析仪的期间核查

由表 2-1 可知，分析仪的期间核查内容主要有五点检查、传感器响应时间检查、排放分析仪的零点和量距点漂移检查等。

2.4.3.1　分析仪的五点检查

所谓五点检查是指使用标准规定的低标气、中低标气、中高标气、高标气和零气共 5 种不同浓度标气分别对分析仪的示值误差进行检查，五点检查用标气浓度值详见表 2-4。

标准规定的五点检查顺序为低标检查→中低标检查→中高标检查→高标检查→零气检查，每种标气的检查方法与单点检查中的低标检查方法完全相同，应记录的主要过程参数和信息也与表 2-8 完全相同，这里不再重复列出。

同单点检查一样，如果分析仪采用直接测量法测量 NO_2，则需使用混合标气和 NO_2 标气分别进行五点检查，图 2-5 是五点检查流程。

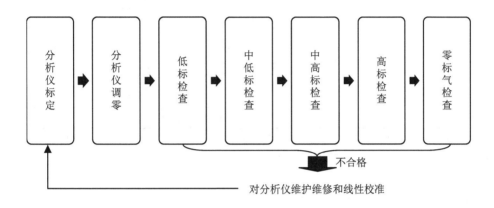

图 2-5 五点检查流程

此外，HJ 1237—2021 未规定五点检查周期，但明确如果连续 3 次单点检查不合格，应对分析仪进行维护维修和线性校准，分析仪经线性校准后应进行五点检查。

2.4.3.2 分析仪传感器响应时间检查

GB 18285—2018 和 GB 3847—2018 没有单独规定分析仪传感器响应时间检查方法，但明确单点检查时如果低标检查不通过则需对分析仪进行高标标定，在高标标定过程应同时进行分析仪传感器响应时间检查。为防止因长时间低标检查合格缺失传感器响应时间检查以及分析仪未得到有效标定问题，HJ 1237—2021 规定，分析仪每个月至少应进行 1 次高标标定，高标标定过程应进行传感器响应时间检查。

排放分析仪和 NO_x 分析仪的传感器响应时间检查方法相同，但检查参数不同。有关传感器响应时间检查应记录的主要过程参数详见表 2-9，这里也不再重复列出。

同样，如果分析仪采用直接测量法测量 NO_2，则需使用混合标气和 NO_2 标气分别进行高标标定和传感器响应时间检查。

2.4.3.3 排放分析仪的漂移检查

GB 18285—2018 规定排放分析需进行零点和量距点两项漂移检查，GB 3847—2018 则未对 NO_x 分析仪做相关规定。GB 18285—2018 规定，排放分析仪的零点小时漂移不能超过排放分析仪准确度要求，10 min 内的峰值不能大于 1.5 倍精度公差范围；量距点的小时漂移也不能超过排放分析仪准确度要求，第二小时与第三小时的量距点漂移不能超过排放分析仪准确度的 2/3。排放分析仪漂移检查应记录的主要参数信息内容详见表 2-17。

表 2-17　排放分析仪漂移检查应记录的主要参数信息

参数类别	应记录的参数信息内容
标气	零气，CO 混合高标气，NO_2 高标气[①]
过程记录参数	逐秒 CO 浓度读数、漂移量及结果判定
	逐秒 HC 浓度读数、漂移量及结果判定
	逐秒 NO 浓度读数、漂移量及结果判定
	逐秒 CO_2 浓度读数、漂移量及结果判定
	逐秒 NO_2 浓度读数、漂移量及结果判定[②]
结果参数	检查结论（合格或不合格）
	不合格具体传感器名称与漂移量值

注：①高标气应记录标气浓度值；②采用直接测量法测量 NO_2 时，排放分析仪需使用混合高标气和 NO_2 高标气分别进行量距点漂移检查，NO_2 量距点漂移检查结果应单独记录。

关于排放分析仪的漂移检查做如下说明。

（1）量距点漂移检查前应使用量距点标气先对排放分析仪进行标定，以确保量距点的测量结果与量距点标气值一致，这样便能有效规避因排放分析仪量距点测量结果本身偏差造成的漂移检查不合格情况出现。

（2）零点漂移检查前应先对排放分析仪调零。零点漂移检查使用标准规定的零气进行检查，零气中所含 NO 和 NO_2 浓度都接近"0"，所以对于直接测量法测量 NO_2 之排放分析仪，可以同时完成所有测量指标的零点漂移检查，不需要单独对 NO_2 进行零点漂移检查。

（3）对于采用直接测量法测量 NO_2 之排放分析仪，需使用混合高标气和 NO_2 高标气分别进行量距点漂移检查。

（4）漂移检查过程中，只要出现某个传感器（如 CO、NO 等）测量结果的漂移量超过标准规定的许可漂移限值，则漂移检查结果为不合格，应终止漂移检查。

2.4.4　转化炉转化效率检查

简易瞬态工况法和加载减速法需测量 NO_x，NO_x 为 NO 和 NO_2 的浓度总和。根据 GB 18285—2018 和 GB 3847—2018 规定，NO_2 可以采用直接测量法测量，也可以采取转化测量法测量。直接测量法是采用红外法（IR）、紫外法（UV）或化学发光法（CLD）直接进行 NO_2 测量。转化测量法的测量原理是采用转化炉先将尾气中的 NO_2 转化为 NO 后，再由分析仪测量尾气中的 NO 浓度，此时的 NO 读数是尾气中 NO 和 NO_2 两种污染物的浓度总和。标准规定转化测量法所使用的转化炉将 NO_2 转化为 NO 的转化效率应大于 90%。

GB 18285—2018 和 GB 3847—2018 没有明确规定转化效率检查方法,HJ 1237—2021 则规定了标准气体和臭氧发生器两种转化效率检查方法,这里用直接检查法和间接检查法分别表述。HJ 1237—2021 还规定每周至少应进行 1 次转化效率检查。

2.4.4.1　直接检查法

直接检查法是先使用 NO 标气检查分析仪的 NO 测量结果偏差值,然后再将 NO_2 标气经转化炉转化后直接通入分析仪的检查气口,读取分析仪的 NO 读数值和使用 NO 测量结果偏差值对读数值进行修正,计算修正后的 NO 读数值与 NO_2 标气值的百分比即为转化效率。根据 HJ 1237—2021 规定,简化后的转化效率检查步骤如下。

(1)分析仪和转化炉正常预热至稳定工作状态后,将 NO 浓度值为 A 的标气(推荐使用低标气)接入分析仪的检查气口,进行 3 次 NO 测量,将 3 次测量结果的平均值记为 B。

(2)将 NO_2 浓度值为 C 的标气(排放分析仪推荐使用高标气,NO_x 分析仪推荐使用中高标气)接入转化炉的样气入口,转化炉与分析仪相连接的气体管路改接至分析仪的检查气口,进行 3 次 NO 测量,将 3 次测量结果的平均值记为 D。

(3)使用式(2-7)计算转化效率 η。

$$\eta = \frac{D}{C-(A-B)} \times 100\% \qquad (2\text{-}7)$$

直接检查法应记录的主要参数与信息见表 2-18。

表 2-18　直接检查法应记录的主要参数与信息

参数类别	记录参数
标准气体	NO 混合标气和 NO_2 标气
过程参数	3 次 NO 标气检查时的逐秒 NO 读数值
	3 次 NO_2 标气检查时的逐秒 NO 读数值
结果参数	3 次 NO 标气检查时的 NO 稳定读数值与平均值
	3 次 NO_2 标气检查时的 NO 稳定读数值与平均值
	3 次 NO 标气检查平均值与标气的偏差值
	转化效率
	测试结果与结论

注:NO 标气也可以使用含 NO 组分的混合标气。

由表 2-4 可知,这里推荐使用的 NO 标气浓度值为 300×10^{-6},推荐的 NO_2 标气浓度值分别为 200×10^{-6} 和 300×10^{-6},相对来说 NO 标气浓度值与 NO_2 标气浓度值较接近,这样能较好地保证 NO 修正结果的有效性,这也是笔者推荐使用 NO 低标气测量 NO 修正值,

排放分析仪使用 NO_2 高标气、NO_x 分析仪推荐使用中高标气进行转化效率检查的原因。

2.4.4.2 间接检查法

间接检查法的检查原理图如图 2-6 所示。间接检查法的检查原理是使用臭氧发生器产生的臭氧与 NO 标气（推荐使用高标气）混合后再经转化炉接入分析仪的检查气口，检查 NO 标气的损失量，如果 NO 的损失量低于 10%，则说明转化炉的转化效率大于 90%，具体检查步骤如下。

（1）先将分析仪调 "0"。

（2）将分析仪调至 NO 测量位置，将 NO 低标气不通过转化炉接入分析仪的检查气接口，并记录 NO 读数 a_0。

（3）关闭臭氧发生器臭氧发生功能，通过 T 型接头将零气连续通入与同时通入的 NO 低标气混合，调整流量控制阀使分析仪的 NO 读数降低 10%（读数为 $0.9 \times a_0$ 左右），将此时的 NO 读数记为 c。

（4）打开臭氧发生器臭氧发生功能，使臭氧发生产生足够的臭氧，将 NO 的浓度值降低至 NO 低标气浓度值的 10%～20%，将此时的 NO 读数记为 d。

（5）将分析仪调至 NO_x 测量位置（目前在用的分析仪没有该开关，实际上测量的仍是 NO 读数），使 NO 标气与臭氧混合的气体通过转化炉通入分析仪，将此时的 NO_x 读数记为 a。

（6）关闭臭氧发生器臭氧发生功能，使 NO 标气与零气的混合气体通过转化炉通入分析仪，将此时的 NO_x 读数记为 b。

（7）关闭臭氧发生器，切断零气，此时 NO_2 的读数 b_0 应低于 $0.1 \times a_0$。

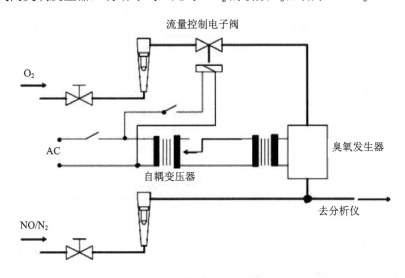

图 2-6 间接检查法的检查原理

间接检查法转化效率的计算方法如式（2-8）所示。

$$\eta = \left(1 + \frac{a-b}{c-d}\right) \times 100\%$$ （2-8）

式中：η —— 转化效率值，应大于 90%。

间接检查法较复杂，检查时需增加臭氧发生器设备，相对来说可靠性较高。根据间接检查法的检查步骤，间接检查法应记录的主要过程参数与信息详见表 2-19。

表 2-19　间接检查法应记录的主要过程参数与信息

测试参数	测试步骤	记录参数
标准气体	—	零气，NO 标气浓度值
过程参数	（2）	逐秒 NO 读数值，NO 读数稳定值 a_0
	（3）	逐秒 NO 读数值，NO 读数稳定值 c
	（4）	逐秒 NO 读数值，NO 读数稳定值 d
	（5）	逐秒 NO_x 读数值，NO_x 读数稳定值 a
	（6）	逐秒 NO_x 读数值，NO_x 读数稳定值 b
	（7）	逐秒 NO_2 读数值，NO_2 读数稳定值 b_0
结果参数	—	转化效率 η

2.4.5　烟度计的零点漂移检查

由表 2-1 可知，不透光烟度计期间核查主要内容为零点漂移检查。GB 3847—2018 规定不透光烟度计 30 min 内的零点漂移绝对误差限值为 ±1%。

不透光烟度计的零点漂移检查方法较简单，只要先对不透光烟度计进行调零，然后进行零点漂移检查，记录逐秒不透光烟度计的读数值和检查其读数值是否超过不透光烟度计的漂移绝对误差限值。读数不超过漂移绝对误差限值，漂移检查结果为合格，否则为不合格。

2.4.6　气体流量分析仪的期间核查

GB 18285—2018 附录 D 中附件 DA.3 条规定除对流量计自身检查外，也需对流量计的稀释氧传感器、温度传感器与压力传感器进行检查，但没有规定具体的检查内容与检查方法。为此这里引用环保行业标准 HJ/T 290—2006 规定的检查内容与检查方法。

2.4.6.1　流量计流量量程漂移检查

HJ/T 290—2006 规定，6 min 内流量量程漂移不超过 ±4 L/s，且测量的任一流量值不小于 95 L/s。流量计流量量程漂移时，气体流量分析仪的流量计两端应连接集气管与排气管，且集气和排气管摆直。流量量程漂移检查应记录的主要参数与信息见表 2-20。

表 2-20　流量量程漂移检查应记录的主要参数与信息

参数类别	应记录的参数
过程记录参数	检查时间（hh：mm：ss）
	逐秒流量值
结果参数	6 min 时间内的流量均值
	逐秒流量值与 6 min 时间内流量均值之最大偏差值
	漂移检查结果与结论

2.4.6.2　稀释氧传感器的检查

GB 18285—2018 规定气体流量分析仪的稀释氧传感器测量范围为 0～25%，测量结果的不确定误差不超过 0.1%，重复性误差不超过 0.1%，测前稀释氧传感器的测量结果应处于（20.8±0.3）%范围。HJ/T 290—2006 规定的稀释氧传感器校准/检查方法如下：

（1）打开底盘测功机冷却风机，使检测环境空气流通，用排放分析仪进行环境空气测量，确保背景空气满足 HC≤15×10⁻⁶、CO≤0.02%、NOx≤25×10⁻⁶ 条件要求。

（2）设备软件先将稀释氧传感器校准至 20.8%，然后再对稀释氧传感器进行检查，重复进行 3 次校准与检查过程。

（3）如果 3 次稀释氧传感器的检查结果均处于（20.8±0.5）%范围，取 3 次测量结果的平均值作为稀释氧传感器的最终校准值。如果 3 次稀释氧传感器的检查结果中仅出现 1 次超出（20.8±0.5）%范围，则再追加两次校准与检查过程。如果追加的两次检查结果均处于（20.8±0.5）%范围，则取 4 次符合要求测量结果的平均值作为稀释氧传感器的最终校准值。如果 3 次检查结果出现 2 次或 2 次以上超出（20.8±0.5）%范围，或追加的 2 次检查结果仍有 1 次超出（20.8±0.5）%范围，则终止测试，稀释氧传感器检查不合格。

HJ/T 290—2006 规定的稀释氧传感器校准/检查方法实质上是一个校准与检查循环过程，每校准一次检查一次，校准用的 O₂ 是大气中的氧气，浓度值取 20.8%。

此外，GB 18285—2018 规定测前检查的稀释氧传感器的测量结果应处于（20.8±0.3）%范围，因此，3 次稀释氧传感器的检查结果也应按（20.8±0.3）%范围控制。

由上述说明可知，稀释氧传感器检查所记录的过程数据主要为氧浓度值及最终检查结果。

顺便说明一下，HJ/T 290—2006 第 11.8 节还规定进行稀释氧传感器校准/检查时，需先使用低标气标定分析仪和对环境空气检查，实质上这两项工作对稀释氧传感器校准/检查的作用不大，所以这里未对这一过程进行介绍。

2.4.6.3　温度传感器的检查

GB 18285—2018 虽要求对气体流量分析仪的温度传感器进行检查，但未规定温度传感器的检查方法。同稀释氧传感器检查一样，这里也是介绍行业标准 HJ/T 290—2006 规定的温度传感器检查方法。HJ/T 290—2006 规定气体流量分析仪温度传感器的测量范围为 270~330 K，绝对误差不超过±3 K，规定的气体流量分析仪温度传感器检查方法如下。

（1）准备标准温度计作参比温度计。

（2）在打开气体流量分析仪的电源和不开启抽风机（抽风机处于关闭状况）情况下，让气体流量分析仪在室温下至少放置 3 h。

（3）读取连续 5 s 时间内气体流量分析仪温度传感器测量结果的平均值和连续 5 s 时间内标准温度计的平均温度值。

（4）将标准温度计测量的平均温度值换算为开氏温度，与气体流量分析仪温度传感器测量结果平均值比较，两者间的差值不超过±3 K，检查结果合格，否则为不合格。

因气体流量分析仪温度传感器的检查是将仪器性能检查结果与人工读取的标准温度值比较后，由人工给出检查判断结果，监管系统无法实现对温度传感器检查质量的监管，通常仅需记录检查合格与否这一最终结果。

2.4.6.4 压力传感器的检查

HJ/T 290—2006 规定气体流量分析仪压力传感器的测量范围为 80~110 kPa，绝对误差不超过±0.5 kPa。HJ/T 290—2006 规定的气体流量分析仪压力传感器检查方法比较简单，规定在气体流量分析仪通电得到充分预热以及不开启抽风机情况下，读取连续 5 s 时间内压力传感器测量结果的平均值，其平均值与标准压力表的读数差值不超过±0.5 kPa 时检查结果合格，否则检查结果为不合格。

同温度传感器检查一样，因气体流量分析仪压力传感器的检查是将仪器性能检查结果与人工读取的标准压力值比较后进行检查结果判断，监管系统也无法实现对压力传感器检查质量的监管，通常也仅记录检查合格与否这一最终结果。

2.5 外观检验的质控

外观检验主要包括在用车外观检验和注册登记车辆外观检验两大类。

2.5.1 在用车外观检验主要内容

在用车外观检验主要包括：车辆的机械、安全与运行性能是否满足排气检测要求，排放控制装置的齐全性与外表完好性，排气系统是否存在泄漏以及是否适合简易工况法排气检测等内容，对于汽油车还需检查燃油蒸发排放控制系统的连接管路等。

表 2-21 和表 2-22 是标准规定的在用车外观检验主要内容。由表 2-21 和表 2-22 可知，汽油车外观检验包含了"排气污染控制装置是否齐全与正常"、"车辆是否存在严重烧机油或严重冒黑烟现象"和"燃油蒸发控制系统是否正常"3 项否决项目检查内容，柴油车

外观检验包含了"排气污染控制装置是否齐全与正常"和"车辆是否存在严重烧机油或严重冒黑烟现象"2 项否决项目检查内容。

标准规定，否决项目如果未通过检查则外观检验结果为不合格，受检车辆需经维护维修后进行复测。HJ 1237—2021 规定，非否决项目如果未通过检查应允许车主现场维护至合格后继续进行排放检验。

应该注意到表 2-21 和表 2-22 中的"是否关闭车上空调、暖风等附属设备""是否已经中断车辆上可能影响测试正常进行的功能，如 ARS、ESP、EPC 牵引力控制或自动制动系统等""是否适合工况法检测"3 项外观检验项目为车辆状况检查内容，实质上不属外观检验内容，这些项目的检查结果是否通过仅影响后续排气检测方法选择与排气检测过程的有效性，按理应属排气检测前的车辆准备或预置检查内容。

表 2-21　在用汽油车外观检验内容

检查项目	是	否	备注
车辆机械状况是否良好			
排气污染控制装置是否齐全、正常			否决项目
车辆是否存在严重烧机油或者严重冒黑烟现象			否决项目
曲轴箱通风系统是否正常*			
燃油蒸发控制系统是否正常			否决项目
车上仪表工作是否正常			
有无可能影响安全或引起测试偏差的机械故障			
车辆进、排气系统是否有任何泄漏			
车辆的发动机、变速箱和冷却系统等有无明显的液体渗漏			
是否带 OBD 系统			
轮胎气压是否正常			
轮胎是否干燥、清洁			
是否关闭车上空调、暖风等附属设备			
是否已经中断车辆上可能影响测试正常进行的功能，如 ARS、ESP、EPC 牵引力控制或自动制动系统等			
车辆油箱和油品是否异常			
是否适合工况法检测			
外观检验结果	□合格　　□不合格		检验员：

注：* HJ 1237—2021 也将曲轴箱通风系统是否正常作为了否决项目。

表 2-22　在用柴油车外观检验内容

检查项目	是	否	备注
车辆机械状况是否良好			
排气污染控制装置是否齐全、正常			否决项目
发动机燃油系统是否采用电控泵*			
车上仪表工作是否正常			
车辆是否存在严重烧机油或者严重冒黑烟现象			否决项目
有无可能影响安全或引起测试偏差的机械故障			
车辆进、排气系统是否有任何泄漏			
车辆的发动机、变速箱和冷却系统等有无明显的液体渗漏			
是否带 OBD 系统			
轮胎气压是否正常			
轮胎是否干燥、清洁			
是否关闭车上空调、暖风等附属设备			
是否已经中断车辆上可能影响测试正常进行的功能，如 ARS、ESP、EPC 牵引力控制或自动制动系统等			
车辆油箱和油品是否异常			
是否适合工况法检测			
外观检验结果	□合格　　□不合格		检验员：

注：* HJ 1237—2021 也将发动机燃油系统采用电控泵作为注册登记柴油车的否决项目。

2.5.2　注册登记车辆外观检验主要内容

为加强新车生产监管，生态环境部规定新车出厂销售时必须配备一份环保信息随车清单（简称随车清单），随车清单的主要内容包括车辆信息、发动机信息以及排放控制装置信息等，图 2-7 和图 2-8 分别为轻型柴油车和重型柴油车随车清单的实例内容。由图 2-7 和图 2-8 可知，轻型柴油车和重型柴油车随车清单信息内容稍有不同，轻型柴油车随车清单包含了车辆信息、检验信息、污染控制技术信息和制造商/进口企业信息等 4 方面内容，重型柴油车随车清单则包含了车辆信息、发动机信息、检验信息、污染控制技术信息和制造商/进口企业信息等 5 方面内容。注册登记车辆外观检验的主要目的之一是通过检查随车清单信息与网上车型公开信息的一致性，检查拟注册登记车辆实际配置是否与随车清单的一致性，以确保拟注册登记车辆所有与排放控制相关装置与车企型式核准申报时的一致性。

汽油车与柴油车的随车清单基本内容相同。由图 2-7 和图 2-8 还可知，轻型车随车清单未包含发动机信息，所以轻型车无须对发动机信息进行检查。由于不同车型车类的排放控制策略会不同，因此，不同车型车类所配备的排放控制装置类别也会存在差异，表 2-23 是不同车类随车清单通常包含的排放控制装置信息情况。

轻型柴油车环保信息随车清单

信息公开编号：CN QC G4 Z2 9F47000031 000001

（防伪码）

XXXXXX有限公司声明：本清单为本企业依据《中华人民共和国大气污染防治法》和环境保护部相关规定公开的机动车环保信息。本企业对本清单所有内容的真实性、准确性、及时性和完整性负责。本公司承诺：我公司VIN码（见本页条形码）的轻型柴油车符合《轻型汽车污染物排放限值及测量方法（中国III、IV阶段）》（GB 18352.3-2005）第四阶段、《车用压燃式发动机和压燃式发动机汽车排气烟度排放限值及测量方法》（GB 3847-2005）和《汽车加速行驶车外噪声限值及测量方法》（GB 1495-2002）第II阶段的要求，同时符合乘用车内空气质量标准和相关标准规定的环境保护耐久性要求。

LHBBCCDH40F000201

（VIN码）

第一部分 车辆信息

1 车辆型号：FM6042Q001
2 商　标：飞马牌
3 汽车分类：M1
4 排放阶段：国四
5 车型的识别方法和位置：识别方法：铭牌 位置：驾驶室右立柱
6 车辆制造商名称：XXXXXX有限公司
7 生产厂地址：XXXXXX市滨河北路333号

第二部分 检验信息

8 型式检验信息：

依据的标准	检测机构	检测结论
GB 18352.3-2005	国家汽车质量监督检验中心	符合
GB 3847-2005	国家汽车质量监督检验中心	符合
GB 1495-2002	国家汽车质量监督检验中心	符合
GB/T 27630-2011	国家汽车质量监督检验中心	符合

9 出厂检验项目及结论：自由加速烟度试验，合格
10 车型环保生产一致性保证计划及执行情况，详见本公司官方网站和环境保护部信息公开平台（网址附后）。

第三部分 污染控制技术信息

11 发动机型号/生产厂：FM4G15/XXXXXX有限公司
12 后处理装置型号/生产厂：前：PR11；后：PR22/前：XXXXXX有限公司；后：XXXXXX有限公司
涂层/载体/封装生产厂：前：XXXXXX有限公司/XXXXXX有限公司/XXXXXX有限公司；
后：XXXXXX有限公司/XXXXXX有限公司/XXXXXX有限公司
13 喷油泵型号/生产厂：FG15/XXXXXX有限公司
14 增压器型号/生产厂：F15/XXXXXX有限公司
15 喷油器型号/生产厂：Q4G15/XXXXXX有限公司
16 ECU型号/版本号/生产厂：20/20.1.1/XXXXXX有限公司
17 OBD型号/生产厂：20/XXXXXX有限公司
18 EGR型号/生产厂：2RES/XXXXXX有限公司
19 中冷器型式：无
20 变速器型式/档位数：自动/6
21 消声器型号/生产厂：前：PK33；后：PK33/XXXXXX有限公司

本车辆环保关键零部件（发动机、后处理装置、喷油泵、喷油器、增压器、ECU、EGR、消声器）明显标注了永久性标识，标识内容包括该零部件的型号和生产企业名称（全称、缩写或徽标），详见本公司官方网站和环境保护部信息公开平台（网址附后）。

第四部分 制造商/进口企业信息

22 法人代表：李四
23 地　址：XXXXXX市滨河北路333号
24 联系电话：033-0000000

本清单内容及相关信息可查询本公司官方网站（http://www.XXXXXX.com.cn）和环境保护部机动车和非道路移动机械环保信息公开平台（http://www.vecc-mep.org.cn）。

XXXXXX股份有限公司
车辆生产日期 2017年1月2日
环保信息公开专用章

图 2-7 轻型柴油车环保信息随车清单实例与外观检验方法

图 2-8　重型柴油车环保信息随车清单实例与外观检验方法

表 2-23　随车清单通常需要查验的排放控制装置内容

轻型混合动力车查验内容（随车清单第三部分）	重型燃气汽车查验内容（随车清单第四部分）	重型柴油车查验内容（随车清单第四部分）
11 发动机型号/生产厂	17 最大净功率/转速（kW/r/min）	17 最大净功率/转速（kW/r/min）
12 电动机型号/生产厂	18 最大净扭矩/转速（N·m/r/min）	
13 储能装置型号/生产厂	19 燃料供给系统型式	18 最大净扭矩/转速（N·m/r/min）
14 电池容量/续航里程	20 氧传感器型号/生产厂	
15 催化转化器型号/生产厂 涂层/载体/封装生产厂	21 蒸发器或压力调节器型号/生产厂	19 燃料供给系统型式
16 燃油蒸发控制装置型号/生产厂	22 混合装置型号/生产厂	20 喷油泵型号/生产厂
	23 喷射器型号/生产厂	21 喷油嘴型号/生产厂
17 氧传感器型号/生产厂	24 EGR 型号/生产厂	22 增压器型号/生产厂
18 曲轴箱排放控制装置型号/生产厂	25 增压器型号/生产厂	23 中冷器型式
	26 中冷器型式	24 OBD 型号/生产厂
19 EGR 型号/生产厂	27 ECU 型号/版本号/生产厂	25 EGR 型号/生产厂
20 OBD 型号/生产厂	28 OBD 型号/生产厂	26 ECU 型号/版本号/生产厂
21 IUPR 监测功能	29 曲轴箱排放控制装置型号/生产厂	27 排气后处理系统型号/生产厂 涂层/载体/封装生产厂
22 ECU 型号/版本号/生产厂	30 空气过滤器型号/生产厂	
23 变速器型式/挡位数	31 进气消声器型号/生产厂	28 排气后处理系统型式
24 消声器型号/生产厂	32 排气消声器型号/生产厂	29 空气过滤器型号/生产厂
25 增压器型号/生产厂	33 排气后处理系统型式	30 进气消声器型号/生产厂
26 中冷器型式	34 排气后处理系统型号/生产厂 涂层/载体/封装生产厂	31 排气消声器型号/生产厂
轻型柴油车查验内容	**轻型汽油车查验内容**	**摩托车查验内容**
11 发动机型号/生产厂	11 发动机型号/生产厂	11 发动机型号/生产厂
12 后处理系统型号/生产厂 涂层/载体/封装生产厂	12 催化转化器型号/生产厂 涂层/载体/封装生产厂	12 化油器型号/生产厂
		13 ECU 型号/版本号/生产厂
13 喷油泵型号/生产厂	13 燃油蒸发控制装置型号/生产厂	14 OBD 型号/生产厂
14 增压器型号/生产厂	14 氧传感器型号/生产厂	15 氧传感器型号/生产厂
15 喷油器型号/生产厂	15 曲轴箱排放控制装置型号/生产厂	16 催化转化器型号/生产厂 涂层/载体/封装生产厂
16 ECU 型号/版本号/生产厂	16 EGR 型号/生产厂	
17 OBD 型号/生产厂	17 OBD 型号/生产厂	17 空气喷射装置型号/生产厂
18 EGR 型号/生产厂	18 IUPR 监测功能	18 燃油蒸发装置型号/生产厂
19 中冷器型式	19 ECU 型号/版本号/生产厂	19 空气滤清器型号/生产厂
20 变速器型式/挡位数	20 变速器型式/挡位数	
	21 消声器型号/生产厂	20 消声器型号/生产厂
21 消声器型号/生产厂	22 增压器型号/生产厂	
	23 中冷器型式	

注：表中排放控制装置的名称与排序均按国家规定的随车清单格式抄录。

　　标准还规定对于注册登记车辆,也应进行类似于在用车的外观检验,检查的主要内容与表 2-21 和表 2-22 完全相同,这里不再重复介绍。为方便表述,这里分别用随车清单检查和注册前外观检验表述。

　　注册登记车辆外观检验通常按如下顺序检查:

　　(1)先进行随车清单检查,主要检查随车清单信息与网上公开的相应车型信息是否完全一致,一致则通过随车清单检查,否则外观检验不合格,这样也就不允许受检车辆注册登记。

　　(2)随车清单检查通过后,进行车辆实际配备排放控制装置的查验,查验的主要内容包括车辆铭牌信息、发动机铭牌信息以及车辆实际配备的排放控制装置是否与随车清单一致。如果所有检查项目与随车清单一致,则通过排放控制装置查验,否则外观检验不合格,同样不允许受检车辆注册登记。

　　(3)按 2.5.1 节介绍的方法进行注册前外观检验,除"是否关闭车上空调、暖风等附属设备""是否已经中断车辆上可能影响测试正常进行的功能,如 ARS、ESP、EPC 牵引力控制或自动制动系统等""是否适合工况法检测"3 项非否决项目外,应确保其他注册前外观检验项目都通过为止。

2.5.3　车辆外观检验的质控

　　外观检验以人工检查为主,主要质控要素是检验员,主要的质控节点与质控方法如下。

　　(1)注册登记车辆外观检验应认真核对随车清单与网上公布信息是否一致,确保随车清单上所有与排放控制相关装置的品牌型号、生产企业,以及车辆信息和发动机信息等与网上公布信息完全相同。

　　(2)注册登记车辆外观检验还应确保受检车辆的铭牌信息、发动机铭牌信息与随处清单一致,确保排放控制装置检查的全面,确保车辆安装的排放控制装置品牌型号、生产企业等信息与随车清单一致,并将相关排放控制装置采取拍照等方式保存备查。

　　(3)注册前外观检验和在用车外观检验都应认真检查表 2-22 和表 2-23 所列内容,不但应确保否决项目检查结果的准确,还应确保非否决项目检查结果的准确。

　　(4)在用车外观检验还应根据受检车辆的生产日期,核实车辆应配备的排放控制装置,并检查受检车辆的排放控制装置是否齐全,以及将相关装置采取拍照等方式保存备查。

　　(5)认真检查车辆的 ARS、ESP、EPC、牵引力控制或自动控制系统等辅助控制功能能否有效中断和是否已中断,非全时四驱车辆能否有效关闭一组驱动轮等。

（6）根据外观检验实际情况，确定受检车辆应采用的排气检测方法。如果采用非工况法检测，应按 HJ 1237—2021 有关规定要求，需经技术负责人或授权签字人审核同意方可。

2.6 车载 OBD 系统检查的质控

OBD 是英文"On Board Diagnostics"缩写，中文名为在线诊断系统或 OBD 系统。车载 OBD 系统主要用于在线监控车辆的运行状况，及时发现车辆使用过程出现的各种故障与异常情况。

2.6.1 OBD 系统的发展过程

OBD 系统主要经历了 OBD Ⅰ、OBD Ⅱ和 OBDⅢ 3 个发展阶段。

OBD Ⅰ阶段：20 世纪 80 年代，一些车企为方便车辆故障查找与维修，利用计算机技术与传感器技术在线收集车辆的各种运行参数，以监控车辆主要关键部件的运行状况，其中也包含了排放控制装置的运行状态。当车辆的关键部件损坏或发生故障时通过安装在驾驶室仪表盘上的故障指示灯提示车主应对车辆进行维修，同时根据故障情况采取限制车辆驾驶性能等方法督促车主尽快对车辆进行维护维修，这就是所谓的 OBD Ⅰ。OBD Ⅰ由车企自主研发，有关通信协议、故障代码、OBD 信息读取接口与接头等均未统一，制约了 OBD 系统的应用，也使得 OBD 系统的作用难以良好、有效发挥。

OBD Ⅱ阶段：随着 OBD Ⅰ在汽车上应用的推广与发展，1996 年，美国汽车工程师协会为规范 OBD 系统的应用，通过标准制定对 OBD 系统的通用故障代码、接口通信协议、接口连接头式样、诊断模式等进行统一规定，这也就是 OBD Ⅱ。OBD Ⅱ的应用极大地方便了汽车维修行业对车辆的维护维修工作，也方便了政府部门对车辆安全与排放性能的监管。

图 2-9 是标准规定的 OBD Ⅱ通信连接接头，连接接头共有 16 个针脚，各针脚的作用如图中所示，CAN 是控制器局域网格（Controller Area Network）的简称。由图 2-9 可见，OBD Ⅱ通信连接接头中的 1、3、6、8、9 及 11—14 共 9 个针脚的功能由车企自行设定，这样可以为车企开发标准规定以外的其他在线监控项目提供方便。

OBDⅢ阶段：OBDⅢ主要在 OBD Ⅱ的基础上进一步强化了 OBD 系统的应用作用，包括安装 GPS 定位系统、OBD 信息的实时无线上传等。

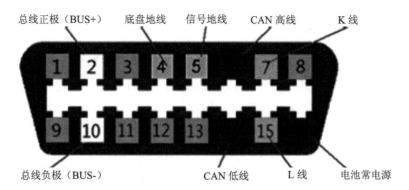

图 2-9　OBDⅡ通信连接接头及各针脚的作用

端子	功用	端子	功用
1	生产厂家自行设定	7	K 线，ISO-9141
2	总线正极（BUS+），SAE J1850	8—9	生产厂家自行设定
3	生产厂家自行设定	10	总线负极（BUS-），SAE J1850
4	底盘接地	11—14	生产厂家自行设定
5	信号接地（信号回流）	15	L 线，ISO-9141
6	生产厂家自行设定	16	蓄电池正极

2.6.2　OBD 检查的目的

我国自实施国Ⅲ标准开始，规定所有新生产车辆必须安装相当于 OBDⅡ的 OBD 系统。由于对新生产车辆的出厂销售监管措施欠完善，导致部分企业的部分车型未按型式核准所批准车型规范生产，这也是 GB 18285—2018 和 GB 3847—2018 规定排放检验时增加新车注册登记检查的主要原因之一，当然也是在用车增加 OBD 检查项目的主要原因之一。排放检验进行 OBD 检查的主要目的是发现 OBD 问题车型和 OBD 问题车辆，以厘清 OBD 检查结果不合格的责任主体。

问题车型是车型群体问题，涉及的车辆一般有几万辆甚至几十万辆，OBD 检查不合格是车企未按标准规定要求生产车辆造成，属生产性不合格，责任主体是车辆生产企业，原则上应由车企负责，检验机构只需将检查结果上报生态环境主管部门的监管系统。OBD 问题车型不是车主使用过程引起的 OBD 故障，正常情况下车主也无法通过维修、加装或改造 OBD 等方式使 OBD 检查结果为合格，所以 OBD 问题车型的处理应由政府行政管理部门负责，不需要车主去维修治理。

OBD 问题车辆的责任主体是车主，OBD 检查不合格是单个个体车辆不合格，是因车辆使用过程中 OBD 发生故障所致，属车主使用责任，应由车主负责维护与维修。

2.6.3 OBD 检查车辆对象

原则上所有安装有 OBD 车辆都应进行 OBD 检查。GB 18285—2018 和 GB 3847—2018 根据实施国Ⅲ标准以来我国在用车辆的实际状况，规定了排放检验时必须进行 OBD 检查结果判定的车辆对象，详见表 2-24。

表 2-24 标准规定必须进行 OBD 检查结果判定的车辆情况

车辆类别	需进行 OBD 检查结果判定车辆	排放控制阶段
汽油车	2011 年 7 月 1 日以后生产的轻型汽车	国Ⅳ及国Ⅳ后车辆
	2013 年 7 月 1 日以后生产的重型汽车	
柴油车	2018 年 1 月 1 日以后生产的柴油车	国Ⅴ及国Ⅴ后车辆

由表 2-24 可见，针对国Ⅲ标准和国Ⅳ标准实施实际状况，标准将 OBD 检查的汽油车辆放宽至国Ⅳ及国Ⅳ后车辆、OBD 检查的柴油车辆则放宽至国Ⅴ及国Ⅴ后车辆。对于标准未强制进行 OBD 检查结果判定车辆，如果这些车辆已安装有 OBD Ⅱ 系统，也应按规定需进行 OBD 检查，但检查结果仅作为档案资料记录与保存，检查结论均判断为通过（或合格）。

此外，HJ 1237—2021 还根据我国燃气汽车生产状况，规定 2011 年 7 月 1 日以后生产的轻型燃气汽车和 2018 年 1 月 1 日以后生产的重型燃气汽车必须进行 OBD 检查结果的判定。

2.6.4 OBD 检查过程及质控

OBD 检查的主要内容包括车辆是否安装有 OBD Ⅱ 系统，OBD 故障灯能否正常显示，OBD 系统能否正常工作，用于排放监控的 OBD 传感器是否存在故障等内容。OBD 检查过程如下。

第一步：检查车辆是否安装有 OBD Ⅱ 系统。主要检查车辆有否 OBD Ⅱ 插座，如果找不到 OBD Ⅱ 插座，应先后查询检验机构软件和监管系统中记录的同类车型是否也查找不到 OBD Ⅱ 插座。如果同类车型均查不到 OBD Ⅱ 插座，则作为问题车型上报监管系统，检查结论为不合格作为 OBD 问题车型通过检查，否则应重新查找 OBD Ⅱ 插座；如果属车主拆除 OBD 系统问题，检查结论为不合格和不通过，要求车主恢复 OBD 系统后再复检。

第二步：找到 OBD Ⅱ 插座后，通过车钥匙给车辆通电（不启动发动机），检查车辆仪表盘上的故障指示灯是否点亮或闪亮。如果不亮则说明故障指示灯有问题，OBD 检查结论为不合格不通过，应要求车主去维修，如果故障指示灯点亮或闪亮则说明故障指示灯工作正常。然后启动发动机，发动机运行数秒后故障指示灯应熄灭。如果不熄灭则说明车辆存在故障，应要求车主维修和消除故障指示后再来复检。

第三步：故障指示灯正常且无故障指示，将设备配备的 OBD 读码器连接至车载 OBD 插座，检查其是否通信正常。如果反复插拔 OBD 读码器插头通信都不正常，应先后查询检验机构软件和监管系统中记录的同类车型之大多数车辆是否也存在通信不正常情况，如果是则作为问题车型上报监管系统，检查结论为不合格作为 OBD 问题车型通过检查。如果同类车型的大多数车辆通信正常，则检查结论为不合格不通过，要求车主维修车载 OBD 系统后再复检。此外，HJ 1237—2021 规定，如果需要使用工具拆卸才能连接 OBD、或 OBD 读码器连接至车载 OBD 插座后通信不稳定或死机情况、或 OBD 信息读取不成功、或车辆适用 OBD 读取保护功能的，经检验机构技术负责人或授权签字人批准后，检查结论可按合格处理。HJ 1237—2021 还规定，如果反复插拔 OBD 读码器插头通信都不正常，也应检查 OBD 读码器是否存在故障。

第四步：如果 OBD 读码器与车载 OBD 通信正常，OBD 读码器读取车载 OBD 信息。如果读取的 OBD 信息异常，应先后查询检验机构软件和监管系统中记录的同类车型之大多数车辆是否也存在读取 OBD 信息异常情况，如果是作为问题车型上报监管系统，检查结论为不合格作为 OBD 问题车型通过检查，否则检查结论为不合格不通过，要求车主维修车载 OBD 系统后再复检。

第五步：如果读取的车载 OBD 信息正常，则读取到 OBD 故障信息码。如果读取到故障码，而仪表盘上的故障指示灯没有显示，则说明故障指示灯没有正常指示，同样也应先后查询检验机构软件和监管系统中记录的同类车型之大多数车辆是否也存在类似情况，如果是作为问题车型上报监管系统，检查结论为不合格作为 OBD 问题车型通过检查，否则检查结论为不合格不通过，要求车主维修车载 OBD 系统后再复检。

第六步：如果未读取到故障码，OBD 继续读取车载 OBD 系统的就绪状态。如果超过 2 项未达到就绪状态，应让车辆行驶和充分预热后再继续读取就绪状态。如果仍存在超过 2 项未达到就绪状态，则检查结论为不合格不通过，要求车主维修 OBD 系统后再复检。如果少于或等于 2 项未达到就绪状态，检查结论为合格通过。

由此可见，OBD 检查过程中需结合检查情况，多次查询检验机构软件车型数据库系统和监管系统车型数据库系统。为保证 OBD 检查结果的有效，建立完善的车型库是关键。此外，由 OBD 检查过程可知，OBD 的检查结论有合格通过、不合格不通过、不合格作为问题车型通过 3 种结论。

OBD 检查以读取车载 OBD 信息为基础，检查过程主要依靠人工操作。为确保 OBD 检查结果的有效，OBD 检查时应重点做好如下质控工作。

（1）OBD 检查过程出现检查不合格情况，应按标准规定要求查询检验机构软件和监管系统中记录的同类车型 OBD 检查结果情况，以准确判断 OBD 不合格的问题性质。

（2）当 OBD 读码器与车载 OBD 之间不能正常通信时，应清洁 OBD 读码器的插头和车载 OBD 的连接插座，并反复拔插，确保插头与插座之间良好连接。

（3）如果读取到 2 项以上未就绪状态，应确保车辆达到稳定运行热状态后再读取车载 OBD 系统信息，防止车辆因未达到稳定运行热状态造成的误判。

此外，HJ 1237—2021 还规定，对于国Ⅵ车辆还需检查是否存在永久故障码，对于需要使用工具拆卸才能连接 OBD 接口、连接 OBD 读码器后通信不稳定或死机、OBD 信息读取不成功或车辆适用 OBD 读取保护等情况，经检验机构技术负责人或授权签字人批准后，可作为 OBD 问题车型通过检查和上报。

2.7 排气检测过程的质控

目前排放检验所采用的排气检测方法主要为简易瞬态工况法、稳态工况法、双怠速法、加载减速法和自由加速法 5 种，本节主要讨论排气检测过程的质控内容与方法。

2.7.1 排气检测流程

外观检验和 OBD 检查合格或通过后，按照标准规定的排放检验流程，便应开始进行排气检测。对于汽油车，如果排气检测也合格，且省级人民政府未规定需进行蒸发排放检验，则排放检验合格，否则应继续对受检车辆进行蒸发排放检验；对于柴油车则不需要进行蒸发排放检验。图 2-10 是排气检测流程。

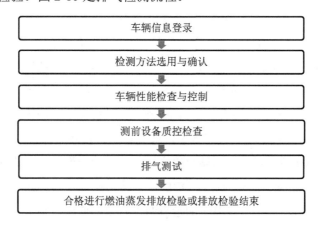

图 2-10 排气检测流程

标准规定排放检验时，应优先选用简易工况法对受检车辆进行排气检测，也就是说，除非车型限制，原则上所有车辆都应采用简易工况法进行排气检测。此外，HJ 1237—2021 规定，如果采用非工况法进行排气检测，需经授权签字人或技术负责人审核同意。由于排气检测方法的选用已在表 1-3 中说明，后续章节不再重复介绍。

2.7.2　车辆信息登录的质控

排放检验时的车辆信息登录内容通常包括车辆基本信息、车型信息和排放装置信息 3 个部分，主要包括如下信息。

（1）车辆基本信息一般指车辆的个性信息，如车牌号码、车辆识别码、生产日期、注册登记日期、注册登记部门与属地、车辆类别、车主信息等。

（2）车型信息通常包括车辆生产企业、车辆品牌型号、驱动方式、离合器形式和挡位数量、发动机生产企业、发动机品牌型号、发动机识别码、燃油类别、额定功率、额定转速、排量、最大总质量、整备质量（或基准质量）、最大许可载人数、最大许可载货质量、辅助控制功能等。

（3）严格来说，排放控制装置信息也属车型信息内容，这里为方便排放检验管理将其单列。排放控制装置信息因发动机使用的燃料不同而不同，也因车辆类别、车型以及车辆排放控制水平和执行标准不同而不同。汽油车一般包括车载 OBD 系统、尾气净化器、氧传感器、蒸发排放控制系统（碳罐）、曲轴箱通风装置（PVC 阀）、废气再循环装置（EGR）、增压中冷装置、颗粒捕捉器（GPF）等；柴油车一般包括车载 OBD 系统、废气再循环装置（EGR）、增压中冷装置、燃油高压喷射装置、颗粒捕捉器（DPF）、颗粒物氧化催化器（POC）、氧化型催化器（DOC）、选择性催化还原装置（SCR）等。

影响排气检测结果有效性的主要车辆参数与信息详见表 2-25。

表 2-25　影响排气检测结果有效性的主要车辆参数与信息

车辆参数或信息	作用或影响
车牌号码、车辆识别号等	车辆身份证明
生产或注册登记日期	确定是否需进行 OBD 检查、影响排放控制装置的检查
车辆品牌型号	OBD 检查时影响同品牌车型案例查询、车辆信息有效性判断
属地、使用性质、车辆类别	影响数据分类统计、排放检验周期确定与监管决策制定
燃油类别、驱动方式、辅助控制功能	影响检测方法的选用
车载 OBD 系统	对于需确定 OBD 检查结论车辆，影响排放检验结果能否合格
排放控制装置	具体配备情况与车辆的燃油类别、车型、排放控制技术与措施、出厂时所执行的排放标准有关，影响外观检验结果判断
额定功率	影响柴油车加载减速法测试过程加载量控制，检测结论的判定和功率扫描过程是否有效判定等
额定转速	影响双怠速法高怠速转速控制，自由加速工况和加载减速法油门控制有效性的监控等
总质量、整备质量、最大许可载人数、最大许可载货质量等	影响稳态和简易瞬态工况法基准质量估算、加载量大小设置等，涉及检测方法选用及是否超计量认证能力范围检验等

由表 2-25 可知，车辆信息登录准确与否，直接影响排放检验工作的有效性，也影响排气检测结果的有效性。所以，车辆信息登录时应尽可能保证车辆关键信息（表 2-25 中的信息）的准确，如果老旧车辆确实无法获得准确信息时至少也应保证相关信息的合理性。

2.7.3　车辆测试性能的质控

车辆测试性能的质控主要依靠人工查验保证。为保证排气检测的有效，标准对受检车辆的测试性能规定了明确要求，主要包括如下方面。

（1）机械性能、操控性能和安全性能应能保证车辆安全、可靠地完成排气测试工作，确保排气测试工作不会导致车辆的损伤或损坏。

（2）排放控制装置齐全、外表无明显损伤，排气系统无泄漏。

（3）测试前应关闭空调、音响等以发动机为动力的所有附加动力装置，车辆应充分预热，确保油温水温达到正常工作状态。

（4）简易工况法测试时还应保证车辆空载，关闭防侧滑、防抱死、电子稳速、EPC牵引力控制或自动制动系统等辅助功能。

2.7.4　排气检测前的质控

测前质控主要包括取样探头插深控制和测前检查两方面。取样探头的插深要求已在表 2-3 中说明，本节重点介绍测前检查内容。

由表 2-2 可知，测前检查主要包括排放分析仪的自动校正、不透光烟度计的零点和量距点检查或校正、气体流量分析仪的 O_2 传感器读数检查等。排气检测前设备工控软件应根据设备配置情况，先进行测前质控检查，标准规定的各排气检测方法测前检查应达到的技术条件详见表 2-26。

表 2-26　各种排气检测方法测前检查应达到的技术条件

检测方法	测前检查内容	应达到的技术条件与说明
简易瞬态工况法	排放分析仪的自动校正	含调零、环境空气测定和背景空气测定，背景空气需满足 $HC<15\times10^{-6}$、$CO<0.02\%$、$NO<5\times10^{-6}$ 要求，或取样系统满足 $HC\leq7\times10^{-6}$ 和不为负数要求
	稀释 O_2 传感器读数	测前稀释 O_2 传感器的读数应处于（20.8 ± 0.3）%范围
稳态工况法	排放分析仪的自动校正	含调零、环境空气测定和背景空气测定，背景空气需满足 $HC<15\times10^{-6}$、$CO<0.02\%$、$NO<5\times10^{-6}$ 要求，或取样系统满足 $HC\leq7\times10^{-6}$ 和不为负数要求
双怠速法	HC 残留检查	取样系统满足 $HC\leq7\times10^{-6}$ 和不为负数要求
加载减速法	烟度计零点和量距点检查	0%和 100%滤光片检查结果的绝对误差不超过±2%
自由加速法	烟度计调零	调零或参照加载减速法执行

2.7.5　简易瞬态工况法测试过程的质控

简易瞬态工况法设备的主要测试仪器有底盘测功机、气体流量分析仪、排放分析仪、OBD 读码器、气象站和发动机转速计等，各测试仪器在排气测试过程所测量的主要过程参数见表 2-27。为保证简易瞬态工况法测试结果的有效，GB 18285—2018 和 HJ/T 290—2006 对简易瞬态工况法的测试过程规定了一系列质控参数与质控参数限值（或约束条件），主要包括表 2-28 中所列内容，这些参数应在排气测试过程进行有效控制。

表 2-27　简易瞬态工况法测试过程应记录的主要测量参数

序号	仪器名称或参数类别	应记录的参数
1	底盘测功机	逐秒滚筒转速，r/min
		逐秒加载功率，kW
		逐秒指示功率，kW
		逐秒加载扭矩，N·m
2	排放分析仪	逐秒原始尾气 CO 浓度值与修正值，%
		逐秒原始尾气 HC 浓度值与修正值，10^{-6}
		逐秒原始尾气 NO 浓度值与修正值，10^{-6}
		逐秒原始尾气 NO_x（或 NO_2）浓度值与修正值，10^{-6}
		逐秒原始尾气 CO_2 浓度值与修正值，%
		逐秒原始尾气 O_2 浓度值，%
		逐秒 λ 值，量纲一
3	气体流量分析仪	环境空气 O_2 浓度值，%
		逐秒稀释尾气 O_2 浓度值，%
		逐秒稀释尾气流量值，m^3/s
		逐秒稀释系数（DF 流量），量纲一
4	气象站	逐秒环境温度，℃；环境湿度，%；大气压力，kPa
5	发动机转速计	逐秒发动机转速，r/min
6	OBD 读码器（适用时）	详见 GB 18285—2018 规范性附件 FB
7	计时参数	测试时间，s
8	测试过程中间参数	逐秒车速，km/h
		逐秒 CO 质量排放值，g
		逐秒 HC 质量排放值，g
		逐秒 NO 质量排放值，g
		逐秒 NO_x 质量排放值，g
		逐秒 CO_2 质量排放值，g
		逐秒原始尾气流量值，m^3/s 或 L/s
		逐秒排气稀释校正系数 DF 排气，量纲一
		逐秒 NO_x 湿度修正系数 k_H，量纲一

序号	仪器名称或参数类别	应记录的参数
9	测试结果参数	测试时间，yyyy-mm-dd hh：mm：ss
		每公里 CO 排放量，g/km
		每公里 HC 排放量，g/km
		每公里 NO_x 排放量，g/km
		每公里 CO_2 排放量，g/km
		测试过程实际行驶距离，km
		结果判定（合格与不合格）

表 2-28　简易瞬态工况法测试过程主要质控参数与质控参数限值

测试阶段	质控参数	质控参数限值（或约束条件）
测前运行	测试前怠速运行	车辆怠速运行 40 s，发动机转速处于怠速范围
测试过程	发动机熄火中断	熄火应重新测试，熄火 3 次终止测试（混合动力车除外）
	车速连续偏差	连续偏差超过工况车速±3 km/h 时间<2 s
	取样探头脱落	测试全过程的 $CO+CO_2$≥6.0%（混合动力车除外）
	发动机转速	同一挡位发动机转速与滚筒转速的比值变化≤±5%
	稀释流量（相关技术指标取自 HJ/T 290—2006）*	稀释流量≥95 L/s
		测试全过程的流量最大值与最小值差≤10 L/s
		车速为 50 km/h 时，尾气流量≥2 L/s
	污染物浓度（测试全过程）	CO_2<16.0%
		O_2>−0.1%
		CO>−0.6%
		HC>−13×10^{-6}
测试结束	测试结果	CO_2 测量结果≥30g/km
		实际与理论行驶距离差≤0.2 km
		测试结果判定的有效性

注：* GB 18285—2018 仅规定测试过程的稀释流量不能低于 2.0 m³/min，其他指标则没有明确。此外鼓风机抽风量为 6~12 m³/min（100~200 L/s），如稀释流量为 2.0 m³/min，说明流量计集气管的流量阻力非常大，实质上可能性不大，因此，表中稀释流量采用了 HJ/T 290—2006 规定的技术要求。

2.7.6　稳态工况法测试过程的质控

　　稳态工况法设备的主要测试仪器有底盘测功机、排放分析仪、OBD 读码器、气象站和发动机转速计等，各测试仪器在排气测试过程所测量的主要过程参数见表 2-29。为保证稳态工况法测试结果的有效，GB 18285—2018 和 HJ/T 291—2006 对稳态工况法规定了一系列质控参数与质控参数限值，主要包括表 2-30 中所列内容，同简易瞬态工况法一样，这些参数应在排气测试过程进行有效控制。

表 2-29　稳态工况法测试过程应记录的主要测量参数

序号	仪器名称或参数类别	应记录的参数
1	底盘测功机	逐秒滚筒转速，r/min
		逐秒加载功率，kW
		逐秒指示功率，kW
		逐秒加载扭矩，N·m
2	排放分析仪	逐秒 CO 浓度值与修正值，%
		逐秒 HC 浓度值与修正值，10^{-6}
		逐秒 CO_2 浓度值与修正值，%
		逐秒 NO 浓度值与修正值，10^{-6}
		逐秒 O_2 浓度值，%
		逐秒 λ 值，量纲一
3	气象站	逐秒环境温度，℃；相对湿度，%；大气压力，kPa
4	发动机转速计	逐秒发动机转速，r/min
5	OBD 读码器（适用时）	详见 GB 18285—2018 规范性附件 FB
6	计时参数	测试时间，s
7	测试过程中间参数	逐秒车速，km/h
		逐秒稀释系数 DF，量纲一
		逐秒 NO 湿度修正系数 k_H，量纲一
		逐秒 NO 湿度校正系数，量纲一
8	测试结果参数	测试时间，yyyy-mm-dd hh：mm：ss
		最终 CO 均值，%
		最终 HC 均值，10^{-6}
		最终 NO 均值，10^{-6}
		最终 CO_2 均值，%
		结果判定（合格或不合格）

表 2-30　稳态工况法测试过程主要质控参数与质控参数限值

测试阶段	质控参数	质控参数限值（或约束条件）
测前运行	稳速车速	车速相对工况速度偏差≤±2 km/h
	分析仪预置车速	
测试过程	快速工况检查次数	<2 次
	车速偏差计时重置	车速偏差连续超出工况车速±2 km/h 时间<2 s 或累计超出工况车速±2 km/h 时间<5 s，否则重新计时
	扭矩偏差计时重置	扭矩偏差连续超出设定值的±5%时间<2 s 或累计超出设定值的±5%时间<5 s，否则重新计时
	单工况测试时间	≤90 s
	单工况总测试时间	≤145 s
	取样探头脱落	测试过程应确保 $CO+CO_2$≥6.0%（混合动力车除外）
测试结束	测试结果车速有效性控制	|连续 10 s 相对第 1 s 时的速度差值|<1.0 km/h
	测量结果取值时间	车速变化符合测试结果车速有效性要求 10 s 内的均值
	最终测量结果	测试结果判定的有效性

2.7.7 加载减速法测试过程的质控

加载减速法设备的主要测试仪器有底盘测功机、不透光烟度计、NO_x 分析仪、OBD 读码器、气象站和发动机转速计等，各测试仪器在排气测试过程所测量的主要过程参数见表 2-31。为保证加载减速法测试结果的有效，GB 3847—2018 和 HJ/T 292—2006 对加载减速法规定了一系列质控参数与质控参数限值，主要包括表 2-32 中所列内容，同样，这些参数应在排气测试过程进行有效控制。

表 2-31 加载减速法测试过程应记录的主要测量参数

序号	仪器名称或参数类别	应记录的参数
1	底盘测功机	逐秒滚筒转速，r/min
		逐秒加载功率，kW
		逐秒加载扭力，N
		逐秒加载扭矩，N·m
2	不透光烟度计	逐秒光吸收系数 k，m^{-1}
3	NO_x 分析仪	逐秒 NO 浓度值与修正值，%
		逐秒 NO_x 浓度值与修正值，10^{-6}
		逐秒 CO_2 浓度值，%
4	气象站	逐秒环境温度，℃；相对湿度，%；大气压力，kPa
5	发动机转速计	逐秒发动机转速，r/min
6	OBD 读码器（适用时）	详见 GB 3847—2018 规范性附件 EB
7	计时参数	测试时间，s
8	测试初始参数	功率扫描初始最大车速，km/h
		功率扫描初始最大发动机转速，r/min
		功率扫描初始加载功率，kW
		功率扫描初始加载扭矩，N·m
9	测试过程中间参数	逐秒车速，km/h
		逐秒车速变化率，km/（h·s）
		逐秒发动机转速与滚筒转速比值，量纲一
		逐秒实测轮边功率值与修正值，kW
		逐秒 NO_x 湿度校正系数，量纲一
		扫描获得的最大轮边功率值（MaxHP），kW
		最大轮边功率点对应的转鼓线速度（VelMaxHP），km/h
		扫描获得的 80% VelMaxHP 点轮边功率值，kW
		工况测量实际车速与工况目标车速相对误差，量纲一
10	测试结果参数	测试时间，yyyy-mm-dd hh：mm：ss
		100%VelMaxHP 工况实测轮边功率，kW
		100%VelMaxHP 工况实测光吸收系数 k 值，m^{-1}
		80%VelMaxHP 工况实测光吸收系数 k 值，m^{-1}
		80%VelMaxHP 工况实测 NO_x 排放浓度值，%
		100%VelMaxHP 工况实测发动机转速，r/min
		结果判定（合格或不合格）

表 2-32　加载减速法测试过程主要质控参数与质控参数限值

测试阶段	质控参数	质控参数限值（或约束条件）
测前准备	测前检查	用 0%和 100%标称值滤光片对烟度计进行检查，绝对误差不超过±2%
	测试挡位选择	选用最大车速最接近 70 km/h 的挡位测试，如两个挡位的最大车速接近程度相当，选择低挡位测试
全过程	发动机转速与滚筒转速比值变化	≤±5%
	车速变化率	≤2.0 km/（h·s）
	取样探头脱落	CO_2≥2.0%
	测试总时间	<3 min
扫描始点	扫描初始发动机转速	>额定转速
	扫描初始功率	<10 kW
	扫描初始车速	<100 km/h
扫描过程	MaxHP 点前扫描车速变化率	≤0.5 km/（h·s）
	MaxHP 点后扫描车速变化率	≤1.0 km/（h·s）
	MaxHP 值	≥40%额定功率
	MaxHP 点发动机转速相对额定转速的绝对偏差	≤±10%额定转速
	扫描终止车速	<80%VelMaxHP
工况测量	工况车速与目标车速差值	≤±0.5%目标车速
	测量工况车速稳定时间	≥12 s
测试结束	怠速运行时间	≥1 min
	最终测量结果	测试结果判定的有效性

根据加载减速法的测试原理可知，功率扫描过程的车速应处于连续下降趋势，加载扭力则呈连续增长趋势，实测轮边功率在扫描至最大轮边功率点前呈初时快速增长和增速逐步放缓及趋稳趋势，最大轮边功率点后至扫描结束，实测轮边功率呈初始缓慢下降和逐步变快下降趋势。因此，除表 2-32 中给出的质控内容外，加载减速法也可以增加这方面的质控内容。

2.7.8　双怠速法测试过程的质控

排放检验时，双怠速法基本上使用简易瞬态工况法或稳态工况法设备所配备的排放分析仪与发动机转速计进行排气检测。双怠速法测试时所测量的主要过程参数如表 2-33 所示。为保证双怠速法测试结果的有效，GB 18285—2018 也对双怠速法测试过程规定了一系列质控参数与质控参数限值，主要包括表 2-34 中所列内容，这些参数同样应在排气测试过程进行有效控制。

表 2-33 双怠速法测试过程应记录的主要测量参数

序号	仪器名称或参数类别	应记录的参数
1	排放分析仪	逐秒 CO 浓度值与修正值，%
		逐秒 HC 浓度值与修正值，10^{-6}
		逐秒 CO_2 浓度值与修正值，%
		逐秒 O_2 浓度值，%
		逐秒 λ 值，量纲一
2	气象站	逐秒环境温度，℃；相对湿度，%；大气压力，kPa
3	发动机转速计	逐秒发动机转速，r/min
4	OBD 读码器（适用时）	详见 GB 18285—2018 规范性附件 FB
5	计时参数	测试时间，s
7	测试结果参数	测试时间，yyyy-mm-dd hh：mm：ss
		发动机机油温度，℃
		CO 排放浓度均值，%
		HC 排放浓度均值，10^{-6}
		CO_2 排放浓度均值，%
		高怠速和怠速发动机转速均值，r/min
		结果判定（合格或不合格）

表 2-34 双怠速法测试过程主要质控参数与质控参数限值

测试阶段	质控参数	质控参数限值（或约束条件）
测前准备	怠速运行	发动机转速处于怠速范围
暖机工况	发动机转速 n	—
插取样探头	取样探头插深	≥400 mm
高怠速工况	高怠速转速	轻型车=2 500 r/min，重型车=1 800 r/min；或50%额定转速
	转速偏差计时重置	≤±200 r/min
	取样探头脱落	$CO+CO_2$≥6.0%
	计时重置时间	45 s
怠速工况	发动机转速 n	发动机转速处于怠速范围
	取样探头脱落	$CO+CO_2$≥6.0%
测试结束	最终测量结果	测试结果判定的有效性

2.7.9 自由加速法测试过程的质控

与双怠速法一样，排放检验时，自由加速法基本上使用加载减速法设备所配备的不透光烟度计和发动机转速计进行排气检测，自由加速法测试过程所测量的主要过程参数如表 2-35 所示。为保证自由加速法测试结果的有效，GB 3847—2018 也对自由加速法测试过程规定了一系列质控参数与质控参数限值，主要包括表 2-36 中所列内容，这些参数同样应在排气测试过程进行有效控制。

表 2-35　自由加速法测试过程应记录的主要测量参数

序号	仪器名称或参数类别	应记录的参数
1	不透光烟度计	逐秒光吸收系数 k，m^{-1}
2	气象站	环境温度，℃；相对湿度，%；大气压力，kPa
3	发动机转速计	逐秒发动机转速，r/min
4	OBD 读码器（适用时）	详见 GB 3847—2018 规范性附件 EB
5	计时参数	测试时间，s
6	测试结果参数	测试时间，yyyy-mm-dd hh：mm：ss
		每次自由加速测量工况的测量结果，m^{-1}
		三次测量结果的平均值，m^{-1}
		油门踩到底时发动机的转速均值，r/min
		结果判定（合格或不合格）

表 2-36　自由加速法测试过程主要质控参数与质控参数限值

测试阶段	质控参数	质控限值（或约束条件）
测前准备	怠速运行	发动机转速处于怠速范围
自由加速工况	踩油门时间	<1 s
	油门踩到底转速	>额定转速
	油门踩到底维持时间	>2 s
	松油门过程	<1 s
	怠速稳定时间	≥10 s
	工况测试时间	≤20 s
排气系统吹拂	—	不允许插入取样探头
工况测量阶段	探头插深	≥400 mm
	工况测量结果	取工况测试过程的最大光吸收系数
测试结束	最终测量结果	测试结果判定的有效性

2.8　蒸发排放检验过程的质控

蒸发排放检验是 GB 18285—2018 给出的一个选择性检验项目，是否开展该项目检验由省级生态环境主管部门决定。蒸发排放检验的对象是汽油车，标准规定在排气检测合格后进行检验，检验内容包括蒸发排放控制系统外观查验、油箱加油口压力测试及油箱盖测试等。

2.8.1　燃油蒸发排放控制系统的外观检验

燃油蒸发排放控制系统由人工进行外观检验，主要检查内容详见表 2-37。

表 2-37　燃油蒸发排放控制系统外观检验主要内容

检查内容	查验方法
活性炭罐	查验活性炭罐是否缺失,外表是否有明显损坏,缺失或外表明显损坏则外观检验不合格,蒸发排放检验也不合格
管路检查	检查燃油蒸发排放控制系统管路连接是否正确,管路是否老化或损坏,连接错误或有损坏则外观检验不合格,蒸发排放检验也不合格
油箱盖	①检查油箱盖是否缺失,是否有明显缺陷,缺失或有缺陷则外观检验不合格,蒸发排放检验也不合格。 ②检查所用油箱盖是否正确,例如应安装螺纹式油箱盖的却使用了凸轮锁紧式油箱盖等,所用油箱盖不正确则外观检验不合格,蒸发排放检验也不合格。 ③对于无油箱盖设计车辆,检查油箱盖阀门是否正常工作,不能正常工作则外观检验不合格,蒸发排放检验也不合格

2.8.2　加油口压力测试

加油口压力测试过程与质控要求如下:

(1)在离活性炭罐尽可能近的地方,用软管夹夹死燃油箱与活性炭罐间的连接软管或在油箱连接管路末端采用其他等效方法封闭油路。注意夹软管时不能损伤软管。

(2)给油箱加压至(3 500±250)Pa 后稳定 10 s,确保压力损失不超过 1 250 Pa。如果压力损失超过 1 250 Pa,可重新进行两次加压和稳定测试,如果压力损失仍超过 1 250 Pa,则可能是燃油泄漏较大,判断为加压口压力测试不合格。

(3)如果压力损失不超过 1 250 Pa,则进行 120 s 时间压力监测,如果在 120 s 时间内的压力损失超过 1 500 Pa 则测试结果不合格。

(4)在 20～120 s 时间内,如果任意时刻的压力监测结果超过式(2-9)的计算结果,则可判断为加压口压力测试合格。

$$P_m = P_i - \left(\frac{0.33P_i + 331.17}{120} \right) \times t \qquad (2\text{-}9)$$

式中:P_m —— 任意时刻压力阈值,Pa;

P_i —— 初始压力,Pa;

t —— 压力监测时间,s。

(5)移除软管夹或封闭油路装置及加压连接器,小心泄压和不要损坏软管。

加油口压力测试应确保连接油箱的管路被有效密封和不会通过密封口产生泄漏。

2.8.3　油箱盖测试

油箱盖测试过程与质控要求如下:

(1)从油箱加油口上卸下油箱盖,并将油箱盖安装在试验台的对应连接头上。

（2）在测试压力为 7 500 Pa 条件下进行燃油泄漏速率测试和压力损失测试。注意压力测试时，测试液面顶部应有 1 L 左右空间。

（3）当测试压力为 7 500 Pa 条件下，如果燃油泄漏速率超过 60 mL/min，或在初始压力为（7 000±250）Pa 条件下，10 s 时间内的压力下降超过 1 500 Pa，则测试结果为不合格。

（4）测试结束将油箱盖自测试台上卸下和安装回车辆油箱并拧紧。

由加油口压力测试过程和油箱盖测试过程可知，蒸发排放检验需记录的过程参数主要为压力值。

2.9　报告的审核与签发

排放检验的检验样品为车辆，排放检验时车主会在现场等待检验结果，并在获取检验报告后将车辆驶离，通常是当天受理委托当天出具检验报告，一般不会留样。

排放检验的特点是业务量大，通常为流水检验。为减少车主等候时间和不影响车主用车，排放检验工作应尽量快速完成，报告的审核与批准签发周期也不宜过长，因此，排放检验报告采取了监管系统初审、授权签字人签名审核和报告批准人签名批准之简易审核流程。由此可见，授权签字人签名审核是排放检验报告审核的关键节点。

2.10　排放检验业务的锁控

为防止因设备性能不满足标准要求导致排放检验结果的失实，以及防止人为操作造成排放检验结果的失实，标准规定了一系列锁止排放检验业务情景，主要包括检验业务锁止、检验流程锁止、排气检测功能锁止等。

2.10.1　检验业务锁止情景

检验业务锁止原因主要包括表 2-38 所示内容。

表 2-38　检验业务锁止原因

锁止原因	锁止内容
计量认证过期	锁止整个检验机构排放检验权限
检验机构处于在整改期	锁止整个检验机构排放检验权限
设备校准或检定过期	锁止相应排气检测设备排放检验权限
标准物质过期	锁止标准物质的使用
检验员培训合格证过期	锁止检验员的检验权限

2.10.2 检验流程锁控情景

由 1.5.4 节可知，标准规定的排放检验顺序或流程为环保联网核查→外观检验→OBD 检查→排气检测→蒸发排放检验。这里对排放检验流程锁控具体说明如下：

（1）环保联网核查发现受检车辆存在未完成环保违规行政处罚记录，则不允许该车辆进行排放检验。

（2）外观检验不合格或不通过不允许进行 OBD 检查、排气检测和蒸发排放检验。

（3）OBD 检查不通过不允许进行排气检测和蒸发排放检验。

（4）排气检测不合格不允许进行蒸发排放检验。

（5）为防止检验不合格车辆经维修后车辆出现异常改动，不合格车辆经维修后仍需按环保联网核查→外观检验→OBD 检查→排气检测→蒸发排放检验流程进行复检。由此可见，排放检验过程需一次性顺序取得所有检验项目合格结果，设备工控软件和监管系统都应具备排放检验流程锁控功能。

再次说明，柴油车排放检验没有蒸发排放检验过程，如果属地未开展蒸发排放检验项目，汽油车也不需要进行蒸发排放检验。

2.10.3 排气检测功能锁止情景

为保证排气检测设备的性能达到标准规定要求，标准规定了一系列锁止设备排气检测功能情景，锁止设备排气检测功能的主要原因详见表 2-39 所示。

表 2-39 锁止设备排气检测功能主要原因

锁止原因		具体情景
分析仪性能未按规定进行检查或检查不通过	日常检查	每天开始排气检测前，未按规定进行泄漏检查或检查不通过
		每天开始排气检测前，未按规定进行单点检查或检查不通过
	期间核查	分析仪五点检查未按规定进行检查或检查不通过
		传感器响应时间检查未按规定周期进行检查或检查不通过
		转化炉转化效率检查未按规定周期进行检查或检查不通过
		排放分析仪零点漂移检查未按规定进行检查或检查不通过
		排放分析仪量距点漂移检查未按规定进行检查或检查不通过
测功机性能未按规定进行检查或检查不通过	日常检查	每天开始排气检测前，未按规定进行加载滑行检查或检查不通过
	期间核查	未按规定周期和按负荷精度检查→加载响应时间检查→变负荷滑行检查顺序一次性完成所有项目检查或检查不合格
	力传感器校准/检查	未按 HJ 1237—2021 规定周期进行力传感器校准/检查或检查不合格
	滚筒转速检查	未按 HJ 1237—2021 规定周期进行滚筒转速检查或检查不合格

锁止原因	具体情景	
烟度计性能未按规定进行检查或检查不通过	日常检查	每天开始排气检测前，未按规定进行滤光片检查或检查不通过
	期间核查	零点漂移检查未按规定进行检查或检查不通过
流量分析仪未按规定进行检查或检查不通过	日常检查	每天开始排气检测前，未按规定进行平均流量相对误差检查或检查不通过
	期间核查	流量计漂移检查未按规定进行检查或检查不通过
		流量计稀释氧传感器未按规定进行检查或检查不通过
		流量计温度传感器未按规定进行检查或检查不通过
		流量计压力传感器未按规定进行检查或检查不通过
未进行测前检查或检查不通过	设备自检未完成或不通过	
	烟度计 0% 和 100% 滤光片检查未完成或检查不通过	
	排放分析仪自动校正未完成或不通过	
其他	设备工控电脑时钟被人为修改	
	检测方法选用错误	

第3章 监管系统的基本结构与特征功能

监管系统是排放检验最主要和最重要的技术监管手段。监管系统的结构是否合理、维护与升级是否方便、功能是否实用与有效等，是确保其能否有效承担技术监管任务的关键。简易工况法排放检验制度虽在我国实施了近 20 年时间，监管系统在排放检验监管中也发挥了重要作用，但因长期来监管系统开发人员与排气监管人员沟通欠缺，开发人员缺乏排放检验与排气监管经验，监管人员不懂信息系统结构设计，导致大多数监管系统在结构、功能方面仍存在诸多不足。基于上述原因，自本章开始主要从排放检验业务角度讨论监管系统的结构层次与功能建设，有关监管系统的硬件搭建和软件开发则不予讨论。

3.1 排放检验业务拓扑结构

监管系统的主要作用是对排放检验业务进行实时监管，实时采集与保存排放检验数据，实时监控排放检验行为，根据上级监管系统要求上报排放检验数据与统计分析结果等。排放检验业务拓扑结构如图 3-1 所示。

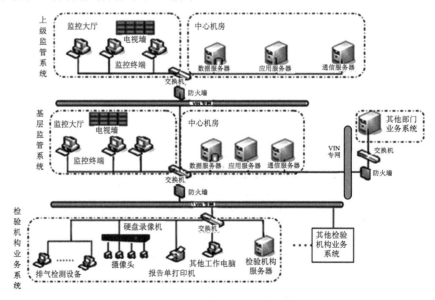

图 3-1 排放检验业务拓扑结构

1.2.4 节说明各地基层监管系统的建设模式不同，所以图 3-1 中未明确上级监管系统的具体行政级别，也没有明确基层监管系统的具体行政级别。为方便表述，这里再次约定后续章节所述监管系统均指基层监管系统。

3.2　监管系统的层次结构

与其他业务管理系统一样，监管系统也应采用分层模块结构。

3.2.1　常见综合性业务管理系统的层次结构

虽各行各业的业务内容与业务流程千差万别，但所建设的业务管理系统的层次结构上大同小异，基本采用模块结构形式。进行业务系统结构设计时，先应根据业务内容、业务流程等规划主次业务内容，然后再规划主次功能，最后规划具体业务功能模块。在此基础上采取搭积木方式，将这些业务功能模块按业务类别及业务流程串接，形成各种各样的具体业务功能模块，最终形成一个结构与功能层次清晰的业务管理系统。图 3-2 为常见的业务管理系统层次结构。

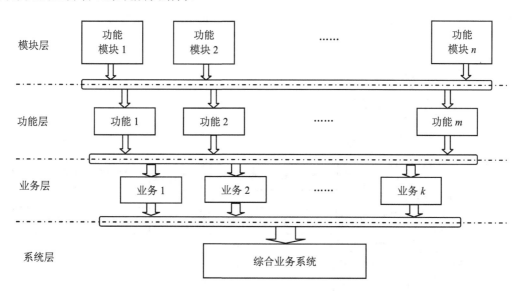

图 3-2　常见的业务管理系统层次结构

实际建设的业务管理系统会复杂得多，一个大的业务管理系统往往会由多个业务主系统和子系统构成，而业务系统又会包含有多个主业务和子业务，不同业务还会包含多个具体的主功能模块和子功能模块。由此可见，业务管理系统的建设首先应做好如下基础工作。

（1）通过调研，了解行业的总体状况、发展状况以及相关联行业之间的关联关系，了解拟建管理系统与行业内其他关联业务之间的关联关系，了解拟建管理系统需管理的主要业务内容，对拟建管理系统整体需求进行全面分析，明确系统顶层设计基本思路。

（2）通过调研，了解拟建管理系统拟管理主业务的分类、分层与各业务层的具体业务分类，了解整体业务管理流程、具体业务管理流程，合理规划系统的层次结构。

（3）通过调研分析，理顺各业务层间的具体业务关系、理顺各具体业务的内在影响要素，分析各具体业务的共性特征与个性特征，按信息化建设思路，对管理业务重新归类，合理规划系统的建设模块类别，合理规划系统数据库表建设。

（4）分析用户需求所属业务管理系统内容，优先建设用户需求功能模块，并根据不同用户需求，逐步完善系统功能模块的建设。

顶层设计、层次结构设计、数据库表设计等是业务系统设计与建设的基础和关键性内容，也是目前在用监管系统尚需进一步强化和完善的主要内容。

3.2.2 监管系统的主业务层结构

由图 3-1 可知，监管系统以数据中心为核心，至少应建立数据上报、数据共享、数据采集三个主业务管理层，各主业务层与数据中心层之间的连接关系可以用图 3-3 来表征。

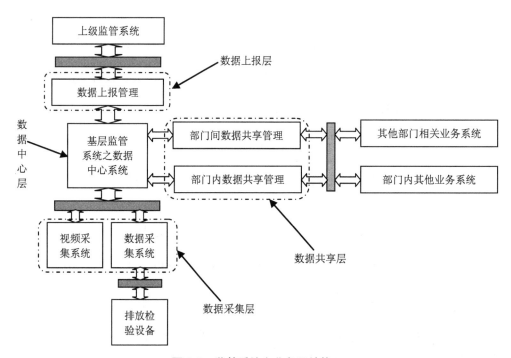

图 3-3 监管系统主业务层结构

图 3-3 中各主业务层的主要作用如下：

（1）数据中心层是监管系统的核心，主要作用是储存与管理所有排放检验相关数据。

数据中心层不但保存着所有排放检验数据、排放检验相关业务信息等，也对这些数据与信息进行综合管理和综合利用，包括排放检验数据的综合查询、综合统计与分析，数据的流向控制与管理等。为方便表述，后续章节将数据中心层管理软件简称为数据中心系统。

通常，数据中心层应结合排放检验业务要求建立完善的排放检验数据库，至少应建立车型库表、车辆信息库表、排放检验过程数据与结果数据库表、仪器性能检查过程数据与结果数据库表、备案信息库表等各类库表。

（2）数据上报层主要负责与上级监管系统之间的数据交互管理。

数据上报层根据上级监管系统规定的联网协议，建立数据上传下达传输机制，主要作用是承接上级监管系统下达的指令，按指令要求通知数据中心系统组织和上报排放检验相关数据，按监管系统指令，访问和下载上级监管系统授权信息。为方便表述，后续章节将数据上报层管理软件简称为数据上报系统。

（3）数据共享层主要负责同级部门间和部门内相关业务系统的数据交互与管理。

监管系统与其他业务系统间的连接必须先建立系统间的联网协议，一般由数据共享双方管理部门与软件开发人员共同商讨确定具体的共享数据内容与范围，确定数据共享机制与协议等。

目前监管系统至少应与公安机关交通管理部门的车辆安全性能检验管理系统、交通运输管理部门的营运车辆管理系统及车辆维修管理系统等共享排放检验、车辆维修等相关信息。此外，监管系统还会根据管理需要，与属地生态环境主管部门内的排气抽检管理系统、遥测与黑烟抓拍系统、非道路移动机械管理系统以及大气污染防治相关业务管理系统等共享数据，或将相关的移动源管理系统整合至监管系统统一管理。为方便表述，后续章节将数据共享层管理软件简称为数据共享系统。

（4）数据采集层是监管系统的基础业务层，主要负责排放检验业务的实时监管与排放检验数据的采集。

数据采集层通过监管系统发布的联网协议，规范各检验机构排气检测设备上传数据内容与上传数据格式，对排放检验过程进行实时监管。数据采集层应能通过对排气检测设备上传的排放检验相关过程数据与过程信息进行实时分析，甄别出排气检测过程不规范操作行为，采取警示、通知和终止数据采集等措施，以强制不规范操作行为的中断或终止。数据采集层还负责排放检验业务过程数据、过程信息和结果的实时采集与临时保存，并将采集到的所有数据实时或采取打包方式上传至数据中心系统永久保存。为简化后续表述，后续章节将数据采集层的数据采集管理软件简称为数据采集系统。

数据采集系统一般部署在检验机构内的服务器上，主要优点如下：

——可将排放检验实时监管工作分散到各检验机构服务器承担，可有效消除或缓解集中监管对数据中心系统软硬件运行环境的压力。

——由部署在检验机构服务器上的数据采集系统实时监管排放检验业务，可有效减小和缓解监管系统与检验设备间信息交互过程对互联网环境与网速的需求压力，可进一步提高网络监管的实时性与可靠性。

——互联网出现故障时，数据采集系统可先将设备上传检验数据临时保存，待互联网恢复正常后，再由数据采集系统上传至数据中心系统保存，可确保排放检验工作不会因互联网故障造成影响。

——数据采集系统与设备间的网络链接环境为检验机构内部局域网，局域网发生故障时的影响范围为检验机构本身，不会对其他检验机构的排放检验业务造成影响。

数据采集层的视频采集系统主要用于排放检验过程检验人员检验操作的实时监控和录像，以监督和督促检验人员规范检验行为。视频采集系统软件开发技术已非常成熟，这里不做深入介绍。

3.2.3 数据中心系统的层次结构

除大多数业务管理系统所具备的用户管理、文件管理、系统帮助、系统维护功能以外，数据中心系统还应结合排放检验监管业务需要，建立各种排放检验业务管理功能，通常包括数据库管理、数据共享、登录管理、数据查询、数据统计分析、数据输入输出以及备案信息管理等。图3-4是数据中心系统的业务层次结构。

图 3-4 中仅包含了与排放检验相关的业务层次结构，未包含文件管理、系统帮助等计算机管理方面的内容。由于在用的监管系统有关数据库管理、数据共享、登录管理、数据查询、数据统计分析、数据输入/输出等功能较成熟，图 3-4 主要列出了详细的备案信息管理层次结构。图中的状态和控件的设置与管理将在4.4 节至4.7 节具体介绍。

此外，如果将相关的移动源管理系统整合至监管系统统一管理，则应在监管系统增加相应的主业务层。本书主要讨论排放检验监管系统的建设，不涉及其他移动源的管理内容，其他移动源的管理也可以参照相关方法与思路进行建设。

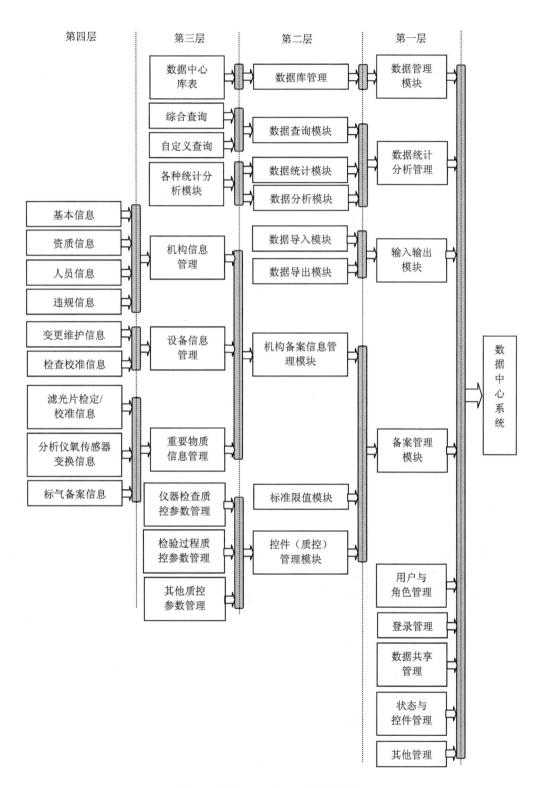

图 3-4 数据中心系统业务层次结构

3.2.4 数据上报与共享系统的基本结构

由 3.2.1 节可知，数据上报系统和数据共享系统都是负责监管系统与其他业务系统进行数据交互的管理软件，从这点来说数据上报系统与数据共享系统的结构基本相同，只是数据共享内容与共享对象不同。图 3-5 为数据上报和数据共享系统的基本结构。

数据上报系统和数据共享系统的软件开发已成熟，这里不多做介绍。

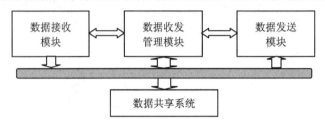

图 3-5　数据上报和数据共享系统的基本结构

3.2.5 数据采集系统的层次结构

数据采集层主要由数据采集系统和视频采集系统构成。视频采集技术相对成熟，这里不予介绍。

数据采集系统主要承担排放检验数据的采集和排放检验业务的监管。排放检验主要包括外观检验、OBD 检查、排气检测和蒸发排放检验 4 项内容。由 2.5 节至 2.8 节可知，外观检验、OBD 检查和蒸发排放检验，以人工查验为主，质控内容较少、质控过程也较简单，所以，排放检验监管的重点环节是排气检测过程，也是目前大多在用监管系统需要完善的最重要功能之一。

图 3-6 按功能分类将数据采集系统结构层次分为 4 层。从图 3-6 可以看出，由于数据采集系统承担了排放检验实时监管工作，为减少数据采集系统对数据中心系统的访问频率，数据采集系统也应建立相应的数据库。数据采集系统的数据库应将数据中心系统中所有与质控相关的备案信息同步备案保存，也应建立排放检验过程的所有检查、检测过程数据与结果临存数据库表，在检查、检测相关数据上传至数据中心系统保存后，相应的临存数据将自动清除。

除此之外，数据采集系统还应建立各种状态数据库表和监管控件库表，有关状态信息库表和监管控件库表的建设将在后续章节陆续介绍。

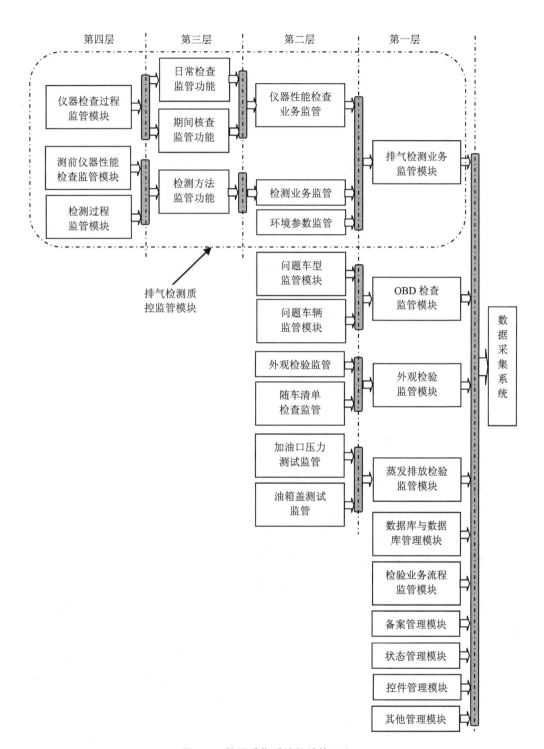

图 3-6　数据采集系统的结构层次

3.3 数据中心系统数据库的构成

数据库是数据中心系统的数据仓库，它保存着所有排放检验相关数据与信息，主要包括各种管理信息、排放检验信息、仪器性能检查与维护信息等。

3.3.1 排放检验数据与信息的特点

除外观检验、OBD 检查和燃油蒸发排放记录信息外，排放检验所包含的数据与信息主要有车辆信息、备案信息、排气检测过程数据与结果、仪器性能检查过程数据与结果等。为对排放检验过程实施有效监管，这里先对排放检验相关数据与信息的特点进行分析。

3.3.1.1 车辆信息方面

排放检验的对象是车辆，车辆一般包含个性和共性 2 类信息。个性信息主要表征车辆的身份证明，包括车牌号码、车架号、车主信息、使用信息等；共性信息主要是车型信息，个性信息和共性信息具有如下特点。

（1）车辆的个性信息相对稳定，除少量迁移与过户车辆外，绝大多数车辆在全生命周期内基本不变，且随车辆的淘汰转化为历史信息保存。

（2）共性信息（车型参数）在车辆的全生命周期内不发生改变，只有在整个车型车辆全部淘汰后，车型信息才会转化为历史信息保存。

由此可见，车辆的个性信息生命周期较短且每台车辆的个性信息生命周期不同，共性信息生命周期较长且不同车型的共性信息生命周期也会不同。

3.3.1.2 排气检测数据方面

车辆在全生命周期内需按规定定期接受排放检验。由 1.2.2 节可知，排放检验周期与车辆的用途、使用频率、车型大小与新旧程度相关。每台车辆每次检验至少应包含一组排放检验数据，如果首检不合格，则还需进行 1 次或多次复检，由此可见，每台车辆都关联了多组排放检验数据。

由 2.7 节介绍的各种排气检测方法所记录的过程参数和结果参数可知，每种排气检测方法所记录的过程参数和结果参数在内容与数量方面不同。由标准规定的测试流程也可知，每种排气检测方法所记录的过程数据量也会因测试过程车辆操控以及受检车辆性能等影响有所不同。表 3-1 列出了各种排气检测方法所记录的过程数据情况。

除表 3-1 记录的过程数据信息外，排气检测过程还需记录测前仪器性能检查信息、排气检测结果信息与结论等。

表 3-1 各种排气检测方法过程数据总记录条数情况

检测方法	标准规定的测试流程简要说明	估算的过程数据记录条数 n
简易瞬态工况法	包括 40 s 怠速运行和 195 s 工况运行,总工况运行时间 235 s	每秒记录一条过程数据,总记录条数 n 为:$n=235$
稳态工况法*	包括 ASM5025 和 ASM2540 两个运行工况,每个工况均包含测前车速稳定 5 s、分析仪预置 10 s、快速检查 10 s 及工况测量 70 s,单工况运行时长≤90 s,实际测试时长≤95 s(含测前车速稳定时间)。快速检查合格则结束测试,此时实际时长 25 s,车速与扭矩偏差超过标准规定约束条件时需重新计时测试,单工况累计实际运行最长时间≤150 s	每秒记录一条过程数据,总记录条数 n 为:$25≤n≤300$(含 5 s 车速稳定期记录在内)
双怠速法	包括暖机运行 30 s,高怠速和怠速运行各 45 s,共 120 s,当高怠速转速偏差超过±200 r/min 时则重新计时测试	每秒记录一条过程数据,总记录条数为:$n≥120$
加载减速法*	包括功率扫描、过渡阶段、80%VelMaxHP 和 100%VelMaxHP 两个工况测试几部分,80%VelMaxHP 和 100%VelMaxHP 每个工况测试时间≥12 s,总运行时间至少数十秒,平均运行时间约 120 s,总测试时间不能超过 3 min	每秒记录一条过程数据,总记录条数 n 为:数十条至 180 条
自由加速法	包括 6 个自由加速工况,其中吹拂工况和测量工况各 3 个。每个自由加速工况踩油门过程为 1 s,油门踩到底时间≥2 s,怠速稳定时间≥10 s,自由加速工况总时间≤20 s	每秒记录一条过程数据,总记录条数 n 为:$78≤n≤120$

注: * 为方便溯源,稳态工况法和加载减速法还应将进入正式测试前车辆加速至目标速度的过程数据记录保存。

3.3.1.3 仪器性能检查与标定/校正数据方面

表 2-1 已列出了排气检测仪器性能检查内容,由表 2-1 可知,仪器性能检查项目较多,每条检测线设备的具体检查内容应结合表 1-2 给出的具体配备仪器确定。当仪器性能检查不合格时,标准还规定了相应的标定/校正方法,主要包括测功机的滚筒惯量测试、张力传感器校准、附加损失测试,以及分析仪的高标标定、流量计氧传感器的检查/校准等。比如分析仪单点检查时低标检查不合格需进行高标标定,高标标定过程还需进行分析仪传感器响应时间测试,高标标定后还需再次进行低标检查;比如分析仪五点检查、测功机期间核查需一次性检查合格,否则需相应进行分析仪标定或测功机的滚筒惯量、力传感器的标定/校正及附加损失测试等,之后还需再次进行分析仪五点检查或测功机期间核查。由此可见,仪器性能检查数据与标定/校正数据具有关联性特点。

3.3.1.4 备案信息方面

备案信息主要包括检验机构信息和设备质控信息。由图 3-4 可知,虽部分备案信息会发生变更,但备案信息总体上相对稳定。

检验机构信息出现变更的情况主要有机构地址变更、人员变更、设备变更、停业整改等,重要物质备案信息出现变更的情况主要有滤光片检定/校准后标称值改变、氧传感器替换信息、标气变更等,质控备案信息出现变更的情况主要有标准变更、设备标定/校正（如滚筒惯量校正）、质控参数控件维护（将在第 4 章介绍）等。标气一般在过期或用完后变更，设备与标物检定/校准变更具有周期性特点，其他变更通常在出现特殊情况时变更，这些变更具有随机性特点。

此外，仪器性能检查和排气检测过程的质控参数与质控参数限值、排放限值等为属地共享备案信息，仪器技术性能参数等也能为部分检验机构共享，所以备案信息还具有共享特点。

由此可见，备案信息具有相对稳定、周期变更与随机变更、变更频率较低及共享性等特点。

3.3.1.5 排放检验数据量方面

经初步估算，目前许多大中城市的年检车辆数约 100 万台次，仅外观检验、OBD 检查和排气检测的结果数据就近 300 万条，单台车辆年检排放检验过程数据记录信息平均超过 100 条，加上设备日常检查过程数据和结果数据，每年排放检验的总数据量将近 2 亿条，而且每条记录信息所包含的数据或参数量平均达到数十个。由此可见，大中城市监管系统每年需保存的机动车排放检验总数据个数将超过几十亿，如果按标准规定的电子数据至少保存十年，监管系统需保存和管理几十亿条数据，近千亿个数据，如不厘清这些数据之间的关系，监管系统也就无法对排放检验业务实施有效监管。

3.3.2 数据中心系统数据库表的设计思路

由 3.3.1 节可知，排放检验保存记录的排放检验数据量较大且数据关系相对较复杂，因此，进行排放检验数据库表设计时应在其实用性与参数字段容错性得到有效保证的前提下，重点考虑标准变更、管理变更等因素影响，确保数据库表的设计具有良好的前瞻性、扩展性和灵活性。

（1）在前瞻性方面。主要考虑排放检验增加汽油车蒸发排放检验、标准限值提高到 b 类限值、质控内容的强化与完善等方面，应建立相关控件用于质控条件、质控周期以及质控参数约束条件（限值）等库表参数的维护修改功能。

（2）扩展性方面。主要考虑预留库表字段设计，以方便当需要增加相关质控或记录内容时，能由系统管理员添加字段名，并能对新增字段的字段性质、字段长度、字段限制范围（容错性限制）等进行设置。

（3）灵活性方面。主要考虑数据库表的维护便利性，也即库表应具备允许系统管理员对字段名、字段性质、字段长度、字段限制范围进行维护修改能力。

由此可见，数据库系统应建立自由表与数据库表转换功能，许可有权限人员进行数据库的正常维护。顺便强调一点，对于影响系统运行的重要库表字段，则应限制其修改。

3.3.3 数据中心系统数据库表的层次结构

由 3.3.1 节可知，排气检测和仪器性能检查数据关系较复杂，且具有关联性。为方便管理，应理顺排放检验数据库表的层次结构，图 3-7 是其层次结构关系示意图。由图 3-7 可知，数据库表可分为 3 层，第一层和第二层为库表分类，第三层才是具体库表或库表类，其中第三层中的库表类还需根据检测方法和检查内容等再进一步分解为具体库表。

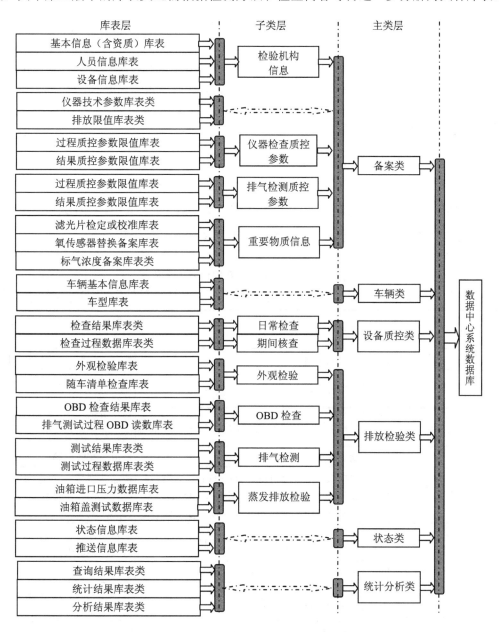

图 3-7 数据中心系统排放检验数据库表的结构层次示意

此外，图 3-7 中未将控件类库表列出，控件的设置与管理将在 4.5 节具体介绍。

图 3-7 中还单列了一类状态信息库表。设置状态信息库表的目的与作用是方便表征排放检验过程所处运行阶段或设备具体运行状况，以方便软件开发与系统升级等归类管理。有关状态信息的具体设置方法、状态信息库表所记录的相关信息内容等将在后续章节中具体介绍。

为方便后续章节表述，这里先说明如下两点：

（1）排放检验过程的状态设置不属标准规定内容，因此，后续章节所设置状态与状态信息推送内容等均属推荐内容。

（2）为方便表述，后续章节中有关状态设置与状态信息推送等内容，在表述形式和口吻上均等同于标准内容，不再重复强调或解释其为非标准规定内容。

3.3.4 数据中心系统应建立的库表情况

表 3-2 至表 3-4 是排放检验应建立的具体库表情况。表 3-2 共列出了 9 类 34 个备案信息数据库表，表 3-3 共列出了 8 类 43 个排放检验过程（含仪器性能检查）数据库表，表 3-4 则列出了车辆类、状态类和统计类等 3 类 8 个数据库表，其中，统计类信息库表数量还需结合地方监管需求确定，并随监管系统的升级与完善将不断丰富。

表 3-2 推荐建立的备案信息库表情况

序号	类别	库表名称	主要备案信息
1	检验机构类	机构基本信息	名称、地址、联系人、认证资质等
2		机构人员信息	姓名、学历、培训合格证等
3		机构设备信息	设备品牌型号、参数、氧传感器等
4～6	重要物质类	CO 混合标气、NO 混合标气、NO$_2$ 标气信息	标气类别（低、中低、中高、高）与浓度值等
7		滤光片信息	量值与有效期等
8～16	设备类	测功机、排放分析仪、NO$_x$ 分析仪、转化炉、零气发生器、不透光烟度计、OBD 读码器、流量分析仪、发动机转速计技术参数信息	按品牌型号建立统一库表，检验机构设备信息备案与设备类库表关联
17	仪器性能检查类	仪器性能检查质控参数限值信息	包括日常检查和期间核查所有质控参数限值
18		基准理论滑行时间信息	参见表 4-6
19		测功机滑行参数库表	滑行速度段、加载响应时间与变负荷滑行参数等
20		仪器性能检查周期设置信息	参见表 3-7

序号	类别	库表名称	主要备案信息
21~24	排气测试工况类	含简易瞬态和稳态工况法测试工况、双怠速法测试工况等	各工况的车速或发动机转速及相应允差等
25	排气检测方法类	排放分析仪自动校正类参数限值信息	测试过程各质控参数许可变化范围,简易瞬态工况法还包含环境 O_2 检查限值(推荐与自动校正类合并)
26		稳态工况法测试过程质控参数限值信息	
27		简易瞬态工况法测试过程质控参数限值信息	
28		加载减速法测试过程质控参数限值信息*	
29		双怠速法测试过程质控参数限值信息*	
30		自由加速法测试过程质控参数限值信息*	
31	环境参数类	环境参数值许可偏差限值信息	温度、速度和大气压力
32	管理类	监管控制参数限值信息	跨站检验、复检维修时间等
33		辅助监管类质控参数限值信息	黑烟抓拍等辅助监管参数
34	排放限值类	排放限值信息	包含所有排放限值

注:* 加载减速法、双怠速法、自由加速法的测前质控参数少和简单,可与测试过程质控参数合并为一个库表。

表 3-3　推荐建立的排放检验过程数据库表情况

序号	库表名称	序号	库表名称	序号	库表名称
	一、外观检验类	15	传感器响应时间检查过程数据库表	29	流量计 20 s 平均流量误差检查过程数据库表
1	外观检验结果库表				
2	随车清单检查结果库表	16	量距点漂移检查结果库表	30	流量计 6 min 漂移检查结果库表
3	外观检验图片库表	17	量距点漂移检查过程数据库表		
	二、OBD 检查类	18	零点漂移检查结果库表	31	流量计 6 min 漂移检查过程数据库表
4	OBD 读取信息与结果库表	19	零点漂移检查过程数据库表	32	氧传感器校准/检查结果库表
5	排气检测过程 OBD 信息读取库表		五、NO_x 分析仪类*	33	氧传感器校准/检查过程数据库表
	三、测功机类	20	标气检查结果库表		八、排气检测类
6	加载滑行与负荷精度检查结果库表	21	标气检查过程数据库表	34	瞬态法结果库表
		22	传感器响应时间检查结果库表	35	瞬态法过程数据库表
7	加载滑行与负荷精度检查过程数据库表	23	传感器响应时间检查过程数据库表	36	稳态法结果库表
				37	稳态法过程数据库表
8	加载响应时间检查结果库表		六、不透光烟度计类	38	加载减速法结果库表
9	加载响应时间检查过程数据库表	24	滤光片检查结果库表	39	加载减速法过程数据库表
10	变负荷滑行检查结果库表	25	滤光片检查过程数据库表	40	双怠速法结果库表
11	变负荷滑行检查过程数据库表	26	烟度计漂移检查结果库表	41	双怠速法过程数据库表
		27	烟度计漂移检查过程数据库表	42	自由加速法结果库表
	四、排放分析仪类*		七、气体流量分析仪类	43	自由加速法过程数据库表
12	标气检查结果库表	28	流量计 20 s 平均流量误差检查结果库表		
13	标气检查过程数据库表				
14	传感器响应时间检查结果库表				—

注:* 如果 NO_x 分析仪和瞬态分析仪采用直接测量法测量 NO_2,需分别建立混合标气和 NO_2 标气检查库表;如果采用转化测量法测量 NO_2,需另外建立转化效率检查库表;这些库表监管系统都应建立。

表 3-4 推荐建立的其他数据库表情况

序号	库表名称	序号	库表名称	序号	库表名称
一、车辆类		二、状态类		三、统计类	
1	车辆基本信息	1	监管状态标示	1	统计库表 （根据需求确定数量）
2	车型信息	2	监管状态推送信息	2	分析库表 （根据需求确定数量）
3	排放控制装置信息	—	—	3	查询结果库表

表 3-2 中第 17 项、第 19 项、第 24 项至第 33 项与限值相关的备案信息库表，所备案的信息仅为单条信息，这些信息通常使用参数控件进行维护与管理，所以这些库表的建设可以采取控件管理方式进行管理。

表 3-2 至表 3-4 共列出了近 90 个数据库表，库表数量与分类仍需进一步完善，系统开发时还应结合具体情况适当增减相关库表，可结合库表复杂程度、库表访问速度及方便性等综合因素适当合并或增加一些库表。由于稳态模式地区无须建立简易瞬态工况法专属库表，瞬态模式地区无须建立稳态工况法专属库表，所以实际上应建立的库表数量将少于表 3-2 至表 3-4 所列库表数量。综合表 3-2 至表 3-4 内容，不同地区监管系统需要建立的库表总数量约为 80 个，软件开发时可参考表 3-2 至表 3-4 设计排放检验相关库表数量，排放检验（含仪器性能检查）库表的参数字段应在确保符合 HJ 1238—2021 规定要求的基础上，再参照第 2 章各小节中各排放检验应记录的参数表格进行设置，这里不再重复介绍。有关备案信息库表和状态信息库表等参数字段的设置将在后续章节介绍。

3.3.5 排放检验数据信息记录的关联关系

排放检验业务数据和信息记录等，与数据库表的使用存在关联关系。

（1）排放检验结果以车辆为对象，每台车辆在全生命周期内有多次排放检验结果，每次排放检验至少应有一条检验结果记录，如需复检还有可能有一条或几条复检结果记录。

（2）每条检验结果还包含有外观检验、OBD 检查、排气检测和蒸发排放检验结果与过程数据等，所涉及的数据保存库表较多。

（3）仪器性能检查结果以设备为对象，日常检查每天都需要检查，期间核查则需进行周期性检查，检查不合格时需对设备进行标定/校正，或经维护或维修以及标定/校正后再次进行检查，检查过程还需保存过程数据，所涉及的数据与信息保存库表也较多。

（4）分析仪单点检查、五点检查，测功机性能期间核查等，有多个项目需按标准规定顺序进行多项检查，每项检查也涉及多个库表保存数据。

在建立数据库表时应建立这些数据与信息记录之间的关联关系，以方便相关数据与信息的管理、查询和统计分析。

3.4　数据中心系统应具备的主要特征功能

目前在用的监管系统之数据中心系统都具备基本的排气业务管理功能，限于篇幅这里不再重复介绍。本节主要根据排放检验业务特点，结合排气监管需要介绍数据中心系统应具备的一些特征功能。

3.4.1　检验机构的登录管理功能

监管系统通常会根据排放检验业务内容与管理流程，在检验机构内设立车辆信息录入、排放检验（含外观检验、OBD 检查、排气检测、蒸发排放检验等）、授权签字人、报告批准人、技术负责人、备案信息维护、报告打印等各类业务工位，因此，监管系统不但应对检验机构的登录资质实施管理，还应对各个工位的登录资质以及登录人员的资质实施管理。检验机构联网至监管系统时，需先对检验机构、业务工位以及登录业务人员进行注册登记，并根据具体业务角色进行授权。

根据排放检验业务管理流程可知，监管系统应具备如下登录管理功能：

（1）三级登录授权管理功能。这里的所谓三级是指检验机构、业务工位和检验人员。如果检验机构未授权或登录权受到限制，则检验机构内所有业务工位及所有检验人员也不会授权或登录权也会受到限制；如果检验机构登录权未受限制，即使检验人员登录权也未受限制，也不允许在未授权或登录权受到限制业务工位登录监管系统。

（2）登录角色与业务工位匹配管理功能。登录人员角色应与登录工位匹配，比如检验员角色只许可在排放检验（外观检验、OBD 检查、排气检测、蒸发排放检验）工位登录，同理，授权签字人、报告批准人、技术负责人、车辆信息录入人员、备案信息维护人员、报告打印人员等角色也只许可在其对应授权工位登录监管系统。检验人员授权角色与登录工位不匹配，则登录权限受到限制。

（3）检验人员跨站登录管理功能。只许可检验机构内获得检验员合格证书资格人员作为该检验机构的检验人员在监管系统备案，不允许检验人员同时在两个不同检验机构备案。也只许可检验人员在其备案所属检验机构内相匹配的授权角色业务工位上登录监管系统，检验人员在非本人所属已备案检验机构的登录权限应受到限制。

（4）多角色授权检验员登录相互排斥管理功能。检验人员如果同时取得了几个授权角色，则可以在检验机构内相匹配的授权角色业务工位以不同角色登录监管系统，但不允许以不同角色同时登录监管系统。例如，取得了车辆信息录入和排放检验员角色授权资格人员，如果在车辆信息录入工位登录了监管系统，此时又想在排放检验工位登录监管系统，系统应推送"您已登录系统，如果您需在本工位登录系统，系统将退出原登录后自动更改为现工位登录，确认则更改，不确认则不更改"类似提示信息，监管系统应根据确认情况是否更改登录工位。

（5）排放检验工位集体登录管理功能。通常每个检测站都有几条检测线，排放检验时，检验员需在不同检测线上开展排放检验工作。如果每检验一台车辆都需登录监管系统，这样势必造成登录烦琐，所以，在检验工位登录监管系统后，应许可检验机构内所有获得检验员角色授权的其他检验人员在该检验工位（含外观检验、OBD 检查、排气检测、蒸发排放检验）开展排放检验工作。为防止检验人员账号被盗用，原则上每台被检车辆，都应在检验员输入登录密码（或指纹等类似口令）确认后才许可进行排放检验。如果检验机构内的所有检验工位都登录了监管系统，则允许所有获得检验员角色授权人员在不同检验工位开展排放检验工作。为减小每台受检车辆排放检验时反复访问数据中心系统读取检验员密码（或口令）造成系统运行资源浪费，业务工位之一登录监管系统后应同步将检验机构内检验人员登录名和密码（或口令）下载至数据采集系统临时保存，以减少排放检验过程对数据中心系统的频繁访问。

值得提醒的是，除排放检验工位外，其他工位则不应具备集体登录功能。

3.4.2 备案信息维护功能

备案信息虽具有相对稳定性，但时常也会有一些备案信息发生改变，主要包括如下内容。

（1）机构信息方面：检验机构搬迁、地址变更、人员流动、设备更换等备案信息的改变。

（2）标准物质方面：检验机构在用标气用完或过期需要更换和使用新标气，新标气的标气成分值会发生改变，滤光片、砝码等经检定/校准后的标称值会发生改变等。

（3）检定/校准有效期方面：检验仪器设备、环境参数校正设备、砝码、滤光片等重新检定/校准后，使用有效期会发生改变。

（4）测功机滚筒基本惯量方面：测功机滚筒基本惯量经校准后实际惯量会发生改变，惯量的改变还会引起测功机滑行测试过程中理论滑行时间的改变。

（5）标准变更方面：标准变更不但有可能改变排气检测过程质控参数内容、数量与限值，也可能会改变设备性能日常检查和期间核查之检查项目、检查周期以及检查过程质控参数的内容、数量与限值。

（6）法律法规与政府政策的进一步完善、I/M 制度的全面实施等，会引起一系列排放检验管理制度的变更。

由此可见，虽备案信息相对稳定，但许多的备案信息都有可能发生改变，检验机构备案信息发生改变时，检验机构需及时到机动车排气监管部门或监管系统上重新备案，监管系统管理员应对相关信息进行维护、修改或确认。标准变更、法律法规和政府政策的完善等也可能涉及一系列排气检测过程质控参数与管理参数的变更，监管系统管理员也需对相关备案参数进行及时维护、修改等。因此，监管系统应具备备案信息维护能力，除具备修改参数限值能力外，还应具备修改、删除、补充质控参数与相应限值能力。

检验机构备案信息的维护通常可以采取系统管理员在数据中心系统维护修改，或在监管系统提供的专用备案信息维护网页由检验机构授权人员维护修改并经监管系统管理员确认两种方法。备案信息维护网页仅许可检验机构对本检验机构的备案信息（如机构信息等）进行维护修改，提交监管系统后需经系统管理员确认后生效。所有检验机构使用的共享备案信息，比如质控参数与质控参数限值等，必须在数据中心系统由系统管理员进行维护修改。

3.4.3　数据库与数据库表维护功能

排放检验需记录的参数会因标准变更和管理需要等发生改变，记录的质控参数约束条件（限值）也会发生改变。为方便数据库的维护、升级与管理，监管系统应建立灵活的数据库和数据库表的维护功能，应能根据需要可以由系统超级用户增减数据库表与数据库表字段，以及修改维护字段名、字段数据类型与约束条件等。

1.3 节将排放检验归类为瞬态和稳态两种模式，除少数库表外，两种模式需建立的库表大多数基本相同。监管系统应能根据不同模式选用不同库表，瞬态模式地区应可以将库表中与之无关的稳态模式库表删除或将稳态模式库表隐藏，同理，稳态模式地区也应可以将库表中与之无关的瞬态模式库表删除或将瞬态模式库表隐藏。

此外，目前有些城市还将非道路移动机械、日常排气抽检等业务整合至监管系统统一管理，因此，监管系统还应能根据各地的实际需要，增减系统运行数据库表和设计相应的库表管理功能，以减小无用库表占用系统运行资源、优化系统结构和提高系统的运行效率。

数据库和数据库表的维护功能应设置权限，通常应由拥有最高管理权限人员进行维护。

3.4.4　车型参数维护功能

车辆信息通常包含车辆基本信息和车型信息两部分。基本信息通常为车辆的个性信息，包括车牌号码、车架号、车主信息、用途等；车型信息是车辆出厂时的技术参数信息，同品牌型号车辆的车型信息完全相同。为方便车辆信息的管理，监管系统通常会将车辆的基本信息和车型信息分成两个数据库表保存和管理，并通过车型等关键字段将车辆的基本信息和车型信息进行关联。

车辆信息通常由不同录入人员录入，受录入人员的录入习惯、认真程度以及个别车辆行驶证和登记证参数不全等影响，导致监管系统中存在同一车型被当成多个相似车型保存或相同车型所保存的车型参数不相同等问题，这也是目前大多监管系统所记录的车型信息几乎都是单条独立信息，车型库如同虚设的主要原因。正因为监管系统内所保存的车型信息不一致，一定程度上对排气检测结果的有效性造成了影响。因此，监管系统应建立良好的车型参数维护功能，具体维护方式可以按如下思路建立。

（1）建立车辆基本信息和车型信息两个库表，并通过车型等关键字段将车辆基本信息和车型信息进行关联。

（2）对于历史保存的独立单条车辆信息，按车辆基本信息和车型信息分别导入车辆基本信息和车型信息库表保存，车型与车型参数完全相同车辆则只保留一条车型信息，各车辆通过车型关键字段与车型库关联。

（3）需要新录入车辆信息时，可根据录入车型通过模糊查询将监管系统中保存的相近车型参数信息全部列出，供车辆参数录入人员选用录入车型信息。如果所列出的车型参数信息中未有相似车型，则新录入一条车型参数。

（4）建立专用的车型维护功能。当启动车型参数维护功能时，监管系统采用模糊查询与比对方式，将近似车型或有近似车型参数的车型列出，由车型参数维护人员识别和判断。对于确认属相同车型的，由车型参数维护人员替换为一条有效车型信息保存，同时将原车辆信息中的车型关键字段重置为有效车型关键字段。

（5）车型维护功能应允许非连续性维护，对已进行维护后的车型进行标示。再次启用车型维护功能时，车型参数维护人员可选择重新对全部车型进行维护，也可选择继续上次车型维护。选择重新对全部车型进行维护时，应自动清除上次车型维护所保存的标示。

3.4.5 车型参数容错与关联控制功能

众所周知，许多车型参数会处于一定范围，如轿车的最大总质量一般不超过 3.5 t，且发动机的额定转速较高，汽油车的燃料不可能为柴油或燃气等。为降低车型参数录入错误概率，监管系统应建立车型参数录入容错与关联控制功能。

（1）车用燃料方面，汽油车、柴油车、LPG 车和 LNG 车所用燃料分别为汽油，柴油、LPG 和 LNG，如果上述车类与燃料不匹配，应限制车型参数录入，应推送"车类与燃料不匹配"类似提示信息。

（2）轻型汽油车、重型汽油车、轻型柴油车和重型柴油车的额定转速通常不会超出 4 000～6 000 r/min、2 800～4 200 r/min、2 800～4 200 r/min 和 1 500～3 200 r/min 范围，如果超出上述范围，应推送"车型与额定转速不匹配，请核实后确认"类似提示信息。

此外，车型的大小也与额定转速相关，总质量越大，发动机额定转速通常越低，反之则越高。监管系统软件开发时可以进一步细分车型与额定转速之间的容错范围。

（3）我国的新车排放标准规定，国Ⅲ及国Ⅲ以上车辆需安装 OBD 系统，如果为国Ⅲ及国Ⅲ以上车辆的录入车型参数为无 OBD 系统，应推送"请进一步核实该车是否带有 OBD 系统后确认"类似提示信息。

（4）紧密型多驱动轴车辆主要为重型货运汽车，四轮驱动车辆主要为轻型汽车，如果不为重型货运汽车或轻型汽车，应推送"请进一步核实该车辆是否为紧密型多驱动轴车辆"或"请进一步核实该车辆是否为四轮驱动车辆"类似提示信息。

（5）在排放控制装置方面，汽油车的个性排放控制装置主要为三元净化器（或触媒）、碳罐等，柴油车的个性排放控制装置主要为 PDF，国Ⅳ及国Ⅳ以上重型柴油车还会带 SRC，如果出现排放装置不匹配时，应推送"排放装置与车型不匹配，请核实后确认"类似提示信息。

（6）基准质量与总质量或整备质量之间的关系为：基准质量=总质量-载货质量-载人质量+100 kg 或基准质量=整备质量+100 kg，如果不满足上述关系，可推送"请进一步核实基准质量的大小后确认"类似提示信息。通常载人质量应处于：载人数×（50～100）kg 范围。

（7）大量的实车数据统计分析表明，轻型柴油车的额定功率一般处于25～140 kW 范围，总质量处于 3 500～14 000 kg 范围重型柴油车发动机的额定功率一般处于70～250 kW 范围，总质量大于 14 000 kg 柴油车发动机的额定功率一般处于100～450 kW 范围。通常总质量越大额定功率也大，如果额定功率与总质量的关系不满足上述关系，应推送"请核实额定功率的大小后确认"类似提示信息。

应该说明的是这里给出的额定功率大小范围、发动机额定转速范围等是根据统计分析得出，实际额定功率或额定转速可能会超出上述范围，因此，在得到确认后应允许其输入、保存和上传超过上述范围之额定功率值或额定转速值。

除上述车型参数外，发动机排量也与发动机额定功率相关，车牌号码、车架号遵循一定的编码规则等，均应建立容错性控制功能。此外，在排气检测方法选择方面，如果属全时四轮驱动和紧密型多驱动轴车辆，监管系统应限制其采用工况法进行排气检测，并推送"该车辆的录入参数信息为全时四轮驱动和紧密型多驱动轴车辆，请核实是否可以采用工况法进行排气检测"类似提示信息。

3.4.6　灵活的模块选配功能

一个性能优良的软件系统应具备根据用户需求选配不同功能能力。

模块化结构的基本思路是根据系统设计要求，利用主程序将各种小功能程序模块逐级搭建成各种大功能程序模块，由各种大功能模块最终搭建成相应的系统。模块化结构的特点是模块结构与功能相对独立，单个模块的维护升级对其他模块的影响小，有利于简化和方便系统的维护升级。采用模块化结构后，模块间通过规定的交互信息进行链接，单个模块维护升级时仅限于模块本身维护升级，重点确保交互信息的不变与有效，如果模块升级时涉及两个模块间交互信息的修改，维护修改的范围也仅限于两个关联模块。此外，采用模块化结构后，不但方便系统使用功能模块的增减，还方便新增模块使用，其修改范围也仅限于新增模块的建立与关联模块间交互信息和交互参数的修改。由此可见，采取模块化结构的目的本身就是方便模块的维修维护以及方便系统功能的选配。

由 1.3 节可知，我国目前排放检验的主要运作模式有瞬态模式和稳态模式两种，主要差别是汽油车所采用的排气检测方法不同。除无法采用简易工况法测试的汽油车采用双怠速法测试外，对于其他汽油车，瞬态模式的轻型汽油车采用简易瞬态工况法检测，重型汽油车采用双怠速法检测，稳态模式则无论是轻型汽油车还是重型汽油车均采用稳态工况法检测。所以监管系统应能根据运作模式配置相应的功能模块，包括数据库表和排气监管模块的选用等，以适应当地排放检验监管工作需要。

瞬态模式和稳态模式主要有如下差别：

（1）简易瞬态工况法的测试循环为 15 个工况，稳态工况法的测试循环仅 2 个工况。简易瞬态工况法测量 $CO/CO_2/HC/NO_x$ 值，计量单位为 g/km，稳态工况法测量 $CO/CO_2/HC/NO$ 值，计量单位为浓度百分比，而且 2 种排气检测方法测试工况和测试过程的质控参数与质控参数限值也不同，监管系统应对这 2 种排气检测方法的测试过程分别建立监管模块。

（2）简易瞬态工况法和稳态工况法所配备的仪器也有差别。简易瞬态工况法和稳态工况法都配备有测功机与分析仪，其中测功机期间核查项目的主要质控参数与质控参数限值基本相同。而分析仪方面，由于瞬态分析仪需测量 NO_x，NO_x 为 NO 和 NO_2 的总和，而稳态分析仪仅需测量 NO，所以，瞬态分析仪除需像稳态分析仪一样使用 CO 混合标气进行分析仪性能检查外，对于采用直接测量法测量 NO_2 的分析仪，还需使用 NO_2 标气单独进行检查。而对于使用转化测量法测量 NO_2 的瞬态分析仪，还需按标准规定进行转化炉转化效率测试。由此可见，监管系统对瞬态分析仪的性能检查需增加 NO_2 标气检查项目的监管，也需增加转化效率测试项目的监管。

（3）简易瞬态工况法设备还配备有气体流量分析仪，所以，对于简易瞬态工况法设备，监管系统也需增加气体流量分析仪的性能检查监管功能。

此外，监管系统在实际应用中还可能出现受地方财政投入限制，采取分期建设策略，比如先期投入仅建立数据采集管理，再分期逐步完善排气检测监管、仪器性能检查监管、数据统计分析功能。再者随着标准修订与地方监管工作的加强，也可能会出现变更质控参数和质控参数限值，变更监管内容等情况。如果监管系统不采用层次化模块结构，不建立灵活的模块选配功能，将会给系统的升级完善带来严重影响与不便。

　　建立灵活的模块选配功能之主要目的是可以根据不断变化的用户需求，采取挂接或取消挂接使用模块方式，再结合前述的有关备案信息维护、数据库和数据库表维护、模块维护等功能的使用，可方便监管系统的功能维护与升级。有关监管模块的选配方法将在 7.4 节介绍。

3.4.7　重要监管参数维护功能

　　为促进排放检验工作的规范化管理，减少检验过程的违法违规现象，增强排气监管的灵活性，监管部门通常会根据排气监管状态与监管需要对跨站复检、复检间隔时间、设备期间核查周期等进行限制。此外，监管部门也会结合当地排放检验实际能力与水平状况，对排气检测过程中质控操作难度大、难以短时间内全面与快速有效实施的重要参数采取初始放松，逐步加严，逐步规范之监管策略。

　　随着技术的进步与发展，机动车排放控制技术也会不断提高，在用车排放控制标准也会越来越严格，排气检测技术和排气检测过程的质控要求也会越来越高，质控指标等也会提高。监管系统建立重要监管参数维护管理功能，允许有维护权限或资质的系统管理人员对重要参数进行修改与维护，便可通过技术手段良好地实现上述监管思路和监管策略。有关具体的重要监管参数将在后续章节中介绍。

3.4.8　远程维护升级维护功能

　　由 3.2.2 节可知，数据中心系统通常安装在排气监管部门或监管中心服务器上，数据采集系统则分散安装在各排放检验机构内排放检验服务器上，这样将不方便数据采集系统的管理、维护与升级。此外，日常排气监管中发现，目前在用的排气检测设备工控软件不但存在欠完善问题，而且相同厂家同类设备工控软件还存在多版本情况，给排放检验日常监管造成了一定困难。

　　为方便数据采集系统的远程管理、维护与升级，确保同一地区相同厂家同类设备工控软件版本基本一致，监管系统应建立远程升级维护功能。数据中心系统和数据采集系统均采用模块化结构，模块的维护与升级较方便，也方便数据采集系统的远程维护升级。对于设备工控软件，同样也应建立远程升级功能，供参考的升级方法如下：

　　（1）将属地所有相同厂家同类设备的最新工控软件在监管系统备案保存，并由监管系统对属地所有使用相同厂家设备的工控软件进行远程升级安装和替换原工控软件。

　　（2）为防止违规修改设备工控软件，可采取对设备工控软件之目录上锁（密码）控制、监控设备工控软件主运行程序是否为目录下主运行程序、登录时随机远程重装设备工控软件、锁控工控电脑 U 盘使用等各种方式预防设备工控软件作弊行为的发生。

监管系统具备上述管理功能后，可有效防止通过修改设备工控软件之作弊行为。

3.4.9 检验设备联网调试管理功能

为保证检验设备按标准与管理要求上传排放检验相关数据，通常排放检验监管部门会发布监管系统交互信息联网协议，要求检验机构的设备供应商按联网协议开发数据连接软件。

为方便新增检验机构的检验设备以及检验机构新增设备或更换检验设备的联网调试，确保检验设备的数据链接功能符合联网协议要求，监管系统还应开发相应的联网调试功能。联网调试功能应独立于监管系统的日常使用功能，不能影响排放检验业务的开展，联网调试数据也应独立临时保存，联网调试结束后应在规定时间内予以及时清除或归类保存。

监管系统建立的设备联网调试功能应能真实表征检验机构正式承担排放检验业务时的实际场景，所采集的设备上传数据应与检验机构承担排放检验的实际状况相同，同样应具备数据容错性控制和确保上传数据的有效。联网调试合格和通过后，数据中心系统管理员可以通过监管系统所建立的联网与调试控件，将联网调试合格检验机构与检验机构的设备转换为正式联网。

3.5 数据采集系统数据库的构成

数据采集系统承担排放检验具体业务监管，也应建立相应的监管业务数据库。

3.5.1 数据采集系统建立数据库的目的

监管系统所管理的检验机构通常从数十家到数百家不等，如果每家排放检验机构平均按 4 条排气检测线计，考虑系统应具备一定盈余能力情况下，市级监管系统一般需要具备实时监管 200 家以上排放检验机构约 800 条排气检测线并发开展排放检验业务能力，省级监管系统则需具备实时监管 1 000 家以上排放检验机构约 4 000 条排气检测线并发开展排放检验业务能力。如果由数据中心系统直接对排气检测线实施监管，会导致数据中心系统和网络传输的运行负担过大，也可能因网络传输速度变慢或短时断网等造成检验设备与监管系统间出现相互失联情况，这样不但影响监管系统的监管效果，也可能因检验设备与监管系统间无法进行数据实时交互造成排放检验流程不顺畅，影响排放检验工作的正常开展。这也是本书推荐由安装在检验机构内部服务器上的数据采集系统承担排放检验业务实时监管的主要原因之一。

将实时监管工作下放数据采集系统承担后，如果监管每条检测线的监管程序或监管模块仍自数据中心系统数据库表中实时读取各种质控参数与质控限值、实时读取排放检验过程中的各种相关信息，实时上传监管结果与排放检验数据，势必会造成网络塞车，同样也会导致数据中心系统运行负荷过大和有可能造成排放检验流程不顺畅。为此，可以采取在数据采集系统中也建立数据库与数据库表将实时监管参数与信息备份方法来解决这一问题。

数据采集系统备份的主要库表为备案信息库表。此外，因仪器性能检查和排放检验数据等由监管程序或监管模块先进行分析和用于监管，所以数据采集系统也应建立与数据中心系统相同的仪器性能检查结果及过程数据、排气检测结果及过程数据库表。在数据采集与信息管理方式上，数据采集系统与数据中心系统不同，数据采集系统对所有采集的结果与过程数据在确认上传至数据中心系统保存后会自动清除这些库表中的相应数据，数据中心系统则在所有采集数据保存后不允许删除。

采取上述措施后，由于数据采集系统安装在检验机构内的服务器上，大量的实时数据与监管信息在检验机构的内部局域网交互，可有效避免互联网网速异常对排放检验工作造成的影响，减轻数据中心系统的运行负荷，且将网络故障对排放检验工作的影响范围缩小至单个检验机构内部局域网范围。监管系统将排放检验监管任务分散至安装在各检验机构内部服务器上的数据采集系统承担后，数据采集系统只需具备管理检验机构内部几条检测线并发开展排放检验业务能力，不但能提高排放检验监管的稳定性与可靠性，也提高了监管系统的整体监管能力与运行效率，减轻了数据中心系统和互联网的运行负荷。但必须注意的是，当数据中心系统的备案信息库表信息维护修改时，应同步将修改内容下传和更新数据采集系统的备案信息库表信息。

3.5.2 数据采集系统数据库表的层次结构

由 3.5.1 节可知，为提高监管系统对排放检验工作的监管效率，数据采集系统也应建立各种数据库表保存或临时保存排放检验相关数据，主要包括如下：

（1）应建立与数据中心系统相同的排放限值库表、仪器性能检查质控参数限值库表、排气检测过程质控参数限值库表等，库表结构与数据中心系统的库表结构基本相同。

（2）应建立仪器性能检查结果与过程数据临时保存数据库表，库表结构与数据中心系统的库表结构基本相同，在确认相关数据已上传至数据中心系统保存后应自动删除相关记录，仪器性能检查结果状态信息则不删除。

（3）对应于各种排气检测方法，也应建立相应的排气检测结果与过程数据临时保存数据库表，库表结构与数据中心系统的库表结构基本相同，同样在确认相关数据已上传至数据中心系统保存后应自动删除相关记录。

（4）应建立检验机构资格备案信息数据库表，主要包括检验机构、检验设备、检验人员的资格状态与授权权限，登录名、登录工位地址与登录密码等信息，相关信息由数据采集系统自数据中心系统直接下载获得。

（5）建立重要物质备案信息库表，库表结构与数据中心系统的库表结构基本相同，相关信息也由数据采集系统自数据中心系统直接下载获得。

（6）数据采集系统还应根据仪器性能检查、排放检验等建立状态信息与状态推送信息库表，库表结构与数据中心系统的库表结构基本相同。相关内容将在后续章节介绍。

图 3-8 是数据采集系统数据库表的层次结构。

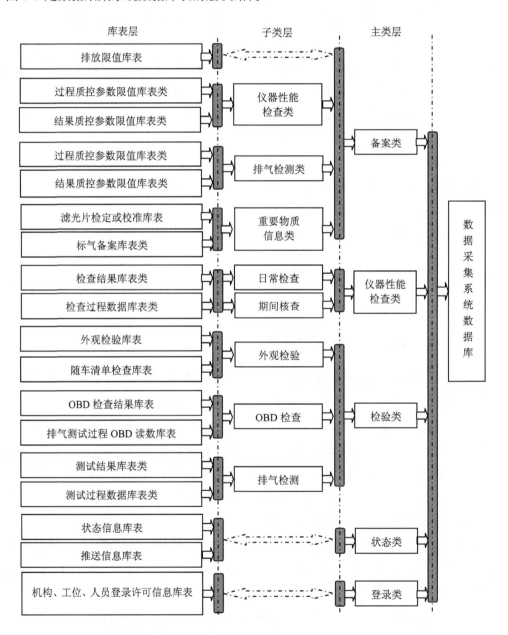

图 3-8 数据采集系统数据库表的层次结构

对比图 3-7 可知，数据采集系统需建立的主要库表与数据中心系统所建立的主要库表差不多，相对于数据中心系统所需建立的库表，数据采集系统无须建立机构信息、仪器技术参数库表类、车辆信息类和统计分析类等库表。

由于数据采集系统安装在检验机构内的服务器上，一般不开放操作界面，备案信息维护时，数据中心系统应同步将维护结果下传和更新数据采集系统的相应备案信息库表内容。数据采集系统库表的建立可根据上述几点说明、图 3-8、表 3-2、表 3-3 和表 3-4 确定，这里不再列出。

3.6 数据采集系统应具备的基本功能

数据采集系统通常处于后台运行状态，无须人员值守和操控，操作使用界面一般不开放，系统的日常维护与管理通常由数据中心系统远程控制实现。数据采集系统承担着数据采集和排放检验监管任务，与数据中心系统一样，也应具备一些特征功能。

3.6.1 检验流程锁控功能

由图 1-12 可知，排放检验过程主要包含外观检验、OBD 检查、排气检测和蒸发排放检验 4 个方面，检验顺序为"外观检验→OBD 检查→排气检测→蒸发排放检验"，且规定前项未完成检验或检验不合格，不允许进行后项检验。如果检验过程出现某个检验项目不合格或某个检验项目之具体指标不合格则车辆需经维护维修后复检，复检时还应按"外观检验→OBD 检查→排气检测→蒸发排放检验"流程顺序进行检验。由此可见，复检是检验过程的全复检，不是不合格项的复检，受检车辆的所有检验项目必须一次性全部合格方能取得排放检验合格报告。

数据采集系统也应负责检验流程的监管。通常可以用首检/复检（含复检次数）来标示受检车辆的检验属性，用状态来管理受检车辆的检验流程。排放检验时受检车辆可以设置违规、维护、外观检验、OBD 检查、排气检测和蒸发排放检验等几种状态，其中违规状态由监管系统根据车辆环保违规处理情况设置状态标示，如果受检车辆存在未完成环保违规记录，监管系统将违规状态置为锁止标示，否则置为正常标示。有关受检车辆检验状态信息的设置方法与思路如下。

（1）车辆信息登录时，除违规状态和维护状态标示外，受检车辆的其他状态均应设置为锁止标示（默认值）。

（2）设置维护状态的作用是强化 I/M 制度的有效实施。对于排放检验不合格车辆，通常采取限制复检时间间隔，或从 M 系统（维修管理系统）获取维修完成信息来管理该车辆的复检。如果受检车辆排放检验不合格，监管系统自动将其维护状态标示为锁止，在超过复检时间间隔或在获得 M 系统推送的排气维修合格信息后，监管系统又自动将该受检车辆维护状态标示为正常。应该注意的是，首检时受检车辆的维护状态应标示为正常。

（3）车辆信息登录时如果违规或维护状态标示为锁止，则不允许受检车辆登录监管系统和推送未完成环保违规信息或未按要求完成车辆的维护维修等类似提示信息；若违规与维护状态标示均为正常，则将外观检验状态标示为正常，其他状态标示则不变。

（4）外观检验状态为正常标示，允许进行外观检验。外观检验合格将受检车辆的 OBD 检查状态标示为正常；外观检验不合格，将除违规状态外的其他状态都标示为锁止。

（5）OBD 检查状态标示为正常，允许进行 OBD 检查。OBD 检查合格或通过将受检车辆的排气检测状态标示为正常；OBD 检查不通过，将除违规状态外的其他状态都标示为锁止。

（6）排气检测状态标示为正常，允许进行排气检测。排气检测合格，如果不需要进行蒸发排放检验，则排放检验结果合格，受检车辆的排放检验工作完成，将除违规状态和维护状态外的其他状态都标示为锁止。如果需要进行蒸发排放检验且排气检测合格，则将蒸发排放检验状态标示为正常。排气检测不合格，也将除违规状态外的其他状态都标示为锁止。

（7）如果需要进行蒸发排放检验，且蒸发排放检验状态标示为正常，进行蒸发排放检验。蒸发排放检验合格，排放检验结果合格，受检车辆的排放检验工作完成，将除违规状态和维护状态外的其他状态都标示为锁止；蒸发排放检验不合格，也将除违规状态外的其他状态都标示为锁止。

3.6.2 数据采集管理功能

日常排放检验过程中，数据采集系统的主要工作包括两个方面。一是实时采集排放检验相关数据并将其上传至数据中心系统永久保存；二是对所采集的排放检验过程数据进行实时分析，并依据分析结果对排放检验过程进行实时监管。

外观检查主要采集检查结果和照片证据信息，OBD 检查主要采集 OBD 工作状态信息，蒸发排放检验主要采集相关压力信息，所以排放检验的主要采集信息为排气检测信息。排气检测信息主要有仪器性能检查、排气检测（含检测过程 OBD 读数）2 大类数据，也是数据采集系统所采集的主要数据，数据采集系统对这些数据主要实施如下管理。

（1）根据 3.5.2 节可知，数据采集系统所采集的数据首先应临时保存至数据采集系统的相应数据库表。

（2）对所采集的数据进行实时分析以监控仪器性能检查或排气检测过程是否规范与有效，并根据异常分析结果情况向设备推送异常原因信息，通知设备终止、中断或结束仪器性能检查或排气检测过程。

（3）仪器性能检查或排气检测过程终止或结束，将所有采集的过程数据和结果上传至数据中心系统保存，并在确认数据被有效上传保存后，清除所保存的临存数据。

3.6.3　交互管理功能

排气检测时，设备工控软件应将仪器性能检查和排气检测过程数据实时上传给监管系统，监管系统则应对上传过程数据进行实时分析和将结果、结论等反馈给设备工控软件，为此，数据采集系统与设备工控软件之间需建立一种互动机制，以保证设备工控软件上传的设备性能检查和排气检测数据的有效，保证监管系统的监管"命令"能为设备工控软件有效执行。

3.6.3.1　仪器性能检查过程中的交互

仪器性能检查过程中，设备工控软件与数据采集系统之间的交互示意如图 3-9 所示。仪器性能检查的项目较多，这里选用单点检查为例来说明仪器性能检查过程的交互情况。

图 3-9 中提到了设备运行状态、过程监管状态和检查项目监管状态，也提到了状态标示，相关状态的设置与标示方法将在 4.4 节中详细介绍。

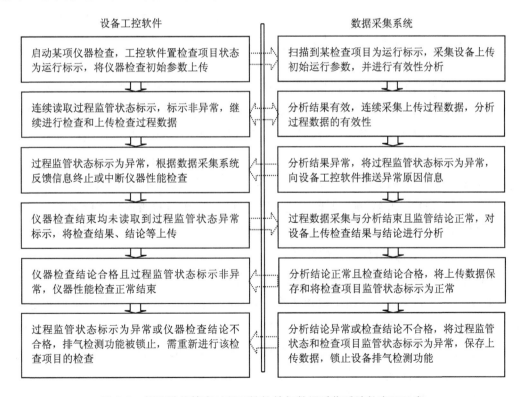

图 3-9　仪器性能检查过程工控软件与数据采集系统的交互示意

单点检查的交互过程如下：

（1）排放检验过程中，数据采集系统连续不停地扫描设备运行状态。

（2）检验员操作工控软件进入单点检查，设备工控软件将单点检查运行状态和设备运行总状态标示为运行，并将低标检查标气值上传给数据采集系统。数据采集系统核实设备上传的检查用低标气是否为备案在用低标气，如果不是则推送"检查用标气为非备案在用低标气，标气需备案与启用后使用"类似提示信息，并将仪器性能检查过程监管状态（过程监管状态的定义详见4.4.5节）标示为异常，设备工控软件在读取到仪器性能检查过程监管状态标示异常后，应终止检查。

（3）如果设备工控软件未读取到过程监管状态异常标示，则工控软件继续按流程先进行分析仪调零。调零结束后，进行低标检查并将检查过程数据实时上传数据采集系统。数据采集系统对采集的过程数据进行实时分析，如果此过程中未出现异常分析结果，则直至低标检查结束，并等待设备上传检查结果与结论。

（4）工控软件未读取到过程监管状态异常标示，将检查结果与结论上传数据采集系统，等待数据采集系统的分析结论。数据采集系统的分析结论为正常且低标检查合格，则单点检查结束，数据采集系统将检查结果与结论上传数据中心保存，同时将单点检查监管状态标示为正常。数据采集系统的分析结论为异常或低标检查不合格，则将过程监管状态和单点检查监管状态标示为异常。

（5）工控软件未读取到过程监管状态异常标示且低标检查结果合格，工控软件结束单点检查。如果工控软件读取到监管状态标示异常，需按标准规定的单点检查流程进行高标标定，并在标定过程同时进行传感器响应时间检查，高标标定结束后需再次进行低标检查。高标标定过程同样需检查高标气是否为备案标气，需对传感器响应时间的计算进行监管。如果设备上传的传感器响应时间异常或不合格，应允许设备重新进行高标标定。高标标定后的低标检查与（1）～（4）点基本相同，这里不再详细说明这一过程。

此外，HJ 1237—2021规定如果连续3次高标标定、低标检查循环过程都无法使单点检查结果合格，应对分析仪进行维护维修和线性校准，线性校准后再进行五点检查，五点检查合格后方允许分析仪进行排气检测。

（6）如果数据采集系统的分析结果出现异常，且不是检查结果不合格引起，则将过程监管状态标示为异常，并向工控软件推送异常原因提示信息。工控软件读取到过程监管状态异常标示，则按异常原因与提示信息，由工控软件终止或中断单点检查。此时，数据中心系统、数据采集系统及工控软件中的该检查项目的监管状态不发生改变。

（7）无论仪器性能检查结果是否有效、是否完成整个检查，监管系统和工控软件都应将采集的所有数据进行标示后保存。

（8）图3-9中仅包含了仪器性能检查过程流程。对于单点检查和加载滑行来说仅包含了低标检查过程和加载滑行过程，未包含单点检查过程如果出现低标检查不合格需进行的高标标定过程和标定后的再次低标检查过程，也未包含加载滑行如果不合格应进行的附加损失测试和附加损失测试后的再次加载滑行过程。

由单点检查的交互过程可知，仪器性能检查过程中设备工控软件与数据采集系统之间不间断地进行信息交互，如果监管过程出现过程状态标示异常，则不改变仪器性能检查项目的原来监管状态标示，如果监管过程未出现异常，则按仪器性能检查结果与结论重置相应仪器性能检查项目监管状态标示。

3.6.3.2　排气检测过程中的交互

排气检测过程中，设备工控软件与数据采集系统之间的交互示意如图 3-10 所示。这里选用稳态工况法为例来说明排气检测过程的交互情况。

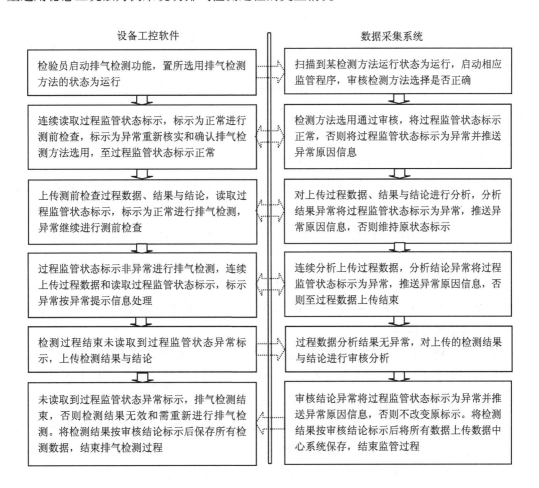

图 3-10　排气检测过程工控软件与数据采集系统的交互示意

稳态工况法测试过程的交互过程如下：

（1）排放检验过程中，数据采集系统连续不停地扫描设备运行状态。

（2）检验员操作工控软件进入稳态工况法检测，设备工控软件将稳态工况法设备的运行状态标示为运行，工控软件进行测前自动校正，并将自动校正结果上传数据采集系统。数据采集系统扫描到稳态工况法运行状态标示为运行后，对设备上传的自动校正数据进行分析，分析结果不符合标准规定要求置过程监管状态为异常，否则继续对自动校正数据进行分析，直至自动校正最终结果符合标准规定要求为止。

（3）自动校正结果符合标准规定要求，工控软件进入排气测试过程，连续将过程数据上传。数据采集系统连续对过程数据进行分析，分析结果如果符合标准规范要求，仍维持过程监管状态为正常标示，否则将过程监管状态标示为异常，并推送异常原因信息。

（4）工控软件连续读取过程监管状态标示，如果测试过程未读取到异常标示，则上传检测结果与结论，如果读取到异常标示，则按异常原因提示信息终止、中断排气测试过程。

（5）数据采集系统对工控软件上传的测试结果与结论进行分析，分析结果正常则测试结果有效，维持过程监管状态为正常，否则置过程监管状态为异常，测试结果无效。工控软件未读取到过程监管状态异常标示，结束排气检测，如果读取到过程监管状态异常标示则需对受检车辆重新进行排气检测。

（6）无论排气检测结果是否有效、是否完成整个检测过程，数据采集系统都应将检测记录进行标示（标示为完成、无效或未完成等）后将采集的所有数据、结果、结论上传数据中心保存。同样工控软件或机构软件也应按类似方法将所有过程数据、结果、结论进行保存。

同样，在介绍稳态工况法测试过程中设备工控软件与数据采集系统的交互时，也提到了状态与标示等，有关排气检测过程中的状态与状态标示设置方法将在4.4节详细介绍。

3.6.3.3 其他交互内容

除仪器性能检查过程和排气检测过程交互外，设备与监管系统还需进行用户登录与车辆信息登录交互。用户登录交互有两种方式：一是用户工位直接与数据中心系统进行登录交互，二是由数据采集系统代管登录交互。

如果由数据采集系统代管用户登录交互，则应在数据中心系统和数据采集系统分别建立用户登录许可状态信息、用户名与密码库表等，以方便登录管理。用户登录许可状态主要由数据中心系统管理，用户登录许可状态进行维护修改时，应同步下载至数据采集系统。用户登录交互的信息主要为检验机构、检验设备、检验人员的登录许可状态，如果状态信息为许可，则允许用户登录，否则不允许用户登录。数据采集系统代管用户登录交互的好处是登录的用户相对少，仅为本检验机构授权用户，且为防止检验员资格被盗用，通常每台车辆检验前检验员都应输入密钥（密码或指纹）等重新确认检验员资格，这样，减少了每台车辆检测前对数据中心系统的不停访问，减轻了数据中心系统和互联网络的运行负担。

由于排放检验管理的车辆较多，如果由数据采集系统代管车辆信息登录，则需将数据中心系统中的车辆信息和车型信息库在数据采集系统复制，且每当数据中心系统中车辆信息和车型信息库发生改变时都需将变更信息同步下载至安装在各个检验机构内的数据采集系统，这样，更不方便系统的使用与管理，所以车辆信息的登录推荐由数据中心系统进行管理。

此外，为方便备案信息维护，监管系统还可以建立专用的网页菜单供检验机构使用，也需进行相关数据与信息的交互，其交互过程一般由数据中心系统管理。

3.6.4　监管系统的联网通信协议

为保证监管系统与设备之间有效交互，确保设备上传的数据与信息内容符合标准规范要求以及属地排放检验监管需要，确保监管系统对仪器性能检查过程和排放检验过程的监管能有效实施，通常各地排放检验监管部门会向社会与属地排放检验机构发布排放检验设备联网协议。联网协议至少应包括如下内容。

（1）统一设备软件功能的流程设计。包括排放检验流程、仪器性能检查流程、排气检测流程、数据交互流程等，流程设计应确保符合标准规范要求。

（2）按标准有关要求，规定设备上传的过程数据参数和信息格式，上传过程数据的起止时间与上传频率等，原则上设备上传过程数据的频率应与设备本身的最高取样频率相同。有关设备上传过程数据所记录的参数等应遵守 HJ 1238—2021 之相关规定要求以及地方管理要求，并参考 2.3 节、2.4 节和 2.7 节中的相关内容确定，这里不重复介绍。

（3）按 GB 18285—2018、GB 3847—2018、HJ 1237—2021 和 HJ 1238—2021 有关要求，规定外观检验和 OBD 检查的上传信息与格式内容，规定排气检测过程中应同步实时读取和上传的车载 OBDⅡ系统信息数据格式。

（4）规定仪器性能检查、排气检测过程运行工况过程数据标示，重要测试阶段和重要数据取值起止时间。

（5）规定设备与监管系统间信息交互的状态设置内容与形式、信息交互内容与交互流程、状态信息推送等。

（6）规定交互数据的数据类型、取值范围、修约规定等。

目前各地都已建立了初步联网协议，联网协议除应符合 HJ 1238—2021 规定要求外，可结合系统建设内容、用户需求等参考本书相关内容进行完善，对此，本书不做进一步介绍。

3.7 重要参数的维护与管理

3.4.7 节介绍了数据中心系统的重要参数维护功能，本节则具体介绍重要参数的维护与管理方法。

3.7.1 对重要参数进行维护管理的目的

众所周知，无论是制度还是标准的制定，通常都会经历一个初始放松逐步加严的过程，机动车排放标准的发展也是如此。我国的新生产车排放标准自 2000 年开始实施国 I 标准到目前实施国Ⅵ标准经历了 20 年时间，而在用车标准则自 1983 年首次发布怠速法和自由加速法排放标准，经过 1993 年的修订及 2005 年新增简易工况法检测方法修订，到 2018 年强化简易工况法全面实施的再次修订，也经历了一个从松到严的过程。2018 年修订发布的在用车标准相较于 2005 年发布的在用车标准不但标准限值加严，检测设备与排气检测过程质控要求也有所提高，而且还增加了 OBD 检查和蒸发排放检验内容，不但对排放检验行业的业务能力与水平提出了更高要求，也增大了排放检验监管难度。

由此可见，我国在用车的排放监管也一直秉承"初始放松、逐步加严、逐步规范"理念，因此，监管系统的建设也应遵循这一理念要求。对重要参数进行维护管理的目的就是增强监管系统应对标准修订、管理需求提高之能力。

3.7.2 仪器性能检查过程重要质控参数的维护管理

仪器性能检查质控参数的维护也应遵循"初始放松、逐步加严、逐步规范"原则，表 3-5 和表 3-6 分别列出了设备日常检查和期间核查需维护的重要质控参数情况。

对于表 3-5 和表 3-6 做如下说明。

（1）表中在"标准规定限值"列注明为"标准未规定"是指标准没有明确规定该质控参数的约束条件或限值，属经验性质控参数。这里约定，除非特别说明，后续章节均用非标参数与非标参数限值进行表述。

（2）表中不仅推荐了非标参数限值的维护范围，还推荐了标准已明确约束条件或限值的质控参数限值之维护范围，目的是方便标准升级后对这些质控参数的维护与管理，也是为了遵循"初始放松、逐步加严、逐步规范"这一理念。为方便表述，除非特别说明，后续章节将用标准参数与标准参数限值进行表述。

（3）标准仅规定了仪器性能检查结果限值，所以仪器性能检查过程的质控参数均属非标参数。

（4）标准参数限值的推荐维护范围以标准规定参数限值为基础，结合工作经验总结仅对部分参数予以了适当拓宽，非标参数的推荐维护限值范围则是根据经验和设备取样频率等估算给出。

（5）表中推荐的标准参数限值和非标参数限值维护范围较宽，以标准参数限值或日常监管应正常采用的非标参数限值中值为基础进行适当拓宽，目的是方便监管部门结合属地实际状况选用质控参数及质控参数限值，以避免因质控参数设置不合理对排放检验正常开展可能造成的影响。系统开发时参数限值的维护还应结合实际情况进行调整，但应以适当放宽限值维护范围为原则，尽量不要再缩小限值的维护范围，限值维护范围的缩小可以由系统管理员通过限值维护来实现。

表 3-5 设备日常检查之重要参数与推荐限值维护范围

检查项目	质控参数	标准规定限值	推荐限值维护范围
加载滑行	滑行结果	≤±7.0%	≤±7.0%
	滑行功率	汽油线为 6.0～13.0 kW	6.0～30.0 kW
		柴油线为 10.0～30.0 kW	6.0～30.0 kW
	实际与备案附加损失值偏差	标准未规定	≤±0.5 kW
	实际滑行功率相对偏差	标准未规定	≤±10%
	各滑行速度段理论滑行时间计算偏差	标准未规定	≤±20 ms
	各滑行速度段实际滑行时间取值偏差	标准未规定	≤±40 ms
分析仪单点检查	低标检查结果	≤仪器精度	0～2.0 倍仪器精度
	低标检查结果偏差	标准未规定	0～2.0 倍仪器精度
	低标检查时长 t	标准未规定	$10 \leq t \leq 50$
	高标标定时标气检查过程时长 t	标准未规定	$20 \leq t \leq 80$
	T_{90} 计时时间偏差	标准未规定	≤±2.0 s
	T_{10} 计时时间偏差	标准未规定	≤±2.0 s
	传感器响应时间	≤规定响应时间+2 s	≤规定响应时间+（0～4 s）
	传感器响应时间计算偏差	标准未规定	≤±2.0 s
滤光片检查	滤光片检查数量 n	标准未明确	≤6
	滤光片检查绝对误差	≤±2.00%	≤±2.00%
平均流量误差检查	流量均值相对误差	≤±10%	≤±10%
	检查时长	20 s	≥10 s
	最小流量值	≥95 L/s	≥30 L/s
	均值结果相对偏差	标准未规定	≤±5.00%

表 3-6 设备期间核查之重要参数与推荐限值维护范围

检查项目	质控参数		标准规定限值	推荐限值维护范围
负荷精度检查	滑行结果	4 kW、18 kW（汽油），30 kW（柴油）	≤±4%	≤±5%
		11 kW（汽油），10 kW、20 kW（柴油）	≤±2%	≤±5%
	实际与备案附加损失值偏差		标准未规定	≤±0.5 kW
	实际滑行功率相对偏差		标准未规定	≤±10%
	各滑行速度段理论滑行时间计算偏差		标准未规定	≤±20 ms
	各滑行速度段实际滑行时间取值偏差		标准未规定	≤±40 ms
加载响应时间检查（共8项测试）	滑行结果（T_{90}）		≤300 ms	≤500 ms
	实际与备案附加损失值偏差		标准未规定	≤±0.5 kW
	54 km/h～a_i 范围扭力值		<终了负荷扭力	<终了负荷扭力
	T_{90} 计时误差		标准未规定	≤±20 ms
变负荷滑行检查	滑行结果	80.5～8.0 km/h 速度段	≤±4.0%	≤±6.0%
		72.4～16.0 km/h 速度段	≤±2.00%	≤±6.00%
		61.1～43.4 km/h 速度段	≤±3.00%	≤±6.00%
	理论滑行时间计算偏差	80.5～8.0 km/h 速度段	标准未规定	≤±20 ms
		72.4～16.0 km/h 速度段	标准未规定	≤±20 ms
		61.1～43.4 km/h 速度段	标准未规定	≤±20 ms
	实际滑行时间取值偏差	80.5～8.0 km/h 速度段	标准未规定	≤±40 ms
		72.4～16.0 km/h 速度段	标准未规定	≤±40 ms
		61.1～43.4 km/h 速度段	标准未规定	≤±40 ms
分析仪五点检查	检查结果		≤仪器精度	≤2.0 倍仪器精度
	检查结果偏差		≤仪器精度	≤2.0 倍仪器精度
	标气检查时长 t		标准未规定	10≤t≤50
分析仪漂移检查	量距点漂移检查时长		≥180 min	≥3 min
	零点漂移检查时长		≥60 min	≥3 min
	量距点相对漂移值		≤仪器精度	≤2 倍仪器精度
	零点绝对漂移值		≤仪器精度	≤2 倍仪器精度
NO_2 转化效率测试	转化效率		≥90%	60%～95%
	NO 测量结果偏差		标准未规定	≤25×10⁻⁶
	NO_2 测量结果偏差		标准未规定	≤25×10⁻⁶
	转化效率计算绝对偏差		标准未规定	≤±5.00%
烟度计漂移检查	零点漂移时长		≥30 min	≥3 min
	零点绝对漂移值		≤±1.0%	≤±2.0%
流量计漂移检查	漂移检查检查时长		=6 min	≥2 min
	最小流量值		≥95 L/s	≥30 L/s
	流量绝对漂移值		≤±4 L/s	≤±10 L/s
稀释氧传感器校准/检查	O_2 许可绝对偏差值		≤0.3%	≤0.5%
	单次检查 O_2 均值绝对偏差		标准未规定	≤0.5%
	最终 O_2 均值绝对偏差		标准未规定	≤0.5%

3.7.3　仪器性能检查周期的维护与管理

GB 18285—2018 和 GB 3847—2018 规定了日常检查周期,但没有规定期间核查周期。为规范期间核查周期,生态环境部于 2021 年 12 月发布的《机动车排放定期检验规范》(HJ 1237—2021)明确了部分仪器性能检查周期。为方便仪器性能检查周期的维护与管理,监管系统也应根据 GB 18285—2018、GB 3847—2018 和 HJ 1237—2021 相关规定,建立仪器性能检查周期维护功能。表 3-7 列出了推荐的仪器性能检查周期维护范围。

表 3-7　推荐的仪器性能检查周期维护范围

检查项目	标准规定检查周期	推荐的周期维护范围
气象站(环境参数仪)环境参数测量结果检查	每天开始排气检测前	1～12 h 与每天开始排气检测前
加载滑行	每天开始排气检测前	每天开始排气检测前
负荷精度(仅汽油线)、加载响应时间、变负荷滑行、力传感器、滚筒惯量、滚筒转速等	180 d 一次	30～180 d
附加损失测试	每周一次与加载滑行不合格时	1～30 d 与加载滑行不合格时测试
分析仪泄漏检查和单点检查	每天开始排气检测前	每天开始排气检测前
分析仪五点检查	连续三次单点检查不合格时	30～180 d 与连续三次单点检查不合格时
NO_2 转化效率测试	每周一次与更换转化剂组件时	1～30 d 与更换转化剂组件时
高标标定	30 d 一次与低标检查不合格时	15～180 d 与低标检查不合格时
排放分析仪漂移检查	标准未明确	30～180 d
烟度计滤光片检查	每天开始排气检测前	每天开始排气检测前
烟度计零点漂移检查	标准未明确	30～180 d
流量计平均流量相对误差检查	HJ/T 290—2006 规定每天检查	1～180 d
流量计流量漂移检查	标准未明确	30～180 d
流量计稀释氧传感器的检查	标准未明确	30～180 d
流量计温度传感器的检查	标准未明确	30～180 d
流量计压力传感器的检查	标准未明确	30～180 d

注:检验周期应建立控件管理,启用时则生效,否则不对检查周期实施管理,有关控件设置与管理将在第 4 章介绍。

3.7.4　排气检测过程重要质控参数的维护管理

目前排放检验主要用到了简易瞬态工况法、稳态工况法、加载减速法、双怠速法、自由加速法 5 种排气检测方法,同样应结合排气测试过程建立相应的质控参数维护范围。

排气测试过程的标准参数和标准参数限值的设置以表 2-28、表 2-30、表 2-32、表 2-34 和表 2-36 为基础,非标参数和非标参数限值的设置也需结合各排气检测方法的具体情况与工作经验总结给出。

同仪器性能检查过程质控参数的维护管理一样，排气检测过程质控参数限值的维护范围也应遵循"初始放松、逐步加严、逐步规范"原则，限值维护范围应适当放宽，以确保参数限值的设置不影响排放检验工作正常开展为原则。

有关排气测试过程重要质控参数的设置与维护将第 6 章进行具体介绍。

第4章 排放检验业务信息的管理

由第 3 章可知，监管系统需实时管理几十家甚至上千家检验机构、数百个至数千个业务工位、数百条至数千条排气检测线的并发检验业务，需管理近百个业务数据库表、数十亿条业务数据与信息，管理的数据信息量接近千亿个，业务信息内容与对象相对复杂，且实时监管的内容与措施也相对复杂。本章将结合前面各章节介绍内容先厘清监管系统对这些业务与信息的管理方法，有关仪器性能检查过程监管和排气检测过程监管方法将在第 5 章和第 6 章分别介绍。

4.1 排放检验业务的归类

除排气检测过程和仪器性能检查过程监管外，监管系统需要管理的主要业务内容为备案信息管理、登录管理、检验流程管理、状态信息管理、控件管理以及排放检验数据管理等（表 4-1）。

表 4-1 监管系统管理的主要业务内容

业务名称	业务内容或说明
备案信息管理	主要包括如下内容： ①检验机构基本信息、设备信息、人员信息、重要物质等备案管理； ②仪器性能检查过程和排气检测过程质控参数限值管理； ③标准限值的管理； ④车辆信息与车型参数管理
检验机构的注册授权与登录管理	主要包括如下内容： ①注册登记与角色授权； ②用户登录管理等
检验流程管理	主要对排放检验流程实施管理，相关内容已在 3.6.1 节的检验流程锁控功能中介绍，本章不重复介绍
状态信息管理	主要包括如下内容： ①设备运行状态的设置与管理； ②监管状态的设置与管理； ③状态信息推送管理

业务名称	业务内容或说明
控件管理	主要包括如下内容： ①管理控件的设置与管理； ②仪器性能检查与排气检测过程控件的设置与管理
数据管理	主要为数据库和数据统计分析管理，数据库的建设与管理相关内容已在 3.3 节介绍，数据统计分析需根据用户需求确定，相关内容相对成熟，本章也不予讨论
仪器性能检查过程管理	将在第 5 章介绍
排气检测过程管理	将在第 6 章介绍

4.2　备案信息的管理

根据表 4-1 可知，监管系统需管理的备案信息主要包括检验机构基本信息、检验机构检测线与设备信息、检验机构人员信息、检验机构重要物质信息、标准限值以及仪器性能检查和排气检测质控参数等。仪器性能检查和排气检测质控参数已在 3.7.2 节和 3.7.4 节介绍，这里不再重复介绍。

4.2.1　备案信息的分类与管理

按照使用与管理特点可以将备案信息分为检验机构独享备案信息、检验设备共享备案信息和监管共享备案信息 3 大类（表 4-2）。检验机构独享备案信息是针对单个检验机构建立的备案信息，检验设备共享备案信息是针对排放检验设备建立的备案信息，监管共享备案信息是针对排气检测业务所建立的质控参数信息。

表 4-2　备案信息的分类情况

备案信息类别	备案信息项
检验机构独享备案信息	检验机构备案基本信息
	检验设备备案信息（与检验设备共享备案信息关联）
	重要物质备案信息
	测功机附加损失测试结果备案信息
检验设备共享备案信息	设备供应商名录备案信息
	测功机名录备案信息
	分析仪名录备案信息
	流量计名录备案信息
	OBD 名录备案信息
	发动机转速计名录备案信息

备案信息类别	备案信息项
监管共享备案信息	基准理论滑行时间备案信息*
	排放限值备案信息
	仪器性能检查质控参数限值备案信息
	仪器性能检查周期备案信息
	排气检测过程质控参数限值备案信息
	测功机滑行参数备案信息
	排气测试工况备案信息（含简易瞬态工控法、稳态工况法及双怠速法测试工况等）

注：* 基准理论滑行时间的定义将在 4.2.3 节介绍。

原则上所有备案信息都能由系统管理员维护修改。为方便备案信息的维护修改，检验机构独享备案信息通常可由检验机构获得授权资格人员维护修改和提交（或上传）维护修改证明资料，经系统管理员审核确认后生效。检验设备共享备案信息和监管共享备案信息则只许可系统管理员维护修改，因此，监管系统应根据备案信息类别，建立专用的备案信息维护菜单。除此之外，对于备案信息，监管系统还应具备如下管理功能。

（1）备案信息应建立关联限制功能，重要物质的使用应与排气检测设备关联，检测设备不允许使用无关联关系的重要物质。检验员与检验机构关联，检验员只许可在一个检验机构备案，也只许可在所备案检验机构内的角色匹配登录工位登录监管系统，也就是说监管系统中备案人员的身份信息必须是唯一的。

（2）建立登录资格、设备排气检测功能锁止等状态与标示管理功能，标示为通过或许可时表示为许可登录或许可排气检测；建立质控参数控件管理功能，控件被启用时，应许可系统管理员对质控参数的限值进行维护与修改。

（3）备案信息维护修改生效后，不同库表中的同名称备案信息应同步更新与修改。

（4）系统应按角色和工位分别授权，并建立角色与工位的关联关系，角色与工位不匹配时，监管系统拒绝其登录。

4.2.2　检验机构独享备案信息主要内容

独享备案信息为检验机构的个性信息，主要包括检验机构基本信息（含机构信息、人员信息、检测线信息、设备信息等）和重要物质信息。

4.2.2.1　检验机构基本信息

检验机构基本信息内容详见表 4-3。对于表 4-3 说明如下。

（1）表中的备案信息内容至少应包含的信息内容，需备案的信息不限于表中信息内容。

（2）每个检验机构应单独建立表 4-3 信息，且应按检验机构需备案的设备种类分别建立设备信息。

（3）标注有上标"①"之信息意指推荐的关联字段，与监管系统所建立的检验设备共享备案信息库表关联和共享相关信息。

（4）设备类别有轻型、重型汽油车检测线设备，轻型、重型（含4轴2滚筒和6轴3滚筒测功机2类）柴油车检测线设备，轻、重型柴汽混合线设备7类。

表4-3　检验机构备案基本信息主要内容

序号	信息名称	序号	信息名称	序号	信息名称
	一、机构信息	6	职务职称		四、设备信息
1	检验机构名称	7	合格证发证机构	1	设备品牌型号
2	检验机构地址	8	合格证有效期	2	设备供应商名称①
3	统一社会信用代码	9	业务角色	3	设备类别
4	法人姓名	10	授权状态	4	监管系统设备编号
5	业务主管或站长姓名	11	联系电话	5	校准/检定有效期
6	业务联系人姓名	12	人员违规信息记录	6	测功机品牌型号①
7	业务联系电话	13	人员信息变更记录	7	测功机备案惯性质量DIW备②
8	检验机构授权状态		三、检测线信息	8	排放分析仪品牌型号①
9	机构违规信息记录	1	检测线总数量	9	NO_x分析仪品牌型号①
10	机构信息变更记录	2	在用检测线数量	10	流量计品牌型号①
11	联网调试状态	3	轻型汽油线数量	11	流量计名义流量②
	二、检验人员信息	4	重型汽油线数量	12	不透光烟度计品牌型号①
1	姓名	5	轻型柴油线数量	13	OBD读码器品牌型号①
2	性别	6	重型柴油线数量（四轴）	14	发动机转速计品牌型号①
3	学历	7	重型柴油线数量（六轴）		
4	家庭住址	8	轻型混合线数量		
5	身份证号码	9	重型混合线数量		

注：①指推荐的关联字段；②指仪器的个性参数。

4.2.2.2　重要物质备案信息

排放检验过程需要使用的重要物质主要有标气、滤光片、氧传感器等。重要物质需备案的主要信息内容详见表4-4。

表4-4　重要物质备案信息内容

序号	物质名称	序号	物质名称	序号	物质名称
	一、CO混合标气		三、NO_2标气	5	停用日期
1	证书编号	1	证书编号		六、50%名义滤光片
2	标气厂家	2	标气厂家	1	滤光片编号
3	标气类别①	3	标气类别①	2	校准/检定日期
4	购买日期	4	购买日期	3	校准/检定值

序号	物质名称	序号	物质名称	序号	物质名称
5	有效期	5	有效期	4	启用日期
6	CO 浓度值	6	NO_2 浓度值	5	停用日期
7	C_3H_8 浓度值	7	启用日期	七、70%名义滤光片	
8	NO 浓度值	8	停用日期	1	滤光片编号
9	CO_2 浓度值	四、零气		2	校准/检定日期
10	启用日期	1	证书编号	3	校准/检定值
11	停用日期	2	标气厂家	4	启用日期
二、NO 混合标气		3	标气类别	5	停用日期
1	证书编号	4	购买日期	八、90%名义滤光片	
2	标气厂家	5	有效期	1	滤光片编号
3	标气类别①	6	启用日期	2	校准/检定日期
4	购买日期	7	停用日期	3	校准/检定值
5	有效期	五、30%名义滤光片		4	启用日期
6	NO 浓度值	1	滤光片编号	5	停用日期
7	CO_2 浓度值	2	校准/检定日期	九、氧传感器②	
8	启用日期	3	校准/检定值	1	购买日期
9	停用日期	4	启用日期	2	启用日期
—				3	停用日期

注：①标气类别是指低、中低、中高和高标气；②氧传感器应按排放分析仪数量进行备案。

4.2.2.3 测功机附加损失测试结果备案信息

HJ 1237—2021 规定，测功机每周至少进行一次附加损失测试，且在加载滑行不通过和测功机性能检查不通过时需要进行附加损失测试。测功机附加损失测试结果通常用于加载滑行、负荷精度检查、加载响应时间检查和变负荷滑行检查过程实际加载量的修正。所以附加损失测试结果也是一项重要的监管参数，每次附加损失测试后，都应将附加损失测试结果备案信息进行更新。

表 4-2 将测功机名录信息作为了共享备案信息，这是因为同品牌型号测功机的技术参数是相同的，通常也是终身不变的。而每台测功机的附加损失却会不同，且会因使用、维护保养等发生改变，所以，附加损失测试结果又被归纳为检验机构的独享备案信息。附加损失测试结果的具体备案信息内容主要为每个附加损失测试名义速度段的附件损失值，这里不详细列出。

除上述备案信息外，检验机构校正用环境参数装置、砝码、转鼓转速表等也可以建立备案信息管理。

4.2.3　设备共享备案信息主要内容

由表 4-2 可知，设备共享备案信息共包含 6 项信息内容。

简易工况法设备供应商大多数为设备集成商，基层监管系统所监管的设备通常不超过 20 家供应商设备，简易工况法设备所配备的测功机、分析仪、不透光烟度计、流量分析仪等主要仪器的品牌型号也不多。如果建立供应商名录、测功机名录、分析仪名录、流量分析仪名录、OBD 读码器名录、发动机转速计名录等备案信息库表，可以方便设备信息的维护与管理，相对于为检验机构每条检测线设备建立独立的设备参数库表，能更好地节省监管系统运行资源，设备备案信息也能更加准确与完善。

由于设备供应商名录、分析仪名录、流量分析仪名录、OBD 读码器名录、发动机转速计名录需备案的重要参数较少，可以根据实际情况建立名录库表，这里不具体推荐相关库表的具体信息内容。应该注意的是，各名录库表都应使用品牌型号作为关联字段进行关联。

相对来说测功机需备案的技术参数较多，推荐建立专用的备案信息库表。表 4-5 是测功机主要备案信息内容。

表 4-5　测功机主要备案信息内容[①]

序号	信息名称	序号	信息名称	序号	信息名称
1	测功机品牌型号[②]	4	滚筒直径	7	功率吸收装置最大吸收功率
2	测功机类型	5	滚筒惯性质量	8	最高运行速度
3	测功机生产厂家	6	单轴最大承载质量	9	其他相关信息

注：①至少但不限于表中信息内容；②测功机品牌型号可作为关联字段。

4.2.4　监管共享备案信息主要内容

由表 4-2 可知，监管共享备案信息共有 7 项。排放限值和排气测试工况备案信息应按标准规定内容设置，仪器性能检查质控参数限值备案信息可参考表 3-5 和表 3-6 设置，仪器性能检查周期可参照表 3-7 设置，测功机滑行参数（主要包括滑行名义速度、负荷精度检查滑行功率、加载响应时间检查和变负荷滑行检查相关滑行参数等）备案信息可参照表 2-6、表 2-12、表 2-13 和表 2-15 设置，排气检测过程质控参数限值备案信息可参考表 6-1 至表 6-5 设置，本节不进行重复介绍。本节主要介绍基准理论滑行时间的定义与备案信息内容。

由前述各章已知，加载滑行检查、负荷精度检查、变负荷滑行检查的滑行速度段在日常工作中不会改变，根据 2.3.1 节给出的测功机理论滑行时间计算式（2-1）可知，滑行速度段不变时，测功机的理论滑行时间与测功机的惯性质量成正比，与滑行功率成反比。如果我们预先设置一个基准惯性质量 DIW$_{基准}$ 和一个基准滑行功率 $P_{基准}$，将使用 DIW$_{基准}$ 和 $P_{基准}$ 计算的理论滑行时间作为基准理论滑行时间 CCDT$_{基准}$，这就是基准理论滑行时间的定义。定义了基准理论滑行时间后，便能使用式（4-1）所示的计算方法计算出每次加载滑行和负荷精度滑行检查时的理论滑行时间 CCDT$_{新}$。

$$\text{CCDT}_{新} = \frac{\text{DIW}_{新} \times P_{基准}}{\text{DIW}_{基准} \times P_{新}} \times \text{CCDT}_{基准} \tag{4-1}$$

式中：CCDT$_{新}$——检验机构设备新上传滚筒惯性质量后的理论滑行时间，s；

CCDT$_{基准}$——测功机的基准理论滑行时间，s；

DIW$_{新}$——检验设备新上传的滚筒惯性质量值，kg；

DIW$_{基准}$——测功机的基准滚筒惯性质量值，kg；

$P_{基准}$——测功机的基准滑行功率，kW；

$P_{新}$——新的实际滑行功率，kW。

虽变负荷滑行每个滑行速度段的滑行功率不同，滑行过程中的滑行功率在不断改变，但每个滑行速度段的滑行功率标准都已明确设定，且与测功机类别和具体滑行时间无关，所以变负荷滑行的 $P_{基准}=P_{新}$。这样可将变负荷滑行检查的理论滑行时间 CCDT$_{新}$ 的计算公式简化为式（4-2）所示。

$$\text{CCDT}_{新} = \frac{\text{DIW}_{新}}{\text{DIW}_{基准}} \times \text{CCDT}_{基准} \tag{4-2}$$

表 4-6 是假设 DIW$_{基准}$=907.2 kg，$P_{基准}$=6.0 kW 时，利用式（2-1）计算得出的基准理论滑行时间备案信息。因加载滑行检查和负荷精度滑行检查的滑行功率在滑行过程中不发生改变，变负荷滑行检查在滑行过程中不断改变，表 4-6 中分别使用了恒功率滑行和变功率滑行表述。后续章节中也将使用恒功率滑行和变功率滑行表述这两类滑行。

顺便说明一下，数据中心系统和数据采集系统都应建立监管共享备案信息库表，且库表的维护应同步。

表 4-6　基准理论滑行时间备案信息

参数类别	滑行参数	基准理论滑行时间 CCDT$_{基准}$	备注
基准惯性质量 DIW$_{基准}$	907.2 kg	——	——
基准滑行功率 $P_{基准}$	6.0 kW	——	——

参数类别	滑行参数	基准理论滑行时间 CCDT$_{基准}$	备注
恒功率滑行速度段	100～80 km/h	21.000 0 s	恒功率滑行理论滑行时间计算公式：$$CCDT_{新} = \frac{DIW_{新} \times P_{基准}}{DIW_{基准} \times P_{新}} \times CCDT_{基}$$
	90～70 km/h	18.666 7 s	
	80～60 km/h	16.333 3 s	
	70～50 km/h	14.000 0 s	
	60～40 km/h	11.666 7 s	
	50～30 km/h	9.333 3 s	
	40～20 km/h	7.000 0 s	
	30～10 km/h	4.666 7 s	
	35～15 km/h	5.833 3 s	
变功率滑行速度区域	80.5～8.0 km/h	25.3 s	变负荷滑行理论滑行时间计算公式：$$CCDT_{新} = \frac{DIW_{新}}{DIW_{基准}} \times CCDT_{基准}$$
	72.4～16.1 km/h	15.3 s	
	61.1～43.4 km/h	3.9 s	

4.3　注册授权与登录流程的管理

检验机构一般应设有检验员、报告打印员、授权签字人、报告批准人、技术负责人、信息备案员等几种角色，检验员还可细化为车辆信息录入员、检验员（引车员）、电脑操作员等角色。检验机构一般也应设立检测线（含外观检验、OBD 检查、排气检测和蒸发排放检验）、车辆信息录入、备案信息维护、报告打印、授权签字人、报告批准人、技术负责人等登录工位。原则上登录人员的授权角色应与登录工位匹配，也就是说，除受自身授权限制外，检验员登录监管系统还受检验机构授权与检验工位授权双层管理限制。检验机构的登录管理已在 3.4.1 节介绍，本节不再重复介绍。

4.3.1　注册与角色授权管理

为防止业务信息泄露，确保业务系统运行安全，最常见的方法是通过业务授权与登录口令等限制未授权人员登录业务系统。同样，监管系统也应通过设置角色与登录工位等方法对用户登录实施管理。

（1）检验机构承担排放检验业务前，必须先在监管系统上注册登记，取得检验机构及检验机构内相关登录工位授权资格。

（2）注册登记后，应按要求在备案信息维护工位填报备案信息资料。登录人员信息申报应按人员资质和拟承担的业务工作分配好角色，所有人员除提交/上传身份证明资料外，法人、检验员、授权签字人还应提交/上传法人证、检验员培训合格证、授权签字人资格等证明材料，站长、技术负责人和质量负责人需提交/上传检验机构任命文件，车辆信息录入员、备案信息维护员和报告打印员等是否提交/上传专门的培训合格证应根据属地管理要求确定。备案信息填报完成和提交后，需经监管系统管理员审核通过并确认后生效。

（3）同一人员如果取得多种资格，也可以授予 2 种或 2 种以上角色。比如授权签字人一般需取得检验员培训考核合格证，授权签字除可以申请授权签字人授权外，还可以申请检验员、车辆信息录入员、备案信息维护员和报告打印员授权，但取得检验员培训考核合格证人员只可以申请除授权签字人外的其他角色授权。

（4）授权人员只可在自己备案检验机构局域网内的相应工位登录监管系统，同一人员不许可同时在 2 个或 2 个以上检验机构申请授权。

（5）技术负责人、授权签字人和报告批准人工位为专属工位，技术负责人工位主要用于非工控法排气检测方法选用等的审批。

登录工位和登录人员需要在检验机构注册登记后备案与授权，具体备案与授权方式有如下 2 种方式。

第一种方式：联网调试前备案与授权，备案与授权的思路如下：

（1）在检验机构基本信息中的授权状态中设置锁止/调试/授权 3 种标示，联网调试时设置为调试标示。

（2）联网调试数据与结果应标示为调试后保存或建立专门的数据库表保存，打印的检验报告则建议在报告上增加"非有效检验报告或联网调试报告"类似水印标示，调试数据也不参与数据统计分析和不予共享。

（3）检验机构联网调试结束后，如果检验机构取得正式授权资格，由系统管理员将授权状态标示修改为授权。

这种方式的优点是联网调试背景与日常排放检验场景完全相同，监管系统联网调试功能开发较简单，联网对系统运行资源占用小，登录工位和登录人员的正式授权与检验机构正式授权同步。缺点是联网调试与日常排放检验工作未采取隔离措施，联网调试对日常排放检验会造成一定干扰。

第二种方式：联网调试结束后备案授权，备案与授权的思路如下：

（1）监管系统的联网调试功能开放，允许有兴趣排气检测设备供应商申请联网调试，设备供应商在取得联网调试授权后自行调试。

（2）新建检验机构或检验机构新增、更换设备时，如果排气检测设备已通过联网调试，则可以直接申请注册登记和授权。

（3）检验机构取得授权后再进行登录工位和登录人员备案与授权。

这种方式的优点是联网调试与日常排放检验工作隔离，联网调试对日常排放检验不会造成干扰，缺点是需要开发与日常排放检验场景类似的联网调试独立软件，增加了监管系统的开发成本，联网调试软件占用的系统资源相对较大。

值得说明的是，检验机构及登录工位的网址为专用网址，具有唯一性和排他性。此外，联网调试结束后，联网调试相关数据应能根据管理需要设置定期删除清理功能，以减少非有效数据对系统资源的占用。

4.3.2 用户登录流程管理

原则上用户登录需在授权工位登录，登录权限受检验机构和工位授权限制。图 4-1 是用户在授权工位登录监管系统控制流程，由图 4-1 可见，用户在授权登录工位上登录监管系统时受到检验机构、登录工位、登录人员角色等授权限制。

对于检验机构备案信息的维护，监管系统也可以不设专用工位，可以允许在检验机构内网未授权电脑上登录监管系统。在非授权工位登录监管系统控制流程如图 4-2 所示。为保证登录时的未授权电脑属检验机构内网电脑，可采取登录时检查登录电脑的网址是否为注册授权机构网址，也可以采取由数据采集系统对非登录工位电脑进行登录管理。

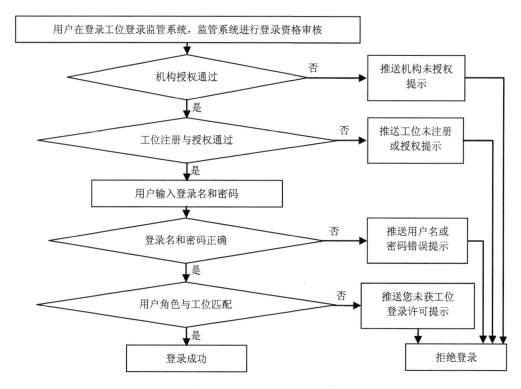

图 4-1 在授权工位登录监管系统控制流程

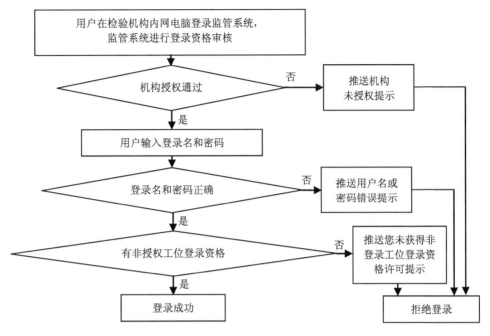

图 4-2　在非授权工位登录监管系统流程

由图 4-1 和图 4-2 可知，用户登录过程主要受到如下限制。

（1）如果检验机构授权资格被锁止，监管系统不允许检验机构开展所有排放检验相关业务，也就锁止了检验机构所有授权工位与授权人员的登录资格。

（2）如果检验机构授权资格被授权或许可，检验机构内某个工位被锁止，不允许检验机构内的所有人员在该工位登录监管系统，但许可授权人员在未被锁止的角色匹配工位登录监管系统。

（3）如果授权人员因培训合格证过期、离职、登录资质被暂停或取消等致登录资格被锁止，则不允许使用该授权人员的账户登录监管系统。

（4）在检验机构内网未授权电脑上登录则只受检验机构授权资格和登录人员授权资格限制。

（5）非授权工位登录人员同样也应取得监管系统的非授权工位登录角色授权。

4.4　检测业务状态的设置与管理

3.3.3 节和 3.3.4 节引入了状态库表内容，3.6.1 节也介绍了排放检验流程锁控状态的设置方法，表 4-1 中的监管系统管理业务内容也列出了状态管理信息内容，本节将进一步讨论排放检验过程的状态设置与管理方法。

4.4.1 业务状态的设置目的与主要分类

为保证排气检测数据的准确与有效，必须保证仪器性能检查和排气检测过程的有效，也必须保证设备按标准规定周期完成仪器性能检查且检查结果为合格，这也是监管系统对排放检验过程的监管重点。日常监管时，监管系统必须先知道设备准备开展什么业务，然后根据设备拟开展业务，调用相应监管模块监视设备拟开展的业务过程是否符合标准与规范要求。如果设备所开展业务过程不符合标准与规范要求，则向设备推送提示信息和告知设备需采取的相应措施。设置状态的目的就是告诉监管系统设备将开展哪项具体业务工作，以及监管系统告诉设备该做什么和怎么做。

此外，监管系统登录时也可以通过设置授权状态，告知检验人员检验机构、工位和人员的授权是否有效，排放检验过程也可以通过设置状态告知检验人员受检车辆所处许可检验阶段。为方便表述，这里将这类状态简称为管理状态。

由此可见，设备应设置运行状态告知监管系统自己准备开展的业务内容，监管系统应设置监管状态告诉设备该怎么做和做什么，其中，设备运行状态主要由设备工控软件设置和标示，监管状态和管理状态则由数据采集系统根据仪器性能检查过程与结果、排气检测业务过程与结果情况等设置和标示。

4.4.2 设备运行状态的设置与管理

由 4.4.1 节可知，设备工控软件负责设备运行状态的设置，数据采集系统负责监管状态和管理状态的设置，本节主要讨论设备运行状态的设置与管理方法。

4.4.2.1 设置与管理思路

日常排放检验时，数据采集系统的监管主模块会不停地循环扫描读取设备运行状态标示，以识别设备正在做什么。设备需设置的运行状态较多，且数据采集系统往往需要同时对多条排气检测线进行监管，如果采取逐一顺序扫描读取每条检测线设备的具体运行状态，这样既耗时也增大了数据采集系统的运行负担。为此可以采取分级设置状态方法，将设备运行状态设为运行总状态、运行主状态和运行子状态 3 级，有关业务状态的设置与管理思路如下。

（1）运行总状态设置空闲、运行、监管 3 种标示。空闲标示表示设备运行业务不属监管业务范围，数据采集系统不需要对设备的运行过程实施监管；运行标示表示设备正拟开展业务属监管业务范围；监管标示表示数据采集系统已对设备所开展业务正在实施监管。

（2）运行主状态和运行子状态仅设置空闲、运行 2 种标示。主状态通常按仪器类别和排气检测方法归类设置，子状态则按具体业务设置。如果数据采集系统扫描到设备运行总状态标示为运行，此时需进一步确定设备正拟开展的具体业务内容，所以必须继续扫描设备运行主状态和子状态，直至读取到状态标示为运行的具体业务项目为止。

（3）数据采集系统根据扫描到的、标示为运行的具体业务调用相应的监管模块对设备运行过程实施监管，并将设备运行总状态标示为监管。如果设备所开展的业务被异常中断或终止，设备工控软件应将设备运行总状态标示为空闲，监管模块扫描到设备运行总状态为空闲时将终止监管工作。如果设备按规定完成了所开展业务项目，监管模块将设备总运行状态标示置为空闲。

（4）检验员启动某项业务功能时，设备工控软件应将该业务功能的状态标示为运行，并同步将设备运行总状态标示为运行。业务工作按规定完成后，设备工控软件应同时将设备运行总状态和所有业务状态标示为空闲。

（5）如果数据采集系统监视到设备运行业务过程出现不符合标准规范要求时，应将设备运行总状态标示为空闲。设备工控软件扫描到设备运行总状态为空闲时，应终止当前所开展业务过程。

按上述思路设置设备运行状态和状态标示后，可以优化数据采集系统对设备运行状态的识别。由于设备工控软件同一时间只可能开展一项业务内容，所以设备运行状态的设置不会产生相互冲突。此外，由于设备为受监管对象，各项业务工作必须按标准规范规定开展，所以，设备运行不需要需设置临时状态。

4.4.2.2　运行类状态的设置

根据设备运行状态的设置思路，可将设备运行主状态和子状态归总为表 4-7 至表 4-9。

表 4-7　汽油线设备运行主状态与子状态的设置情况

主状态名称	子状态名称	标示方法	备注/说明
加载滑行	—		$6\sim13$ kW 内随机功率滑行
测功机期间核查	负荷精度测试[①]		包含 4 kW、11 kW、18 kW 测试
	加载响应时间测试[①]		包含 8 项测试
	变负荷滑行测试[①]		—
测功机惯性质量测试	—		获取新惯性质量 $DIW_备$
滚筒转速检查	—	空闲/运行	—
力传感器检查	—		—
测功机附加损失测试	—		获取新的附加损失量值
排放分析仪泄漏检查	—		通常不对过程监管，仅保存结果
排放分析仪单点检查	CO 混合标气单点检查		—
	NO_2 标气单点检查[②]		仅用于简易瞬态法
排放分析仪五点检查	CO 混合标气五点检查		—
	NO_2 标气五点检查[②]		仅用于简易瞬态法

主状态名称	子状态名称	标示方法	备注/说明
排放分析仪漂移检查	CO 混合标气漂移检查		—
	NO$_2$ 漂移检查[②]		仅用于简易瞬态法
	零点漂移检查		—
传感器响应时间检查	CO 混合高标气标定		—
	NO$_2$ 高标气标定[②]		仅用于简易瞬态法
转化效率测试[②]	—	空闲/运行	
20 s 平均流量误差检查[②]	—		仅用于简易瞬态法
6 min 漂移检查[②]	—		
稀释氧传感器校准/检查[②]	—		
稳态或简易瞬态工况法检测	—		
双怠速法检测	—		

注：①按负荷精度检查→加载响应时间检查→变负荷滑行检查流程设置锁控状态；②转化测量法测量 NO$_2$ 设备需设置状态，但不要设置与 NO$_2$ 相关的运行子状态。采用直接测量法测量 NO$_2$ 设备，不需要设置转化效率测试状态。

表 4-8   柴油线设备运行主状态与子状态的设置情况

主状态名称	子状态名称	标示方法	备注/说明
加载滑行	—		10～30 kW 内任一滑行功率
测功机期间核查	负荷精度测试[①]		包含 10 kW、20 kW、30 kW 测试
	加载响应时间测试[①]		包含 8 项测试
	变负荷滑行测试[①]		
测功机惯性质量测试	—		获取新惯性质量 DIW$_新$
滚筒转速检查	—		—
力传感器检查	—		—
测功机附加损失测试	—		获取新的附加损失量值
滚筒转速检查	—		—
NO$_x$ 分析仪泄漏检查	—		通常不对过程监管，仅保存结果
NO$_x$ 分析仪单点检查	NO 混合标气单点检查	空闲/运行	
	NO$_2$ 标气单点检查[②]		—
NO$_x$ 分析仪五点检查	NO 混合标气五点检查		
	NO$_2$ 标气五点检查[②]		
NO$_x$ 分析仪高标标定	NO 混合高标气标定		含传感器响应时间检查
	NO$_2$ 高标气标定[②]		
转化效率测试[③]	—		
滤光片检查	—		包含几种滤光片检查
烟度计零点漂移检查	—		
加载减速法检测	—		
自由加速法检测	—		

注：①按负荷精度检查→加载响应时间检查→变负荷滑行检查流程设置锁控状态；②为直接测量法测量 NO$_2$ 设备需设置状态；③为转化测量法测量 NO$_2$ 设备需设置状态，且标注"②"和标注"③"不应同时设置状态。

表 4-9　混合检测线设备运行主状态与子状态的设置情况

主状态名称	子状态名称	标示方法	备注/说明
加载滑行	—	空闲/运行	按柴油和汽油检测线设置，分别按 6～13 kW 和 10～30 kW 内随机功率滑行
测功机期间核查	负荷精度测试[①]		含汽/柴油设备共 6 个功率测试包含 8 项测试
	加载响应时间测试[①]		
	变负荷滑行测试[①]		
测功机惯性质量测试	—		获取新惯性质量 $DIW_{新}$
滚筒转速检查	—		—
力传感器检查	—		—
测功机附加损失测试	—		获取新的附加损失量值
排放分析仪泄漏检查	—		通常不对过程监管，仅保存结果
排放分析仪单点检查	CO 混合标气单点检查		
	NO_2 标气单点检查[②]		仅用于简易瞬态法
排放分析仪五点检查	CO 混合标气五点检查		—
	NO_2 标气五点检查[②]		仅用于简易瞬态法
排放分析仪漂移检查	CO 混合标气漂移检查		
	NO_2 漂移检查[②]		仅用于简易瞬态法
	零点漂移检查		—
排放分析仪高标标定	传感器响应时间检查		用于排放分析仪单点检查
排放分析仪转化效率测试[②③]	—		仅用于简易瞬态法
20 s 平均流量误差检查[②]	—		
6 min 漂移检查[②]	—		
稀释氧传感器校准/检查[②]	—		
NO_x 分析仪泄漏检查	—		通常不对过程监管，仅保存结果
NO_x 分析仪单点检查	CO 混合标气单点检查		
	NO_2 标气单点检查		
NO_x 分析仪五点检查	CO 混合标气五点检查		
	NO_2 标气五点检查		
NO_x 分析仪高标标定	传感器响应时间检查		用于 NO_x 分析仪单点检查
NO_x 分析仪转化效率测试[③]	—		
滤光片检查	—		包含几种滤光片检查
烟度计零点漂移检查	—		—
稳态或简易瞬态工况法检测	—		
双怠速法检测	—		
加载减速法检测	—		
自由加速法检测	—		

注：①按负荷精度检查→加载响应时间检查→变负荷滑行检查流程设置锁控状态；②为简易瞬态工况法所需设置状态，稳态工况法不需设置这些状态；③转化测量法测量 NO_2 设备需设置状态，但不要设置与 NO_2 相关的运行子状态。采用直接测量法测量 NO_2 设备，不需要设置转化效率测试状态。

这里对表 4-7 至表 4-9 说明如下。

（1）设备运行状态只设置一个总状态，所以表 4-7 至表 4-9 未列出总状态。

（2）表 4-7 和表 4-9 分别设有 17 个和 26 个设备运行主状态，其中有 4 个设备运行主状态仅用于简易瞬态工况法，设备运行子状态中也有 3 个仅用于简易瞬态工况法。由表 4-8 也可知，柴油线设备设置有 16 个运行主状态，因此，瞬态模式地区的汽油线、柴油线和柴汽混合线设备需分别设置 17 个、16 个和 26 个运行主状态，稳态模式地区的汽油线、柴油线和柴汽混合线设备分别需设置 13 个、16 个和 22 个运行主状态。

（3）表 4-7 至表 4-9 也设置了高标标定、附加损失测试、测功机惯性质量等状态，其原因是分析仪传感器响应时间检查在高标标定过程完成、附加损失测试结果用于测功机滑行过程监管、惯性质量用于理论滑行时间计算等，相关检查或测试过程数据与结果都应上传监管系统保存备用。

（4）如果有双怠速法或自由加速法独立检测线，则应根据双怠速法和自由加速法实际业务情况设置状态。一般来说双怠速法检测线只需设置双怠速法、泄漏检查、低标检查、高标标定等状态，自由加速法检测线则应设置自由加速工况、滤光片检查等状态。

（5）测功机期间核查的子状态按负荷精度检查→加载响应时间检查→变负荷滑行检查流程设置锁控状态，设置方法与排放检验流程状态的设置类似，即负荷精度检查未完成或检查不通过，加载响应时间检查和变负荷滑行检查不允许设置运行标示，加载响应时间检查未完成或检查不通过，变负荷滑行检查不允许设置运行标示。此外，值得说明的是，如果设备不按测功机期间核查流程设置状态和进行相关检查，检查如果合格不改变测功机期间核查监管状态标示，如果不合格则将测功机期间核查监管状态标示为异常。

值得说明的是，表 4-7 至表 4-9 所设置的设备运行状态并不是最优方案，如果再增加一级状态设置，将仪器性能检查运行状态分为日常检查和期间核查 2 类状态，此时，因设备日常检查频率高，监管主程序读取日常检查属下子状态的频率也高，这样可以有效减少期间核查属下子状态的访问频率，更进一步节省系统运行资源。

4.4.3 监管状态的设置与管理

设置监管状态的目的是告诉设备可以做什么和该怎样做。排放检验时，排放检验工位应先访问车辆的检验状态标示，排气检测时需先访问仪器性能检查结果的监管状态标示和相关管理状态标示。如果检验过程车辆的检验状态标示为异常则不允许开展该项目的检验，如果排气检测时存在仪器性能检查结果的监管状态标示为异常，则不允许设备进行排气检测工作。

4.4.3.1 设置与管理思路

对应于设备运行状态设置，可将监管状态也设为监管总状态、监管主状态和监管子状态 3 级。有关监管状态的设置与管理思路如下。

（1）监管总状态、监管主状态和监管子状态设置无效、正常、异常 3 种标示。无效标示表示该状态不参与监管或该项监管功能被取消，正常标示表示所属状态下的仪器性能检查已按规定完成且检查结果合格，异常标示则表示所属状态下的仪器性能检查未按规定完成或检查结果不合格。

（2）如果设备的某项或多项仪器性能检查未按要求完成或检查不合格，数据采集系统将置相应仪器性能检查项目的监管状态标示为异常，监管总状态及相应的监管主状态也被置为异常。当排气检测设备调用车辆信息准备进行排气检测时，数据采集系统应先检查监管总状态是否为异常标示，如果为异常标示，则继续检查标示为异常的所有监管主状态，以及标示为异常的所有监管子状态，并根据被标示为异常的子状态向设备推送所有异常原因提示。

（3）监管子状态标示为异常时，则监管总状态和相应的监管主状态均应标示为异常。监管子状态标示为正常时，通常不改变监管主状态和监管总状态标示，只有监管主状态下所有监管子状态标示均为正常时，监管主状态才被标示为正常，只有所有监管主状态的标示为正常时，才将监管总状态标示为正常。

（4）监管状态的无效标示只能由系统管理员在数据中心系统进行统一标示。如果某监管状态标示为无效后，不再允许数据采集系统对该状态标示进行更改。为此，监管系统也应在数据中心系统设立相应的监管总状态、监管主状态和监管子状态，但只设无效、有效 2 种标示。为区分数据中心系统与数据采集系统所设状态，将数据中心系统所设置的监管总状态、监管主状态和监管子状态分别用中心监管总状态、中心监管主状态和中心监管子状态表述。

（5）中心监管状态的标示只能由系统管理员在数据中心系统进行统一标示，且中心监管总状态、中心监管主状态和中心监管子状态的标示无关联关系，均为独立设置。如果某项中心监管状态标示为无效，则各检验机构内数据采集系统中相应项目的监管状态也应同步标示为无效。如果监管系统需要重新启用该项目的监管功能，系统管理员可将相应的中心监管状态标示为有效，数据采集系统则根据保存在数据中心系统的仪器性能检查结果与检查情况重新设置该项目的具体标示。

（6）如果中心监管总状态标示为无效，则自动将数据采集系统的监管总状态标示为无效，监管主状态和监管子状态标示则不发生改变。监管总状态标示为无效后，虽监管主状态和监管子状态标示没有改变，但实质上已处于无效状态。如果中心监管总状态再次标示为有效，则自动将数据采集系统的监管总状态标示为正常，监管主状态和监管子状态标示则需根据数据中心系统保存的相应仪器性能检查结果与检查周期重新设置标示。

（7）中心监管主状态和中心监管子状态的标示方法以及对监管主状态和监管子状态的同步标示方法类似于中心监管总状态的标示方法。

顺便说明一下，后续章节中的所有讨论均是基于所有中心监管状态处于有效标示情况，且不再重复交代与说明。值得提醒的是，无论中心监管状态标示是否有效，数据采集系统都应读取设备上传的仪器性能检查所有过程数据与结果，并将所有过程数据与结果上传至数据中心系统保存。

4.4.3.2 监管状态的设置

广义来说，排放检验流程锁控状态，4.3.1 节提到的登录授权状态，第 6 章有关排气检测过程监管流程设计中，所设置的"命令状态"等，均属于监管状态范畴。因这些状态的设置和管理较简单，均在相关章节做了具体介绍，所以，本节重点讨论仪器性能检查监管状态的设置。为方便表述，这里约定后续章节中所述的监管状态均指仪器性能检查监管状态。

监管状态应对应设备运行状态中的仪器性能检查状态进行设置，详见 4.4.2 节中的表 4-7 至表 4-9（表中的排气检测方法类运行状态不需要设置监管状态）。由监管状态设置思路可知，监管状态设取消、正常、异常标示，在不考虑标示为取消的情况下，有关监管状态的具体标示方法如下。

（1）仪器性能单项检查结果合格且通过数据采集系统的过程监管审核，将该检查项目的监管状态标示为正常。

（2）仪器性能单项检查结果不合格或未按规定检查周期完成检查，将该检查项目的监管状态标示为异常。

（3）仪器性能检查过程监管未通过数据采集系统的审核，不改变原标示。

（4）监管主状态下所有监管子状态的标示为正常时，监管主状态标示为正常，否则监管主状态标示为异常。所有监管主状态标示为正常，则监管总状态标示也为正常，否则监管总状态标示为异常。

4.5 监管控件的设置与管理

标准体系规定了一系列仪器性能检查过程和排气检测过程质控参数。为强化排放检验质量管理，日常排放检验监管时，还可以结合标准规定的仪器设备原理与技术要求、排气检测过程控制要求以及车辆发动机的外特性等，增加一些重要的非标质控参数，各地也会根据管理需要规定各种日常管理制度控制参数。这些质控参数通常采用控件方式进行管理，本节将讨论质控参数控件的设置与管理方法。

4.5.1　控件的分类与设置管理

表 3-5 和表 3-6 介绍了仪器性能检查过程质控参数的维护范围，表 6-1 至表 6-5 也将介绍排气测试过程质控参数维护范围，在后续章节的监管模块控制流程设计时还会结合排气检测实际情况适时增加一些质控参数，这些质控参数的维护与管理均属于监管控件的管理内容。此外，为加强排放检验的日常监管，排放检验监管部门也会依据监管过程出现的异常问题增加一些必要的监管措施。由此可见，排放检验主要应设置管理、仪器性能检查过程、排气检测过程 3 类控件。控件的具体设置与管理方法如下。

（1）控件也像状态一样设置标示，控件标示主要有有效、无效 2 种标示。标示为有效则启用该控件，并允许对控件参数进行维护与修改，标示为无效则取消该控件的监管功能。

（2）控件参数限值的大小只能由监管系统管理员维护修改。应该注意的是，控件限值维护范围应适当放宽，以增强限值设置的灵活性与有效性，方便限值设置不合理时对控件参数限值的及时维护与修改。系统管理员维护时应遵循"初始放松、逐步加严、逐步规范"策略对限值进行设置和维护修改，以不影响排放检验工作正常开展为原则。

（3）排放检验需设置的控件较多，宜用库表形式保存与维护，这也是 4.2.1 节将质控参数限值作为备案参数备案的原因之一。为方便质控参数限值的使用与管理，数据中心系统和数据采集系统都应建立质控参数限值数据库表，当使用控件对参数限值维护时，应同步更新质控参数限值库表中的相应限值。

（4）质控参数限值的使用通常有大于限值、小于限值和处于某两个限值之间 3 种情况，后续章节分别用大于类、小于类和范围类表述这 3 类控件或限值。

由此可见，控件不同于状态，状态主要用于业务项目监管，控件则主要用于检验过程监管。监管状态通常依据仪器性能检查结果设置标示，如果仪器性能检查结果出现超出控件参数限值时，则将相应监管状态标示为异常，否则将相应监管状态标示为正常。控件则有具体的控制参数，控制参数是识别排放检验过程是否满足标准要求的尺码。

4.5.2　管理控件的设置与管理

日常排气监管中，除需对检验机构的资质、仪器性能检查周期进行监管外，排气监管部门还会针对监管过程出现的问题和排放检验实际情况，增加相应的管理措施，比如对受检车辆的定期检验间隔时间、跨站检验间隔时间、超标维护间隔时间等进行限制。

表 4-10 是推荐设置的管理控件情况，监管系统建设时，还可以根据实际情况增加相关管理控件。仪器性能检查周期控件的设置与维护已在表 3-7 中列出，这里不再重复介绍。

表 4-10 推荐设置的管理控件情况

控件名称	推荐控件参数维护范围	推荐设置时间限值
计量认证资质许可过期时间	0～90 d	≤30 d
设备检定/校准许可过期时间	0～90 d	≤10 d
检验员合格证许可过期时间	0～90 d	≤30 d
检验间隔时间	30～180 d	≥60 d（通常应小于安全检验最小周期）
跨站检验间隔时间	5～90 d	≥30 d
车辆维护间隔时间	2～24 h	≥4 h

这里对管理控件的使用与管理说明如下。

（1）检验机构的资质监管内容主要包括计量认证资质、检验设备检定/校准有效期、检验人员合格证有效期等内容，设置该控件的目的是确保检验机构的质量体系正常、有效运行。由表 4-10 可知，检验机构的资质监管控件为小于类控件。

（2）定期检验间隔时间是指车辆完成排放检验取得合格证后允许下次排放检验的最小时间间隔，目的是防止将短时间的两次排放检验结果之一作为下次排放定期检验结果以非法获取安全技术检验合格证之违规行为。

（3）设置跨站检验间隔时间限值的目的是防止受检车辆首检不合格时，车辆未经维护维修，车主通过关系到其他检验机构复检以非法获取检验合格报告行为。

（4）对于没有实施 I/M 制度或 I/M 制度未完善地区，设置维护间隔时间的目的是防止不合格车辆未经维护维修，检验机构与车主为使车辆尽快检验合格马上进行复检的违规行为。如果 I/M 制度较完善，并实现了检验与维修关联制度，此时应由系统管理员将维护间隔时间控件标示为取消。不合格车辆复检时监管系统先读取车辆维修管理系统中该车辆的维修信息，如果读取到已完成维修信息，自动将该车辆的维护状态标示为正常，否则维持原锁止标示和锁止该车辆的复检。如果建立了不合格车辆复检时提供维修证明单制度，此时也应由系统管理员将维护间隔时间控件标示为取消，采取由检验机构上传扫描维修合格单图片等方式确认。如果经确认维修合格单属实，监管系统自动将该车辆的维护状态标示为正常，否则维持原锁止标示和锁止该车辆的复检。

（5）计量认证资质、检验设备检定/校准、检验人员合格证等到期日期为有效期到期日加上推荐设置时间限值。如果超过到期日未重新备案，应锁止相应检验机构、检验设备和检验人员的登录资格。

（6）定期检验间隔时间、跨站检验间隔时间、维护间隔时间到期日期是指出具受检车辆报告日期加上推荐设置时间限值。未到达规定日期，不允许对该车辆再次进行排放检验。由表 4-10 也可知，这 3 个管理类参数属于大于类控件参数。

维修合格单的确认方式可以采取图片文字识别方式识别维修单上的车牌号码与维修日期等，如果车牌号码为复检车辆号码，且维修日期是上次不合格时间之后日期，则审核通过。为防止图片识别误判，当识别的车牌号码与维修日期不通过时，监管系统应自动调整图片识别范围进行多次识别，识别次数也可以采取控件方式设置。如果多次识别均不通过，则推送"维修单审核未通过，请核实维修单后确定是否重新扫描上传"类似提示信息。

由上述说明可知，定期检验间隔时间、跨站检验间隔时间、维护间隔时间控件表面上是针对受检车辆设置，实质上是针对检验机构的检验行为设置。有关管理控件的设置与管理思路如下。

（1）计量认证资质、检验设备检定/校准期、检验人员合格证等许可过期时间可以在备案信息增加相应的到期日期备案信息字段，登录监管系统时可以自备案信息库表中直接读取到期日期信息，并根据登录情景检查登录日期是否大于到期日期。如果登录日期小于到期日期则允许登录，否则锁止登录。

（2）车辆登录进行排放检验时，应先访问最近一次排放检验日期，然后将该日期分别加上监管控件设置的定期检验间隔时间限值、维护间隔时间限值、跨站检验间隔时间限值，分别获得首检许可日期、复检许可日期、跨站检验许可日期。

（3）车辆登录排放检验时还应检查该车辆最近一次检验结果，检验结果合格属首检，不合格属复检。

（4）如果属首检，检查登录时间是否大于首检许可日期（定期检验间隔时间限值），大于许可该车辆进行排放检验，小于则锁止该车辆进行排放检验。

（5）如果属复检，先检查现检验机构与最近一次检验不合格检验机构是否为同一检验机构，是同一检验机构，检查当前日期是否大于复检许可日期，大于许可该车辆进行排放检验，小于则锁止该车辆进行排放检验；如果复检机构不是首检机构，则检查当前日期是否大于跨站检验许可日期，大于许可该车辆进行排放检验，小于则锁止该车辆进行排放检验。

4.5.3　过程监管控件的设置与管理

过程监管控件主要有仪器性能检查过程监管控件和排气检测过程监管控件 2 类，它们的设置与管理均以质控参数为基础。表 3-5、表 3-6 中列出的质控参数和表 6-1 至表 6-5 中列出的质控参数，以及后续章节进行监管模块控制流程设计时增加的质控参数等都应建立相应的过程监管控件。过程监管控件参数的维护范围推荐按表中的维护范围以及模块控制流程设计时推荐的维护范围进行设置，这里不再重复介绍和说明。

4.6 排放检验过程推送信息的设置与管理

排放检验时，如果监管状态出现异常标示或监管模块返回异常结论等类似情况，监管系统应向相应登录工位推送标示异常原因信息。本节主要介绍监管系统应向检验机构各授权工位推送的主要信息内容，第 5 章和第 6 章所建立的监管模块还会结合异常情景说明推送的相关信息内容。

4.6.1 非检测工位推送的主要信息

非检测工位是指除排气检测线工位以外，检验机构需设置的其他工位，主要包括车辆信息登录工位、备案信息维护工位、授权签字人工位、技术负责人工位、报告批准人工位、报告打印工位等。表 4-11 是推荐的监管系统应向非检测工位推送的主要信息内容。

对于表 4-11 说明如下。

（1）获得监管系统授权的所有工位都需要经过登录后才能使用相关功能，各工位登录过程推送的登录提示信息基本相同。

（2）为减少车辆参数录入错误，通常应对车辆参数的容错性进行控制，比如参数格式、参数的正常许可范围、参数之间的关联关系等都会设置约束条件。表 4-11 中车辆信息登录工位推荐推送的信息是除登录过程推送信息之外的其他推送信息。

（3）表 4-11 中备案信息维护工位、授权签字人（或报告批准人）工位和报告打印工位推荐的推送信息也是除登录过程推送信息之外的其他推送信息。

（4）表 4-11 仅提供了推送信息参考思路，拟推送信息也是简化后的表述，监管系统开发时应结合具体情况完善推送信息内容与细化推送信息内容的表述。

（5）如果设置技术负责人工位，还应按 HJ 1237—2021 标准规定，补充非工况法检测、OBD 检查及特殊技术车辆等特例情况的审核方面的推送信息内容，此时，授权签字人工位也应补充完善相关信息推送内容。

表 4-11　推荐在非检测工位推送的主要信息内容

工位或过程	拟推送信息	工位或过程	拟推送信息
登录过程	检验机构登录未授权或未许可	备案信息维护工位	请将备案标气证明材料上传
	计量认证资质备案信息过期		备案标气值超出标准容差范围
	该登录工位未授权或未许可		备用标气启用后，原在用标气将不允许再次使用
	设备校准/检定备案信息过期		
	登录名无效或未许可		该标气已备案使用或已被使用替换，不允许再次备案
	检验员合格证备案信息过期		
	登录名或登录密码错误		启用备案滤光片后原在用滤光片将改为备用
	您未获得该工位登录授权		

工位或过程	拟推送信息	工位或过程	拟推送信息
车辆信息登录工位	参数格式错误	备案信息维护工位	备案滤光片已过检定/校准有效期
	参数超出正常数值范围		请上传设备参数修改证明材料
	关联参数不相容	授权签字人和报告批准人工位	请确认检测报告确实无误后签名
	请仔细核对后点击保存		签名提交后系统将不允许重新审核和修改签名
	请完成环保违规处罚后检验		
	请按规定完成排气维修后复检	报告打印工位	没有可打印的检验报告
	请回首检检验机构复检		该车辆未完成检测
	该车辆已完成本检验周期检验		该报告未完成签发批准

注：1. 表中拟推送信息均为简化表述，系统开发时应补充完善；2. 系统开发时应结合实际情况增减推送信息。

4.6.2 监管状态标示异常时推送的主要信息内容

排气检测工位是监管系统推送信息的主要工位，除应按表 4-11 推送登录提示信息外，监管状态出现异常标示、仪器性能检查过程和排气检测过程出现不符合标准规范要求时，也应在排气检测工位上推送相关提示信息。本节主要讨论监管状态标示为异常时应推送的主要信息内容。

由 4.4.3 节可知，监管状态对应仪器性能检查运行状态设置。排气检测设备主要有汽油线、柴油线和柴汽混合线 3 类，其中柴汽混合线的监管状态包含了汽油线和柴油线的全部监管状态。表 4-12 参照表 4-9 列出了监管状态标示为异常时在柴汽混合线检测工位上应推送的主要信息内容，汽油线和柴油线可以根据监管状态标示异常情况，对应推送表 4-12 所列相关信息内容，所以这里不再重复列出推送信息内容。

表 4-12 共列出了 21 项监管主状态，相对于表 4-9 少了 5 项，它们分别是 4 项排气检测方法和 1 项泄漏检查（表中将排放分析仪和 NO_x 分析仪的泄漏检查状态进行了合并）。

表 4-12 监管状态标示为异常时推荐的主要推送信息内容

监管主状态名	监管子状态名	推送原因	推送信息内容
加载滑行检查	—	过期	加载滑行过期
		不合格	加载滑行未通过检查
附加损失测试	—	过期	附加损失测试过期
测功机期间核查	—	过期	测功机期间核查过期
	负荷精度测试	不合格	测功机期间核查未通过
	加载响应时间测试	不合格	
	变负荷滑行测试	不合格	
测功机惯性质量测试	—	过期	测功机惯性质量测试过期
滚筒转速检查	—	过期	滚筒转速检查过期
	—	不合格	滚筒转速检查不合格
力传感器检查	—	过期	力传感器检查过期

监管主状态名	监管子状态名	推送原因	推送信息内容
泄漏检查	—	过期	泄漏检查过期
	排放分析仪泄漏检查	不合格	排放分析仪泄漏检查未通过
	NO_x分析仪泄漏检查	不合格	NO_x分析仪密封性未通过检查
排放分析仪单点检查	—	过期	单点检查过期
	CO混合标气单点检查	不合格	CO混合标气单点检查未通过
	NO_2标气单点检查	不合格	NO_2标气单点检查未通过
排放分析仪五点检查	—	过期	五点检查过期
	CO混合标气五点检查	不合格	CO混合标气五点检查未通过
	NO_2标气五点检查	不合格	NO_2标气五点检查未通过
排放分析仪漂移检查	—	过期	漂移检查过期
	CO混合标气漂移检查	不合格	CO混合标气漂移检查未通过
	NO_2漂移检查	不合格	NO_2漂移检查未通过
	零点漂移检查	不合格	零点漂移检查未通过
排放分析仪高标标定	—	过期	排放分析仪标定过期
	传感器响应时间检查	不合格	分析仪传感器响应时间检查未通过
排放分析仪转化效率测试	—	过期	排放分析仪转化效率测试过期
	—	不合格	排放分析仪转化效率测试未通过
流量计平均流量误差检查	—	过期	平均流量误差检查过期
	—	不合格	平均流量误差检查未通过检查
流量计漂移检查	—	过期	流量计漂移检查过期
	—	不合格	流量计漂移检查未通过
稀释氧传感器校准/检查	—	过期	稀释氧传感器校准/检查过期
	—	不合格	稀释氧传感器校准/检查未通过
NO_x分析仪单点检查	—	过期	单点检查已过期
	NO混合标气单点检查	不合格	NO混合标气单点检查未通过
	NO_2标气单点检查	不合格	NO_2标气单点检查未通过
NO_x分析仪五点检查	—	过期	五点检查过期
	NO混合标气五点检查	不合格	NO混合标气五点检查未通过
	NO_2标气五点检查	不合格	NO_2标气五点检查未通过
NO_x分析仪高标标定	—	过期	NO_x分析仪标定过期
	传感器响应时间检查	不合格	NO_x分析仪传感器响应时间检查未通过
NO_x析仪转化效率测试	—	过期	NO_x分析仪转化效率测试过期
	—	不合格	NO_x分析仪转化效率测试未通过
滤光片检查	—	过期	滤光片检查过期
	单点检查	不合格	滤光片单点检查未通过
	多点检查	不合格	滤光片多点检查未通过
烟度计零点漂移检查	—	过期	烟度计零点漂移检查过期
	—	不合格	烟度计零点漂移检查未通过

注：1. 表中拟推送信息均为简化表述，系统开发时应补充完善；2. 系统开发时应结合实际情况增减推送信息。

4.6.3　仪器性能检查过程推送的主要信息内容

仪器性能检查过程通常采用实时监管方式。如果仪器性能检查过程出现异常或不符合标准规范要求时，监管系统也应向排气检测工位推送异常原因提示信息，以提示检验员采取相应措施或终止仪器性能检查过程，同时数据采集系统也终止或中断设备上传数据的采集。表 4-13 至表 4-15 分别按测功机、分析仪和其他仪器类别，列出了仪器性能检查过程出现异常时的推送信息内容，监管系统开发时应根据实际情况进一步补充与完善。

对表 4-13 至表 4-15 说明如下。

（1）表 4-13 至表 4-15 仅给出了主要推送信息内容，具体监管过程和推送情景应结合第 5 章中各监管模块的控制流程图确定和补充完善。

（2）为简化表格设计，除推送信息内容采用了简化表述外，表中仅在部分推送信息中对后续操作进行了提示，监管系统开发时应予补充和完善。

（3）单点检查、五点检查、测功机期间核查等均存在多项检查，除表中所列推送信息外，简易瞬态工况法排放分析仪和 NO_x 分析仪还需补充 NO_2 标气的单点检查、五点检查和量距气漂移检查等推送信息，因推送信息内容基本雷同，表中也未予具体列出，监管系统开发时应予补充与完善。

（4）HJ/T 290—2006 规定，稀释氧传感器校准/检查前需使用低标气对分析仪进行标定。为保证排气检测时分析仪的性能符合标准规定要求，表中的推送信息表明，稀释氧传感器校准/检查结束后，要求对分析仪重新进行高标标定与单点检查。

表 4-13　测功机期间核查过程推荐的主要推送信息内容

检查项目	推送情景说明	推送信息内容
加载滑行检查	上传和监管计算理论滑行时间不一致	上传理论滑行时间异常
	连续多天使用相同功率滑行	请用不同滑行功率进行加载滑行检查
	上传最高滑行速度未达到标准规定要求	未达到标准规定最高滑行速度
	上传和监管滑行速度段起止时间取值不一致	滑行速度段的滑行起止时间取值异常
	上传滑行终止速度未达到标准规定要求	未达到标准规定最低滑行速度
	上传和监管滑行结果结论不一致	加载滑行结果或结论异常
	加载滑行检查不合格	加载滑行检查未通过

检查项目		推送情景说明		推送信息内容
测功机期间核查	负荷精度检查	单个功率检查	上传和监管计算理论滑行时间不一致	上传理论滑行时间异常
			上传最高滑行速度未达到标准规定要求	未达到标准规定最高滑行速度
			上传和监管滑行速度段起止时间取值不一致	滑行速度段的滑行起止时间取值异常
			上传滑行终止速度未达到标准规定要求	未达到标准规定最低滑行速度
			上传和监管滑行结果结论不一致	加载滑行结果或结论异常
		滑行功率重复		该滑行功率已完成滑行
		未按规定完成所有功率的滑行检查		未按规定完成所有功率的滑行检查
		上传和监管负荷精度检查结论不一致		负荷精度测试最终结论异常
		负荷精度检查有一个功率检查不合格		负荷精度检查未通过
	加载响应时间检查	单项检查	上传滑行最高车速达到标准规定要求	滑行最高速度未达到 64 km/h 以上
			上传加载的起始负荷不正确	加载的起始负荷不正确
			上传加载起始负荷时的速度不正确	起始负荷的加载速度不是 56 km/h
			上传加载的终了负荷不正确	加载的终了负荷不正确
			上传加载终了负荷时的速度不正确	加载终了负荷时的速度不是速度 a
			上传和监管 90%终了负荷时间取值不一致	90%终了负荷的时间取值不正确
			上传与监管响应时间结果结论不一致	响应时间检查结果或结论异常
		未按标准规定一次性完成 8 项检查		设备未按标准规定完成全部 8 项检查
		上传和监管加载响应时间检查结果结论不一致		加载响应时间检查结果与结论异常
		加载响应时间检查有一项不合格		加载响应时间检查未通过
	变负荷滑行检查	上传和监管计算理论滑行时间不一致		上传理论滑行时间异常
		上传最高滑行速度未达到标准规定要求		滑行最高速度未达到 88.5 km/h 以上
		上传滑行功率与标准规定不一致		滑行功率与标准规定不一致
		上传滑行终止速度未达到标准规定要求		滑行终止速度未低于 8.0 km/h
		上传和监管滑行计时速度段起止时间取值不一致		计时速度段起止时间取值异常
		上传和监管变负荷滑行检查结果结论不一致		变负荷滑行检查结果或结论异常
		变负荷滑行有一个速度区间不合格		变负荷滑行检查不通过
	其他	未按顺序完成负荷精度、加载响应时间和变负荷滑行检查		测功机期间核查未全部完成,所有测功机期间核查结果无效
		测功机期间核查不合格		对测功机维护保养和校准后检查

注：1. 表中拟推送信息均为简化表述，系统开发时应补充完善；2. 系统开发时应结合实际情况增减推送信息。

表 4-14 分析仪性能检查过程推荐的主要推送信息内容

检查项目	推送情景说明		推送信息内容
分析仪单点检查	上传检查用低标气过期或未备案		标气过期或未备案，用备案有效标气检查
	上传低标检查结果读数时间偏短和未稳定		低标检查结果读数时间偏短或未稳定
	上传检查结果取值不是同一组读数		检查结果取值非同一组读数数据
	标定用标气为非备案在用有效高标气		标定用标气未备案，请备案和启用后标定
	上传传感器响应时间未按稳定读数计算		传感器响应时间取值异常
	上传和监管低标检查结果结论不一致		低标检查结果或结论异常
	单点检查未通过		单点检查未通过
分析仪五点检查	单种标气检查	上传检查用标气过期或未备案	标气过期或未备案，用备案有效标气检查
		上传检查结果读数时间偏短和未稳定	标气检查结果读数时间偏短或未稳定
		上传检查结果取值不是同一组读数	检查结果取值非同一组读数数据
		上传和监管标气检查结果结论不一致	标气检查结果或结论异常
	上传标气检查顺序错误		五点检查的标气检查顺序不正确
	未按标准规定完成 5 种标气检查数据		五点检查未按标准规定完成
	上传和监管五点检查结果结论不一致		五点检查结果或结论异常
	五点检查有一种标气检查不合格		五点检查未通过
排放分析仪量距点漂移检查	上传检查标气过期或未备案		标气过期或未备案，用备案有效标气检查
	未上传漂移检查前分析仪标定结果		量距点漂移检查前应先对分析仪标定
	上传和监管每组检查数据检查结果不一致		量距点漂移检查结果或结论异常
	上传过程数据未达到标准规定检查时长		量距点漂移检查异常结束
	排放分析仪量距点漂移检查不合格		量距点漂移检查未通过
排放分析仪零点漂移检查	未上传漂移检查前分析仪调零结果		零点漂移检查前应先对分析仪调零
	上传和监管每组检查数据检查结果不一致		零点漂移检查结果或结论异常
	上传过程数据未达到标准规定检查时长		零点漂移检查异常结束
	排放分析仪零点漂移检查不合格		零点漂移检查未通过
分析仪转化炉转化效率检查	上传用 NO 检查用标气过期或未备案		标气过期或未备案，用备案有效标气标定
	上传的 NO 修正值不正确		NO 修正值不正确
	检查用 NO_2 高标气过期或未备案		标气过期或未备案，用备案有效标气检查
	上传检查结果读数值时间偏短和未稳定		标气检查结果读数时间偏短或未稳定
	上传和监管转化效率检查结果结论不一致		转化效率检查结果或结论异常
	转化效率检查不合格		转化效率检查未通过

注：1. 表中拟推送信息均为简化表述，系统开发时应补充完善；2. 系统开发时应结合实际情况增减推送信息。

表 4-15 其他仪器性能检查过程推荐的主要推送信息内容

检查项目	推送情景说明		推送信息内容
不透光烟度计线性检查	单个滤光片检查	检查用滤光片已过有效期	检查用滤光片校准/检定已过有效期
		检查用滤光片未备案	滤光片未备案，请用备案滤光片检查
		上传和监管的检查结果结论不一致	滤光片检查结果或结论异常
	未按规定上传所有滤光片检查数据		未按规定完成所有滤光片检查
	滤光片检查结果不合格		滤光片检查未通过
烟度计零点漂移检查	未上传漂移检查前烟度计调零结果		零点漂移检查前应先对烟度计调零
	上传和监管的每组检查数据检查结果不一致		零点漂移检查结果或结论异常
	上传过程数据未达到标准规定检查时长		烟度计漂移检查异常结束
	烟度计零点漂移检查不合格		烟度计零点漂移检查未通过
流量计平均流量误差检查	上传流量计名义流量非备案值		上传名义流量值非备案名义流量值
	上传过程数据组时间未达到标准规定时间		检查时间未达到 20 s
	上传和监管的检查结果结论不一致		流量计平均流量误差检查结果或结论异常
	流量计平均流量误差检查不合格		流量计平均流量误差检查未通过
流量计 6 min 漂移检查	上传流量小于 95 L/s		流量计流量小于 95 L/s
	上传过程数据组时间未达到标准规定时间		检查时间未达到 6 min
	漂移检查上传与监管流量均值不一致		上传漂移检查流量均值异常
	上传和监管的漂移检查结果结论不一致		上传漂移检查结果或结论异常
	流量计 6 min 漂移检查不合格		流量计漂移检查未通过
稀释氧传感器校准/检查	上传标定用低标气过期或未备案		标气过期或未备案，用备案有效低标气标定
	未上传分析仪低标标定结果		检查前应先用低标气标定排放分析仪
	上传背景空气值未满足 $HC<15\times10^{-6}$，$CO<0.02\%$，$NO\ HC<25\times10^{-6}$ 条件		背景空气条件不满足稀释氧传感器校准/检查测试要求
	连续 3 次校准/检查检查结果有 1 次 O_2 值未处于（20.8±0.5）%范围，未追加校准/检查		请追加 2 次校准/检查测试
	连续 3 次校准/检查结果或追加 2 次校准/检查结果有 1 次以上 O_2 值未处于（20.8±0.5）%范围		稀释氧传感器校准/检查结果失败，设备排气检测功能被禁用，应替换稀释氧传感器后再进行校准/检查
	校准/检查结束未用高标气标定排放分析仪		用高标气标定排放分析仪，否则设备排气检测功能会被禁用
	高标标定后未进行单点检查		高标气标定后应对分析仪进行单点检查

注：1. 表中拟推送信息均为简化表述，系统开发时应补充完善；2. 系统开发时应结合实际情况增减推送信息。

4.6.4 排气检测过程推送的主要信息内容

排气检测过程通常也是采用实时监管方式。如果检测过程出现异常或不符合标准规范要求时，监管系统也应向排气检测工位推送异常原因提示信息，以提示检验员采取相应措施或终止排气检测过程，并同时终止或中断设备上传数据的采集。表 4-16 和表 4-17 分别按汽油车和柴油车排气检测类别，列出了排气检测过程出现异常时的推送信息内容，监管系统开发时也应根据实际情况进一步完善。

表 4-16 汽油车排气检测过程建议推送的信息内容

检测方法	推送情景说明	推送信息内容
简易瞬态工况法	工况测试前未上传 40 s 怠速过程数据	工况测试前应按标准规定进行 40 s 怠速运行
	连续 2 s 车速偏差超过 ±3 km/h	车速连续 2 s 超出工况车速 ±3 km/h 范围，终止检测
	发动机熄火（混合动力车除外）	车辆发动机熄火，需重新检测
	发动机熄火达 3 次（混合动力车除外）	发动机熄火已达 3 次，请维修车辆后再检测
	$CO+CO_2<6.0\%$（混合动力车除外）	$CO+CO_2<6.0\%$，取样探头可能脱落，终止检测
	$O_{2环}-O_{2稀}<0.2\%$ 或稀释比 <0.01（非标）	集气管未对正或未能收集全部尾气
	稀释流量 <95 L/s	稀释流量偏小，终止检测
	流量最大值与最小值之差 >10 L/s	稀释流量值偏差过大，终止检测
	车速为 50 km/h 时，尾气流量 <2 L/s	尾气流量值偏小，终止检测
	分析仪 CO_2 读数 $>16.0\%$	分析仪 CO_2 读数 $>16.0\%$，终止检测
	分析仪 O_2 读数 $<-0.1\%$	分析仪 O_2 读数 $<-0.1\%$，终止检测
	分析仪 CO 读数 $<-0.6\%$	分析仪 CO 读数 $<-0.6\%$，终止检测
	分析仪 HC 读数 $<-13\times10^{-6}$	分析仪 HC 读数 $<-13\times10^{-6}$，终止检测
	缺工况间衔接过程数据上传	过程数据未连续性每秒上传，终止检测
	CO_2 测量结果 <30 g/km	CO_2 测量结果 <30 g/km，测试结果无效
	实际与理论行驶距离偏差 >0.2 km	实际与理论行驶距离偏差 >0.2 km，测试结果无效
	上传与监管检测结果结论不一致	检测结果与结论异常
稳态工况法	车速连续 2 s 超工况车速 ±2 km/h 范围	车速连续 2 s 超工况车速 ±2 km/h 范围，重新计时检测
	车速累计 5 s 超工况车速 ±2 km/h 范围	车速累计 5 s 超工况车速 ±2 km/h 范围，重新计时检测
	扭矩连续 2 s 超设定值的 ±5%	扭矩连续 2 s 超设定值 ±5% 范围，重新计时检测
	扭矩累计 5 s 超设定值的 ±5%	扭矩累计 5 s 超设定值 ±5% 范围，重新计时检测
	发动机熄火（混合动力车除外）	车辆发动机已熄火，终止检测
	$CO+CO_2<6.0\%$（混合动力车除外）	$CO+CO_2<6.0\%$，取样管可能脱落，请终止检测
	同一工况运行第二次快速检查工况	出现第二次快速工况检查，快速检查结果无效
	工况测试计时超 90 s 未终止工况测试	工况测试计时超 90 s，应终止工况检测
	工况测试总计时超 145 s 未中断检测	工况测试累计时间超 145 s，应终止工况检测

检测方法	推送情景说明	推送信息内容
稳态工况法	缺工况间衔接过程数据上传	过程数据未连续性每秒上传，终止检测
	测量结果取值未满足车速变化率要求	测量结果取值未满足车速变化率要求，测量结果无效
	测量结果取值不是工况结束最后 10 s	测量结果取值不是工况结束最后 10 s，测量结果无效
	最终测量结果未正确修正	测量结果未正确修正
	上传与监管检测结果结论不一致	检测结果与结论异常
双怠速法	怠速转速≥1 200 r/min	怠速转速异常，请检查转速计安装是否正确
	70%额定转速预热工况转速异常	70%额定转速工况转速异常，请正确控制油门
	高怠速工况偏差未正确重新计时	高怠速工况转速偏差超±200 r/min 未正确重新计时
	$CO+CO_2<6.0\%$	$CO+CO_2<6.0\%$，取样管可能脱落，请终止测试
	缺工况间衔接过程数据上传	过程数据未连续性每秒上传，终止检测
	上传与监管检测结果结论不一致	检测结果与结论异常

注：1. 表中拟推送信息均为简化表述，系统开发时应补充完善；2. 系统开发时应结合实际情况增减推送信息。

表 4-17 柴油车排气检测过程建议推送的信息内容

检测方法	推送情景说明	推送信息内容
加载减速法	初始扫描发动机转速＜额定转速	初始扫描发动机转速低于额定转速，终止检测
	初始扫描功率＞10 kW	初始扫描功率＞10 kW，终止检测
	测试最大车速＞100 km/h	最大车速＞100 km/h，应选择正确挡位检测
	发动机转速与滚筒转速比变化＞±5%	发动机转速与滚筒转速比变化＞±5%，终止检测
	测试过程中 $CO_2<2.0\%$	$CO_2<2.0\%$，取样探头可能脱落，终止检测
	检测时间超过 3 min	检测时间超过 3 min，终止检测
	扫描过程车速增大 0.2 km/（h·s）（非标）	车速明显波动，油门可能出现松动，终止检测
	扫描过程加载扭力减小	扫描过程加载扭力减小，终止检测
	MaxHP 点前扫描车速变化＞0.5 km/（h·s）	MaxHP 点前扫描车速变化率＞0.5 km/（h·s），终止检测
	扫描 MaxHP 值＜40%额定功率	扫描获得的 MaxHP 值＜40%额定功率，终止检测
	MaxHP 点发动机转速与额定转速的差值绝对值大于 10%	MaxHP 点发动机转速与额定转速的差值绝对值大于 10%，终止检测
	MaxHP 点后扫描车速变化＞1.0 km/（h·s）	MaxHP 点后扫描车速变化率＞1.0 km/（h·s），终止检测
	扫描终止车速＞80%VelMaxHP	扫描终止车速未低于 80%VelMaxHP，终止检测
	测试结果取值时间不正确	未连续 12 s 稳定在目标车速±0.5%范围，测试结果无效

检测方法	推送情景说明		推送信息内容
加载减速法	测试过程出现车速变化>2.0 km/（h·s）		车速变化率>2.0 km/（h·s），终止检测
	100%VelMaxHP 工况测量功率值	>MaxHP 值	测试过程油门波动太大，测试结果无效
		<90%MaxHP 值	
	80%VelMaxHP 工况测量功率值	>80%VelMaxHP 扫描功率值	
		<80%VelMaxHP 扫描功率值的 0.9 倍	
	测试结束车辆没怠速运行 1 min		注意：测试结束后车辆应怠速运行 1 min 后熄火
	缺工况间衔接过程数据上传		过程数据未连续性每秒上传，终止检测
	上传与监管检测结果结论不一致		检测结果与结论异常
自由加速法	怠速转速≥1 200 r/min		怠速转速异常，请检查转速计安装是否正确
	怠速稳定时间<10 s		怠速稳定时间<10 s，该测试工况无效
	油门踩到底维持时间<2 s		油门踩到底维持时间<2 s，该测试工况无效
	油门踩到底转速<额定转速		油门踩到底转速<额定转速，该测试工况无效
	自由加速工况时间>20 s		自由加速工况时间>20 s，该测试工况无效
	未进行 3 次自由加速吹拂		未按标准规定进行 3 次等效自由加速吹拂，终止检测
	自由加速工况结果取值不正确		测量结果取值非测试工况过程中的最大值
	缺工况间衔接过程数据上传		过程数据未连续性每秒上传，终止检测
	3 次测量结果间的差值大于 1.0 m^{-1}		3 次测量结果的差值偏大，车辆操控一致性差
	上传与监管检测结果结论不一致		检测结果与结论异常

注：1. 表中拟推送信息均为简化表述，系统开发时应补充完善；2. 系统开发时应结合实际情况增减推送信息。

4.6.5　推送信息的管理

4.6.1 节至 4.6.4 节虽列出了一系列推送信息内容，实际上监管系统需推送的信息内容远不止这些。比如排放检验流程锁控、测功机期间核查流程、分析仪单点检查流程锁控、分析仪五点检查流程锁控、管理控件中管理参数超限值范围等情况均未予以列出；比如第 5 章和第 6 章也会根据监管模块控制流程示意图等适当增加相关推送信息内容等，这些方面的推送信息还需进一步补充与完善。为方便推送信息的管理，这里提出如下推送信息管理思路。

（1）按推送信息类别建立推送信息管理库表，建立推送情景与推送信息管理库表之间的关联关系，监管系统应能根据监管状态出现异常标示、仪器性能检查过程和排气检测过程出现不符合标准规范要求等具体情景关联调用推送信息。

（2）建立推送信息维护功能，可以由系统超级用户对推送信息管理库表的推送信息进行修改与补充完善。

（3）4.6.1 节至 4.6.4 节虽按检测线类别和仪器类别设置了推送信息，在库表建设时可以将同类或相同的推送信息归类，监管系统或监管模块可以依据实际情景关联调用推送信息内容，不需要按检测线或仪器类别烦琐的设置推送信息内容，这样可以优化推送信息管理库表的设计。

4.7 其他业务信息的管理

除 4.2 节至 4.6 节介绍的管理内容外，监管系统还应对设备环境参数校正、车辆信息调用与录入、设备上报检验数据等实施管理。

4.7.1 环境参数测量值的监管

环境参数主要用于排气检测结果的修正，因此，环境参数测量结果的准确与否直接关系到排气检测结果的有效性。为保证设备环境参数测量结果的有效，除在管理上要求每天应对设备的环境参数测量值进行校正外，还可以利用当地网络气象参数对设备环境参数的有效范围进行限制，也可以通过比较同一场地（检验机构内部）设备间的环境参数测量值进行有效性范围限制。环境参数测量值的监管也推荐使用监管控件管理，表 4-18 给出了环境参数测量值的具体监管控件设置情况。

表 4-18　环境参数测量值监管控件设置情况

参数名称	监管控件名称	推荐设置维护范围	说明
设备测量环境温度	大气温度偏差	±（0.5～5）℃	1. 系统管理员可以结合各检验机构的具体情况按推荐设置维护范围设置环境参数的有效性维护范围值。当环境参数实测值与网络值的差值，或同一场所设备间的差值超出控件设置限值时应提示检验员对环境参数进行及时校正； 2. 辖区最高温湿度和大气压力及最低温湿度和大气压力建议由用户向当地气象部门了解后设置维护范围，同样维护也应适当放宽
设备测量环境温度	辖区最高环境温度	根据地理位置设置	
设备测量环境温度	辖区最低环境温度	根据地理位置设置	
设备测量环境温度	相同场所检测线间温度偏差	±（0.1～1.0）℃	
设备测量环境湿度	大气湿度偏差	±30%	
设备测量环境湿度	辖区最高环境湿度	根据地理位置设置	
设备测量环境湿度	辖区最低环境湿度	根据地理位置设置	
设备测量环境湿度	相同场所检测线间湿度偏差	±5%	
设备测量大气压力	大气压力偏差	±1 kPa	
设备测量大气压力	辖区最高大气压力	根据地理位置设置	
设备测量大气压力	辖区最低大气压力	根据地理位置设置	
设备测量大气压力	相同场所检测线间压力偏差	±0.5 kPa	

表 4-18 中的环境参数设置维护范围是推荐值，监管系统开发时可根据管理与实际情况进行调整，设置范围的调整既应确保不影响排放检验整体业务的开展，也应确保设置范围的合理。

4.7.2 车辆信息的调用与录入管理

如果受检车辆已在属地检验机构进行过排放检验，监管系统的车辆信息库表中通常会保存有该车辆的基本信息。这里对车辆信息的调用和录入方式说明如下。

（1）受检车辆登录进行排放检验时，会先访问监管系统的车辆信息库表，如果库表中保存有该车辆信息，则直接调用库表中的车辆信息，原则上不允许对车辆信息进行修改，特别是车型信息等不允许修改。如果发现调用车辆信息存在错误，可在车辆信息登录界面进行修改保存，监管系统应自动将修改信息先进行备份保存，待系统管理人员确认后才生效。系统管理人员确认生效前，应允许该车辆继续进行排放检测，但检测过程所使用的车辆参数仍为原记录信息。

（2）如果车辆信息库表中没有该车辆信息，则新录入该车辆信息。新录入车辆时，监管系统应根据录入的车型信息采取模糊查询方式查询车型库表，并将查询出的相近车型信息弹出供车辆信息录入人员选用。如果车型库表没有相同车型信息，则由车辆信息录入人员新录入一条车型信息保存至车型信息库表。新增录入车辆如果选用非工况法进行排气检测，需将选用原因备案说明以及需经技术负责人或授权签字人审核批准后再进行排气检测。

（3）如果监管系统中已有登录车辆的排气检测记录，原则上应按上次排放检验所使用的排气检测方法进行排气检测。

（4）由于历史原因，监管系统中可能存在同一车型使用了不同检测方法进行了排气检测，如果发现上次排放检验所使用的排气检测方法不正确，需将变更检测方法的原因进行备案说明以及需经技术负责人或授权签字人审核批准后，可以变更排气检测方法。受检车辆一旦变更了排气检测方法，原则上不允许再次变更检测方法。

（5）GB 18285—2018、GB 3847—2018 及 HJ 1237—2021 明确规定应采用非工况法进行排气检测的车型，可以在车型库表中增加非工况法检测标识。

（6）检测方法的变更应作为重点日志内容保存，以方便监管部门对违规选用排气检测方法行为的查处。

4.7.3 标准规定需实时上报的数据项

GB 18285—2018 附录 H 和 GB 3847—2018 附录 G 规定的排放检验应实时上报的数据项详见表 4-19 和表 4-20。由表 4-19 和表 4-20 可知，GB 18285—2018 和 GB 3847—2018

规定的排放检验应实时上报数据项内容基本相同或相似。

此外，GB 18285—2018、GB 3847—2018、HJ 1238—2021 等标准还在相应的排气检测方法中规定了仪器性能检查和排气检测过程应记录的参数与要求，具体记录内容可参见 HJ 1238—2021 的规定和 2.3 节、2.4 节和 2.7 节相关内容，这里不再重复介绍。

表 4-19　GB 18285—2018 规定的排放检验实时上报数据项

项目	上报参数
车辆信息	号牌号码、车牌颜色、车辆型号、车辆类型、使用性质、车辆识别代号（VIN）、初次登记日期、燃料种类
环境参数	相对湿度（%）、环境温度（℃）、大气压力（kPa）
检测信息	检测站名称、检测方法、检测报告编号、检测日期
检测过程数据	OBD 检查数据、排气污染物检测数据、蒸发检测数据（如适用）
检测结果	外观检验结果、OBD 检查结果、排气污染物检测结果、蒸发检测（如适用）、最终检测数据和判定
检测设备	检测设备制造厂、检测设备名称及型号、出厂日期、上次检定日期、日常检查记录、日常比对记录

表 4-20　GB 3847—2018 规定的排放检验实时上报数据项

项目	上报参数
车辆信息	号牌号码、车牌颜色、车辆型号、车辆类型、使用性质、车辆识别代号（VIN）、初次登记日期、燃料种类
环境参数	相对湿度（%）、环境温度（℃）、大气压力（kPa）
检测信息	检测站名称、检测方法、检测报告编号、检测日期
检测过程数据	OBD 检查数据、排气污染物检测数据
检测结果	外观检验结果、OBD 检查结果、排气污染物检测结果、最终检测数据和判定
检测设备	排放分析仪制造厂、排放分析仪名称及型号、出厂日期、上次检定日期、日常检查记录、日常比对记录

4.8　数据中心系统的主要业务管理功能

第 3 章和本章介绍了一系列监管系统的基本功能和业务管理功能，监管系统开发时可结合各章节所说明的管理思路与管理流程建立实用的监管方法和监管流程，并依据监管流程开发相应的监管模块。

根据前面各章节分析，可将数据中心系统的主要业务功能按图 4-3 所示进行汇总与归类。图 4-3 所列业务功能是数据中心系统的基本功能，且还需结合第 3 章和本章所介绍功能以及排放检验监管实际需要进一步细化、修改与完善。

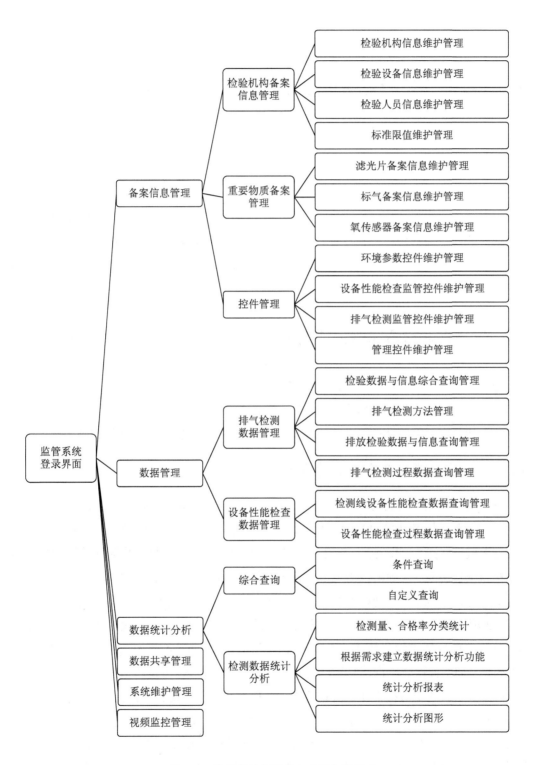

图 4-3　监管系统主要业务功能归类示意

第 5 章　仪器性能检查过程实时监管方法

排气检测设备是出具排气检测数据的基础工具，排气检测设备的技术性能能否符合标准与规范要求是保证排气检测数据公正、准确与有效的关键。标准规定排气检测设备的仪器性能检查项目较多，每个项目的检查内容、质控参数与检查流程也不同。为规范仪器性能检查行为，确保仪器性能检查结果的可靠与有效，本章将结合在用车标准体系的相关规定与要求，讨论仪器性能检查过程的实时监管控制流程。

5.1　仪器性能检查监管模块的设置与归类

由 2.2 节至 2.4 节可知，仪器性能检查包括日常检查和期间核查 2 大类，包含的具体检查项目近 20 项，相对来说需要监管的内容较多，也较繁杂。为优化仪器性能检查监管模块的设计，本节将结合仪器性能检查特征，讨论仪器性能检查监管模块的归类。

5.1.1　仪器性能检查主要监管内容

仪器性能检查的目的与作用是确保仪器性能符合标准规范要求。为保证仪器性能检查过程的规范与检查结果的有效，监管系统应对所有仪器性能检查项目建立相应的监管措施与手段。根据 2.2 节至 2.4 节相关内容，可按仪器类别将数据采集系统应监管的仪器性能检查项目用表 5-1 列出。由表 5-1 可知，稳态模式地区共包含 4 类 15 项仪器性能检查监管内容，包括 4 项测功机性能检查、5 项排放分析仪性能检查、4 项 NO_x 分析仪性能检查、2 项不透光烟度计性能检查。瞬态模式地区共包含 5 类 19 项仪器性能检查监管内容，包括 4 项测功机性能检查、6 项排放分析仪性能检查、4 项 NO_x 分析仪性能检查、2 项不透光烟度计性能检查，3 项流量计性能检查。对于表 5-1 说明如下。

（1）分析仪的泄漏检查和低流量检查方法较简单，泄漏检查通常只需上传检查结果，低流量检查由设备工控软件和排放分析仪在排气检测过程实时监控，监管系统一般不需要再对泄漏检查和低流量检查过程进行实时监管，表 5-1 中也没有列出相关内容。

（2）双怠速法和自由加速法排气检测所使用的排放分析仪和不透光烟度计与简易工

况法设备所配备的排放分析仪和不透光烟度计基本相同，或直接使用简易工况法设备所配备的排放分析仪和不透光烟度计进行排气检测，表 5-1 已包含了相关内容。

（3）测功机响应时间检查实质上是加载响应时间检查，所以表 5-1 使用了加载响应时间检查表述，以区别于分析仪传感器响应时间检查。

（4）转鼓转速检查、力传感器校正、滚筒基本惯量测试、附加损失测试等，或检查内容较简单，或属校准内容，监管系统只需监管其是否按规定周期完成检查或测试，通常不需要对检查或校准过程实施监管，所以表 5-1 未列出相关内容。

表 5-1　数据采集系统应监管的仪器性能检查项目

仪器类别	仪器性能检查过程监管项目
测功机	加载滑行检查（滑行功率范围内之任意功率）
	负荷精度检查（含 3 个恒定功率检查）
	加载响应时间检查（含 8 项测试）
	变负荷滑行检查
排放分析仪	单点检查（含低标气检查、高标标定）
	传感器响应时间检查
	五点检查（含低标、中低标、中高标、高标和零标等 5 种标气检查）
	零点漂移检查
	量距点漂移检查
	氮氧转化效率检查（仅适用于简易瞬态工况法设备）*
NO$_x$ 分析仪	单点检查（含低标气检查、高标标定）
	传感器响应时间检查（高标标定时检查）
	五点检查（含低标、中低标、中高标、高标和零标等 5 种标气检查）
	氮氧转化效率检查*
不透光烟度计	滤光片检查
	零点漂移检查
流量计（仅简易瞬态工况法设备使用）	20 s 平均流量误差检查
	6 min 漂移检查
	稀释氧传感器的校准/检查（含 3 次或 5 次校准/检查过程）

注：* 仅适用于采用转化测量法测量 NO$_2$ 值之分析仪。

5.1.2　仪器性能检查项目间的关联关系

根据表 5-1 可知，仪器性能检查对象共包含了 5 类仪器，每类仪器都有几项检查内容。由 2.2 节至 2.4 节可知，每类仪器的性能检查项目之间会存在一定的关联关系，这里对它们之间的关系进行进一步梳理。

5.1.2.1　测功机性能检查方面

测功机主要有加载滑行、负荷精度、加载响应时间和变负荷滑行 4 项性能检查内容，各项检查内容之间存在如下关系。

（1）标准规定加载滑行检查不合格，需进行附加损失测试，附加损失测试后仍需进行加载滑行检查，只有加载滑行检查合格，则测功机的日常检查才算合格。

（2）标准规定，期间核查时需先进行负荷精度检查，负荷精度检查合格则马上进行加载响应时间检查，加载响应时间检查合格又需马上进行变负荷滑行检查。检查过程中只要出现一项检查不合格，则需对测功机进行必要的维护维修、校准与测试工作，主要包括测功机的力传感器校正、滚筒惯量测试和附加损失测试等，之后需再次按负荷精度、加载响应时间和变负荷滑行顺序进行检查。所以，测功机期间核查项目需一次顺序完成和合格，虽 3 项检查方法与内容无直接关联关系，但它们的检查结果却直接关联。

（3）负荷精度检查包含 3 个功率的滑行检查、加载响应时间包含 8 项检查，负荷精度检查的每个滑行功率检查方法与原理相同，加载响应时间每项检查的检查方法与原理也相同，但所有检查必须一次性完成并合格，所以它们的检查结果也直接关联。

5.1.2.2　分析仪性能检查方面

分析仪主要有稳态分析仪、瞬态分析仪和 NO_x 分析仪 3 类，除 NO_x 分析仪不需要进行漂移检查外，均需进行单点检查、五点检查、传感器响应时间检查和漂移检查。此外，如果瞬态分析仪和 NO_x 分析仪采用转化测量法测量 NO_2 值，还需进行转化炉转化效率检查。分析仪各项性能检查之间的关系如下。

（1）标准规定单点检查时，如果低标检查不合格，需进行高标标定，高标标定过程需进行传感器响应时间检查，高标标定后还需进行低标检查，只有低标检查合格则单点检查才算合格。如果单点检查过程进行了高标标定过程，且传感器响应时间检查和低标检查均合格，则单点检查才算合格。HJ 1237—2021 规定，如果连续 3 次单点检查不合格，则需对分析仪维护维修或线性校准后进行五点检查，只有五点检查合格方许可分析仪进行排气检测。可见单点检查关联了低标检查、高标标定、传感器响应时间检查和五点检查等内容，高标标定也关联了传感器响应时间检查。

（2）五点检查包含了低标、中低标、中高标、高标和零气 5 种标气检查，5 种标气检查的检查方法与原理完全相同，需顺序完成和一次性合格，否则需对分析仪维护维修或线性校准后进行五点检查，可见每种标气检查的结果直接关联。

（3）漂移检查、转化炉转化效率检查等为独立检查项目，它们之间以及它们与分析仪的其他检查项目之间无直接关联关系。

5.1.2.3　不透光烟度计性能检查方面

标准规定的不透光烟度计性能检查内容主要为滤光片检查和零点漂移检查 2 项。零点漂移检查相对独立，与滤光片检查没有关联关系。滤光片检查通常为多滤光片检查，每个滤光片的检查原理与方法完全相同，但检查结果都必须合格，否则需对烟度计维护维修或线性校准后再进行滤光片检查，只有所有滤光片检查合格则滤光片检查结果才算通过。

5.1.2.4　流量分析仪性能检查方面

流量分析仪的性能检查主要包括 20 s 平均流量误差检查、6 min 漂移检查和稀释氧传感器的校准/检查 3 项内容，这 3 项检查之间没有直接关联关系。

5.1.3　仪器性能检查监管模块的设置思路

根据 2.3 节和 2.4 节介绍的仪器性能检查方法可知，测功机的加载滑行、负荷精度滑行和变负荷滑行等检查方法与原理有许多共同特点，分析仪的单点检查、高标标定、五点检查等检查方法与原理也有许多共同特点，分析仪与不透光烟度计的漂移检查方法与原理也有许多共同特点，加载响应时间检查 8 项测试的单项测试方法与原理基本相同。

5.1.3.1　测功机性能检查监管模块的设置思路

测功机加载滑行、负荷精度滑行和变负荷滑行检查的主要滑行参数为滑行功率和滑行速度段，滑行最高速度和最低速度，这些参数已在表 2-6 及表 2-15 中列出，根据标准规定及表 2-6 和表 2-15，提出如下测功机性能检查监管模块设置思路。

（1）加载滑行和负荷精度滑行各滑行速度段的滑行功率相同且在整个滑行过程中恒定不变，习惯上称之为恒功率滑行，可以建立共用监管模块进行监管。

（2）加载响应时间的 8 项检查虽每项检查的测试参数不同，但检查原理与测试方法完全相同，测试的最高速度和起始扭矩的加载速度相同（分别为 64 km/h 和 56 km/h），加载响应时间限值也相同，可以建立共用监管模块进行监管。

（3）变负荷滑行共包含 45 个首尾衔接、滑行功率不同的滑行速度段，检查的 3 个滑行速度区间呈包含关系（80.5～8.0 km/h 速度区间包含 72.4～16.1 km/h 和 61.1～43.4 km/h 两个速度区间，72.4～16.1 km/h 速度区间包含了 61.1～43.4 km/h 速度区间），滑行过程相对复杂，如果按速度段建立基础监管模块，主程序需调用 45 次基础模块，实际滑行时间的取值与计算也相对烦琐，因此，变负荷滑行检查应单独建立监管模块。

为方便测功机性能检查监管模块建立，这里对测功机滑行过程的时间取值方法进行讨论。

由标准相关规定及表 2-6 可知，汽油线与柴油线的加载滑行、负荷精度滑行参数不同，但相邻滑行速度段之间均存在交叉重叠速度区间。汽油线有 2 个滑行速度段，涉及 50 km/h、35 km/h、30 km/h 和 15 km/h 共 4 个滑行起止速度值；柴油线有 8 个滑行速度段，涉及 100 km/h、90 km/h、80 km/h、70 km/h、60 km/h、50 km/h、40 km/h、30 km/h、20 km/h、10 km/h 共 10 个滑行起止速度值。如果将这些速度起止点的滑行时间分别用 t_i 表示（汽油线 $i \leqslant 4$，柴油线 $i \leqslant 10$），各滑行速度段的实际滑行时间用 $ACDT_j$ 表示（汽

油线 $j \leq 2$，柴油线 $j \leq 8$），则可以用式（5-1）计算出相应速度段的实际滑行时间。

$$ACDT_j = t_{i+2} - t_i \tag{5-1}$$

式中：j —— 自高速往低速滑行时，各滑行速度段顺序编号，自然数；

i —— 各滑行速度段起止速度按自大至小排序的速度编号，自然数；

ACDT —— 实际滑行时间，s；

t —— 自然时间，s。

由表 2-15 可知，变负荷滑行的滑行速度区间由多个首尾衔接的速度段串接组成，相邻滑行速度段无交叉重叠区间，且标准规定所有测功机的变负荷滑行参数完全相同。由表 2-16 可知，变负荷滑行需要测量 3 个速度区间的实际滑行时间，涉及 80.5 km/h、72.4 km/h、61.1 km/h、43.4 km/h、16.1 km/h 和 8.0 km/h 共 6 个滑行起止速度值。如果将这些速度点的滑行时间分别用 $t_1 \sim t_n$ 表示（$n=6$），各滑行速度区间的实际滑行时间分别用 $ACDT_1$、$ACDT_2$、$ACDT_3$ 表示，则 $ACDT_1=t_6-t_1$、$ACDT_2=t_5-t_2$、$ACDT_3=t_4-t_3$。

5.1.3.2 分析仪性能检查监管模块的设置思路

分析仪主要有稳态分析仪、瞬态分析仪和 NO_x 分析仪 3 类，检查用标气主要有 CO 混合标气、NO 混合标气和 NO_2 标气 3 类。各类标气分别包括低标气、中低标气、中高标气、高标气和零气 5 种标气，其中标准推荐的瞬态分析仪和 NO_x 分析仪所使用的 NO_2 标气量值不同和不能共用。由此可见，瞬态模式地区分析仪性能检查涉及的使用标气多达 17 种，稳态模式地区分析仪性能检查涉及的使用标气也多达 13 种。

分析仪性能检查均使用标气进行检查，检查项目包括单点检查、五点检查、传感器响应时间检查、排放分析仪的漂移检查、瞬态分析仪和 NO_x 分析仪的氮氧转化效率检查等。根据分析仪性能检查各项目的检查方法与原理，提出以下分析仪性能检查监管模块设置思路。

（1）分析仪都需要进行五点检查和单点检查，均包含有标气检查过程。虽不同分析仪所使用的检查标气组分可能不同，标气检查过程所使用的标气浓度值也会不同，但检查过程、检查原理与检查方法雷同，可以建立共用监管模块进行监管。

（2）排放分析仪的漂移检查包含零点漂移检查和量距点漂移检查。零点漂移检查使用零气检查，检查时与标气组分没有直接关系，所以，稳态分析仪和瞬态分析仪都不需要按测量参数分别进行零点漂移检查。排放分析仪需使用 CO 混合高标气进行量距点漂移检查，且标准推荐的瞬态分析仪和稳态分析仪 CO 混合标气量值相同，所以它们的检查过程之监管方法完全相同。此外，瞬态分析仪还需使用 NO_2 高标气进行量距点漂移检查，虽检查参数不同，但检查过程、检查原理与检查方法类似于 CO 混合高标气量距点漂移检查，也可采取与 CO 混合高标气量距点漂移检查相同的监管方法。由此可见，排放分析仪的所有漂移检查过程也可以建立共用监管模块进行监管。

（3）瞬态分析仪和 NO_x 分析仪的氮氧转化效率检查用标气浓度值会不同，但检查参数、检查方法与原理完全相同，可以建立共用监管模块进行监管。

（4）传感器响应时间检查在高标标定过程检查，高标标定所使用的标气也包括 CO 混合高标气、NO 混合高标气和 NO_2 高标气 3 种，虽标气类别不同，但高标标定过程、标定原理与标定方法完全相同，可以建立共用监管模块进行监管。

5.1.3.3　不透光烟度计性能检查特征分析

不透光烟度计只需进行滤光片检查和零点漂移检查。滤光片检查方法较简单，无明显特点，可以单独建立监管模块。零点漂移主要检查光吸收值的漂移量，虽检查参数与排放分析仪的零点漂移检查不同，但检查方法与原理却基本相同，也可以使用排放分析仪零点漂移检查监管模块进行监管。

5.1.3.4　流量分析仪性能检查特征分析

流量分析仪的性能检查主要包括流量计 20 s 平均流量误差检查、6 min 漂移检查和稀释氧传感器的校准/检查 3 项主要内容。20 s 平均流量误差检查无明显特点，虽 6 min 漂移检查也属漂移检查类别，但因检查过程的漂移参照值为流量检查过程的均值，所以其监管方法与排放分析仪和不透光烟度计的漂移检查的监管方法不同，均应单独建立监管模块。

流量计稀释氧传感器的校准/检查通常有 3 次或 5 次完全相同的校准/检查过程，每次校准/检查过程可以采取完全相同的监管方法，可以建立单次检查共用监管模块。

5.1.4　仪器性能检查监管模块的归类

根据 5.1.3 节的模块设计思路，参照 4.4 节中的设备运行状态设置情况，这里对仪器性能检查监管模块的建立提出如下归类思路。

（1）借鉴设备运行状态设置思路，将监管模块按监管总模块、监管主模块、监管子模块和监管基模块归为 4 类。

（2）监管总模块主要用于设备运行状况的监控，并根据设备运行状态标示情况调用相应的监管主模块对设备运行过程进行实时监管。应该注意的是，监管总模块不但监控设备的仪器性能检查运行状态标示，也监控设备的排气检测运行状态标示，调用的监管主模块包括仪器性能检查各监管主模块和排气检测各监管主模块。本章主要讨论仪器性能监管模块建立方法，排气检测监管模块的建立方法将在第 6 章中介绍。

（3）监管主模块可以调用监管子模块和监管基模块，监管子模块可调用监管基模块，同级监管基模块可以相互调用。为方便表述，这里约定，如果没有特别交代，后续章节将调用监管模块的程序或模块均用主程序表述。

（4）监管基模块是基础模块，主要为各业务项目之监管模块提供基础性监管功能，不承担具体业务项目的监管。

表 5-2 是仪器性能检查过程监管模块的归类情况。由表 5-2 可知，仪器性能检查过程监管模块共包含有 1 个监管总模块、13 个监管主模块、3 个监管子模块和 8 个监管基模块。

表 5-2　仪器性能检查过程监管模块的归类情况

模块类别	模块名称
监管总模块类（1 个）	监管总模块（包含排气检测过程的监管）
监管主模块类（13 个）	加载滑行监管主模块
	测功机期间核查监管主模块
	惯性质量测试监管主模块
	传感器响应时间测试监管子模块
	单点检查监管主模块
	五点检查监管主模块
	分析仪漂移检查监管主模块
	转化效率检查监管主模块
	滤光片检查监管主模块
	烟度计零点漂移检查监管主模块
	平均流量误差检查监管主模块
	流量计漂移检查监管主模块
	稀释氧传感器的校准/检查监管主模块
监管子模块类（3 个）	负荷精度检查监管子模块
	加载响应时间监管子模块
	变负荷滑行监管子模块
监管基模块类（8 个）	监管总状态标示设置基模块
	理论滑行时间计算监管基模块
	恒功率滑行监管基模块
	加载响应时间检查监管基模块
	标气检查监管基模块
	漂移检查监管基模块
	稀释氧传感器检查监管基模块
	附加损失测试监管基模块

注：监管系统开发时还可根据实际情况，适当增加过程监管模块。

5.2 仪器性能检查监管基模块的控制流程

由表 5-2 可知,数据采集系统共需建立 8 个仪器性能检查监管基模块。自本节开始,将按 5.1 节归类,顺序讨论仪器性能检查监管基模块、监管子模块、监管主模块和监管总模块的控制流程。本节主要讨论除稀释氧传感器检查监管基模块外各监管基模块的控制流程,稀释氧传感器检查监管基模块的控制流程将在 5.4.12 节介绍。

5.2.1 监管总状态标示设置基模块的控制流程

4.4.3 节说明所有监管主状态、监管子状态的标示为正常时监管总状态的标示为正常,任何一个监管主状态或监管子状态标示为异常时监管总状态标示也为异常。通常监管主状态和监管子状态可以在监管过程中由各监管模块自己标示,监管总状态的标示则需建立专门模块进行管理。图 5-1 是监管总状态标示设置基模块的控制流程示意。

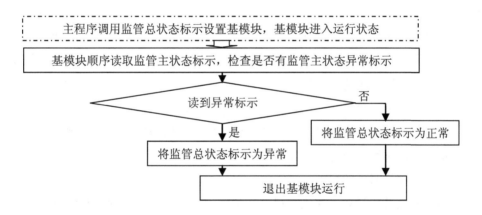

图 5-1 监管总状态标示设置基模块的控制流程示意

5.2.2 理论滑行时间计算监管基模块的控制流程

测功机加载滑行检查、负荷精度检查和变负荷滑行检查都是检查某一速度段或速度范围内实际滑行时间与理论滑行时间之间的相对误差,所以建立测功机滑行检查过程监管模块前,先应确保理论滑行时间的准确。

5.2.2.1 理论滑行时间的计算方法

GB 18285—2018 和 GB 3847—2018 规定的测功机理论滑行时间计算方法已在式(2-1)给出,理论滑行时间的主要计算参数有测功机惯性质量、滑行计时起始滚筒速度、滑行计时结束滚筒速度和实际滑行功率等。为方便讨论,这里将式(2-1)转化为式(5-2)

和式（5-3）表示。

$$CCDT_算 = \frac{DIW \times (V_始^2 - V_终^2)}{2\,000 \times P_滑} \qquad (5\text{-}2)$$

$$P_滑 = P_指 + P_损 \qquad (5\text{-}3)$$

式中：$CCDT_算$ —— 理论滑行时间，s；

$\qquad$ DIW —— 测功机所有转动部件的惯性质量，kg；

$\qquad V_始$ —— 滑行计时起始滚筒速度，m/s；

$\qquad V_终$ —— 滑行计时结束滚筒速度，m/s；

$\qquad P_滑$ —— 滚筒实际滑行功率（或滑行总功率），kW；

$\qquad P_指$ —— 功率吸收单元指示滑行功率，kW；

$\qquad P_损$ —— 测功机滑行损失功率，kW。

由式（5-2）可知，理论滑行时间的大小与测功机所有转动部件的惯性质量成正比，测功机惯性质量越大，理论滑行时间也越大。每台测功机惯性质量总会有差异，即使测功机品牌型号完全相同，滑行功率和滑行速度段也相同，其理论滑行时间也会因测功机惯性质量差异而不同。值得说明的是，式（5-2）和式（5-3）中的 $P_滑$ 实际上是设置滑行功率，理论上在滑行速度段内应恒定不变。

由于测功机惯性质量在使用过程中会发生微小改变，需要定期测试。定期测试后，设备应将测功机惯性质量测试结果上传监管系统，监管系统需按测试结果更新备案信息中的测功机惯性质量和理论滑行时间。

5.2.2.2 理论滑行时间的管理

测功机的惯性质量只有在进行惯性质量测试时才会发生改变，测功机的惯性质量测试周期相对较长，通常为 180 d，所以测功机的惯性质量相对稳定。标准规定的各简易工况法设备测功机的滑行速度段不变，由式（5-2）可知，如果测功机惯性质量不变，理论滑行时间的大小主要由滑行功率确定。

GB 18285—2018 规定稳态工况法和简易瞬态工况法的加载滑行功率为 6.0～13.0 kW 的任意功率，HJ 1238—2021 规定的加载减速法加载滑行功率为 10.0～30.0 kW 的任意功率，每次加载滑行时的滑行功率都有可能不同，而标准规定汽油线的负荷精度滑行功率为 4 kW、11 kW、18 kW，柴油线的负荷精度滑行功率为 10 kW、20 kW、30 kW，每次滑行的 3 个滑行功率完全相同，且加载滑行和负荷精度滑行过程各滑行速度段的滑行功率相同。变负荷滑行过程各滑行速度段的滑行功率不同，但滑行速度段内的滑行功率不变，且每次滑行的滑行速度段与滑行功率完全相同。所以，在测功机惯性质量不发生改变情况下，每次加载滑行的理论滑行时间都可能不同，而负荷精度滑行和变负荷滑行的理论滑行时间不变，为此对理论滑行提出如下管理思路。

（1）数据采集系统建立基准理论滑行时间库表，推荐使用表 4-6 中的基准理论滑行时间作为第一条库表数据，并设置禁止修改、删除该条数据功能。

（2）在检验机构各检测线设备的测功机备案信息中，增加惯性质量字段保存 DIW$_{备}$。每当测功机完成惯性质量测试后，均使用 DIW$_{新}$更新备案信息中的惯性质量 DIW$_{备}$。

（3）在基准理论滑行时间库表中按检测线编号顺序增加备案理论滑行时间库表记录。每当测功机完成惯性质量测试后，使用 DIW$_{新}$和式（4-2）计算的备案理论滑行时间同步更新基准理论滑行时间库表中相应的备案理论滑行时间。由于负荷精度滑行和变负荷滑行的滑行功率标准已明确规定，推荐对 3 个负荷精度滑行功率及变负荷滑行的理论滑行时间分别建立各自的备案理论滑行时间记录，滑行监管时可以直接读取库表中的对应备案理论滑行时间作为滑行监管理论滑行时间。

（4）由于加载滑行的滑行功率为 6.0～13.0 kW（汽油线）或 10.0～30.0 kW（柴油线）的任意功率，每次滑行时的滑行功率会不同，推荐使用表 4-6 中的 $P_{基准}$作为加载滑行备案滑行理论时间的计算功率。这样加载滑行检查时的理论滑行时间可按式（5-4）计算。

$$CCDT_{加} = \frac{P_{基准}}{P_{加}} \times CCDT_{备} \qquad (5\text{-}4)$$

式中：$CCDT_{加}$——加载滑行时计算的理论滑行时间，s；

$\quad CCDT_{备}$——基准理论滑行时间库表中的备案加载滑行理论滑行时间，s；

$\quad P_{基准}$——基准滑行功率或备案加载滑行理论滑行时间计算功率，kW；

$\quad P_{加}$——加载滑行所使用的滑行功率，kW。

按上述思路建立备案理论滑行时间后，每条检测线需在基准理论滑行时间库表中增加加载滑行、3 个负荷精度滑行功率及变负荷滑行共 5 条备案理论时间记录。如果加载滑行选取某个负荷精度滑行功率作为计算备案理论滑行时间的滑行功率值，则每条检测线仅需增加 4 条备案理论滑行时间记录，此时推荐汽油线选取 4 kW，柴油线选取 10 kW 作为加载滑行备案理论滑行时间的计算功率。

采取上述方法建立备案理论滑行时间后，进行测功机负荷精度检查和变负荷滑行检查监管时，可以直接自基准理论滑行时间库表中对应读取各检测线的备案理论滑行时间作为监管理论滑行时间，加载滑行的监管理论滑行时间则需按式（5-4）计算得出。

5.2.2.3 控制流程

根据 5.2.2.2 节中理论滑行时间计算与管理思路可知，负荷精度检查和变负荷滑行检查的理论滑行时间已在数据采集系统的基准理论滑行时间库表中保存，理论滑行时间计算监管基模块实质上只需计算加载滑行的理论滑行时间，图 5-2 是理论滑行时间计算监管基模块控制流程示意。

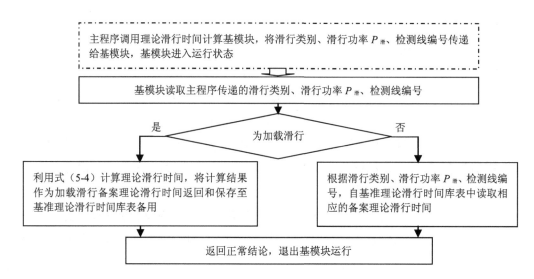

图 5-2　理论滑行时间计算监管基模块控制流程示意

5.2.3　恒功率滑行监管基模块的控制流程

所谓恒功率滑行是指滑行过程中的滑行功率始终不变。恒功率滑行主要用到滑行功率、滑行计时起点滚筒速度、滑行计时结束滚筒速度等几个主要监管参数，滑行类别主要有汽油线和柴油线的加载滑行、负荷精度滑行，滑行速度段设置详见表 2-6，滑行质控参数限值详见表 3-5 和表 3-6。

5.2.3.1　恒功率滑行监管基模块控制流程示意图

图 5-3 是恒功率滑行监管基模块控制流程示意图，图中的 $V_{高}$ 和 $V_{低}$ 表示标准规定需达到的最高与最低滑行速度，下标"i"表示标准规定的滑行速度段编号，下标"j"表示设备上传过程数据编号，下标"传"表示设备上传结果，下标"算"表示恒功率滑行监管基模块的计算结果。提醒一下，图中最后返回正常结论时，所返回的结果是设备上传的合格或不合格判定。

这里对图中有关"根据返回结论与结果将设备上传数据标识后保存"说明如下。

（1）由图 5-3 可知，基模块返回给主模块的结论有正常和异常，且返回正常结论时有合格与不合格两种结果返回。

（2）正常结论表示测功机滑行过程符合监管要求，此时应根据检查结果合格与否将设备上传数据与结果标识为合格或不合格保存，调用主程序也应根据合格或不合格结果将相应状态标示为正常或异常。

（3）异常结论表示测功机滑行过程不符合监管要求，说明滑行过程未完成或滑行过程无效，此时应将设备上传数据与结果标识为无效（或未完成）后保存，调用主程序不改变相应状态的原标示。

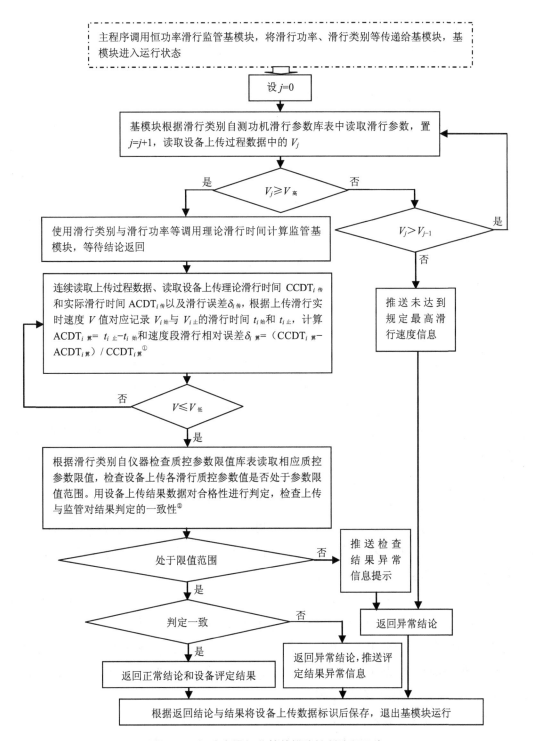

主程序调用恒功率滑行监管基模块,将滑行功率、滑行类别等传递给基模块,基模块进入运行状态

设 $j=0$

基模块根据滑行类别自测功机滑行参数库表中读取滑行参数,置 $j=j+1$,读取设备上传过程数据中的 V_j

$V_j \geq V_{高}$

是　否

使用滑行类别与滑行功率等调用理论滑行时间计算监管基模块,等待结论返回

$V_j > V_{j-1}$

是　否

连续读取上传过程数据、读取设备上传理论滑行时间 $CCDT_{i传}$ 和实际滑行时间 $ACDT_{i传}$ 以及滑行误差 $\delta_{i传}$,根据上传滑行实时速度 V 值对应记录 $V_{i始}$ 与 $V_{i止}$ 的滑行时间 $t_{i始}$ 和 $t_{i止}$,计算 $ACDT_{i算}=t_{i止}-t_{i始}$ 和速度段滑行相对误差 $\delta_{i算}=(CCDT_{i算}-ACDT_{i算})/CCDT_{i算}$[①]

推送未达到规定最高滑行速度信息

$V \leq V_{低}$

否　是

根据滑行类别自仪器检查质控参数限值库表读取相应质控参数限值,检查设备上传各滑行质控参数值是否处于参数限值范围。用设备上传结果数据对合格性进行判定,检查上传与监管对结果判定的一致性[②]

处于限值范围

否

推送检查结果异常信息提示

是

判定一致

否

返回异常结论

是

返回正常结论和设备评定结果

返回异常结论,推送评定结果异常信息

根据返回结论与结果将设备上传数据标识后保存,退出基模块运行

图 5-3　恒功率滑行监管基模块控制流程示意

顺便交代一下，后续章节介绍的监管模块控制流程图中凡有"根据返回结论与结果将设备上传数据标识后保存"表述，均按这里的说明对数据进行标识后保存，且不再重复说明。

5.2.3.2 恒功率滑行监管基模块相关内容补充说明

图 5-3 中使用了两大块说明，分别用上标"①"和上标"②"在图中进行了标识。图中带上标"①"部分主要说明了恒功率滑行监管基模块根据读取的设备上传过程数据所做的工作，包含的内容较简单，模块开发时应将这些内容转化为具体流程补充完善。图中带上标"②"部分表述简单，但包含的内容较多，这里补充说明如下。

（1）恒功率滑行监管基模块的主要作用是为加载滑行监管主模块、负荷精度检查监管子模块建立基础模块。由表 3-5 和表 3-6 可知，加载滑行和负荷精度滑行检查过程主要包含"所用附加损失值相对备案值之偏差、指示功率与滑行功率相对偏差、各滑行速度段理论滑行时间计算偏差、各滑行速度段实际滑行时间取值偏差"等 4 个过程参数限值以及"各滑行速度段滑行误差"结果参数限值，这些参数限值均应保存在数据采集系统中的仪器性能检查质控参数限值库表，并由控件进行维护设置。

（2）对测功机滑行过程进行监管时，应连续读取设备上传过程数据以及中间结果数据。比如设备上传的附加损失功率值和指示功率值等，恒功率滑行监管基模块应按每条上传过程数据，连续计算附加损失功率值与数据采集系统中保存的上次附加损失测试所获得的附加损失功率之差值、实际滑行功率与加载功率的相对偏差值，检查其是否处于相应限值范围。当读取到设备上传各滑行速度段理论滑行时间和实际滑行时间等中间结果数据后，应将恒功率滑行监管基模块获取的理论滑行时间、利用设备上传过程数据记录时间计算的实际滑行时间等，与设备上传的理论滑行时间和实际滑行时间进行比较，计算它们之间的时间差值，检查其是否处于相应限值范围。如果上述检查结果均处于限值范围内，则说明滑行过程符合监管要求，否则不符合监管要求。不符合监管要求，恒功率滑行监管基模块将返回异常结论。

（3）如果滑行过程符合监管要求，恒功率滑行监管基模块利用设备上传的理论滑行时间和实际滑行时间计算相对滑行误差，将计算结果与读取的上传相对滑行误差比较，检查其是否处于允许偏差限值范围，并作出合格与不合格判定。最后将判定结果与设备上传判定结果比较，检查其判定结果是否一致，一致返回正常结论，否则返回异常结论，这也是图 5-2 中的"判定一致"过程。

恒功率滑行监管基模块开发时应结合上述说明补充和完善具体流程设计。

此外，图中还对于滑行最高速度未达到标准规定要求情况进行了处理，主要包括推送异常信息和返回异常结论，以及退出监管基模块运行等。

5.2.3.3　测功机滑行时间的取值方法

测功机滑行过程很难出现滑行速度等于滑行速度段起止速度情况，为减小监管与上传滑行时间取值误差，可以采取式（5-5）对 $V_{i始}$ 速度点的时间取值进行修正。

$$t_{i始} = t_j + \frac{V_{j+1} - V_{i始}}{V_{j+1} - V_j} \times \left(t_{j+1} - t_j \right) \tag{5-5}$$

式中：$t_{i始}$ —— 对应于测功机滑行速度为 $V_{i始}$ 点的修正记录时间，ms；

$V_{i始}$ —— 滑行速度段的起始滑行速度，km/h；

V_{j+1}、V_j —— 两个紧邻 $V_{i始}$ 的设备上传滑行速度，$V_{j+1} \leqslant V_{i始} \leqslant V_j$，km/h；

t_{j+1}、t_j —— 对应于设备上传滑行速度 V_{j+1}、V_j 点的滑行时间，ms；

i —— 滑行速度段顺序编号，量纲一；

j —— 设备上传过程数据的记录顺序编号，量纲一。

对于修正的 $t_{i止}$ 时间也可以参考式（5-5）计算，这里不再重复介绍。

5.2.4　加载响应时间检查监管基模块的控制流程

由 2.4.1 节可知，测功机加载响应时间检查共有 8 项。每项加载响应时间检查都是滚筒速度自 64 km/h 开始自由滑行，滚筒速度为 56 km/h 时施加起始扭力 F_b，滚筒速度为 a 时施加终了扭力 F_c，将自施加终了扭力 F_c 开始至滚筒受到的实际制动扭力达到阶跃扭矩变化的 90% 时所耗时间定义为响应时间 T_{90}，标准规定 T_{90} 应小于 300 ms。图 5-4 为加载响应时间测试监管基模块控制流程示意，这里对图 5-4 说明如下。

（1）图中如果滑行速度未达到最高速度便开始滑行则推送 "未达到规定滑行最高速度" 类似信息，如果达到了最高速度则允许进行加载响应时间测试。

（2）调用的质控参数限值应在仪器性能检查质控参数限值库表中备案，详见表 3-6 中有关加载响应时间检查类设置限值，主要为滑行结果（T_{90}）、实际与备案附加损失值偏差绝对值、56 km/h～a_i 范围扭力值、T_{90} 计时误差 4 个参数，限值大小可通过监管控件设置与维护。图中的附加损失偏差绝对值是 "实际与备案附加损失值偏差绝对值" 的简化表述，且 64～56 km/h 为自由滑行，此时的滑行功率、指示功率等于附加损失功率。

（3）图中的 F_b 为起始扭力。因测功机自 64 km/h 速度自由滑行至 56 km/h 速度才开始施加 F_b，所以滑行速度至速度 a 时通常不会大于 F_b。图中的 F_{90} 为 T_{90} 时间取值点加载扭力目标值，该值的计算详见式（2-5）和式（2-6）或详见表 2-13 中的 F_{90} 值。

（4）为简化流程图绘制，图中的所谓 F_{90} 处于 F_i 与 F_{i+1} 之间是指测试过程中需读取 F_{90} 对应时间值，如果出现 $F_{i+1} \geqslant F_{90} \geqslant F_i$ 或 $F_{i+1} \leqslant F_{90} \leqslant F_i$ 的情况，则说明 F_{90} 处于 F_i 与 F_{i+1} 之间，加载响应时间检查监管基模块开发时应进一步细化和完善相关流程。

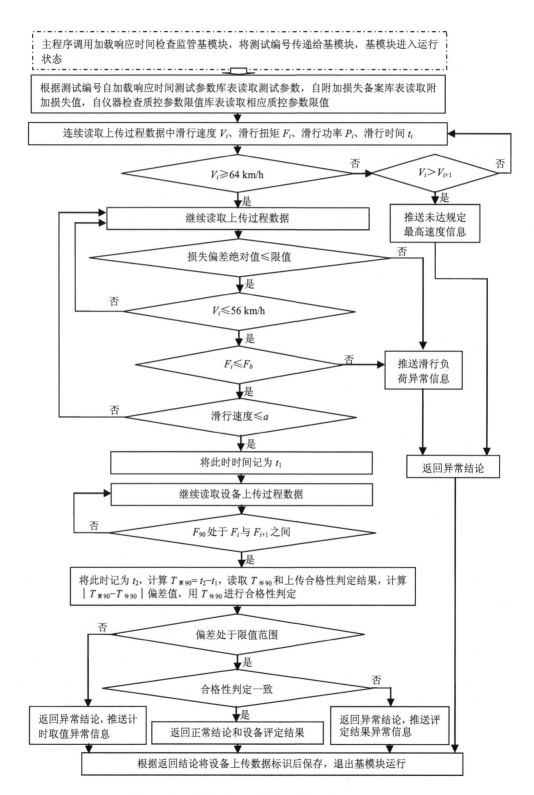

图 5-4 加载响应时间测试监管基模块控制流程示意

（5）如果检查过程中所有质控参数都处于参数限值范围内，说明设备上传的检查结果有效。为防止设备软件误判检查结果，图中还使用了设备上传 T_{90} 进行了检查结果判定，如果上传判定结果与监管判定监管一致则返回正常结论，否则返回异常结论。

图中返回正常结论时，返回的也是设备上传的合格或不合格判定结果。

5.2.5　标气检查监管基模块的控制流程

分析仪性能检查主要包括单点检查、五点检查、传感器响应时间检查、漂移检查、转化效率检查等，这些检查都需要使用标气。本节所讨论的标气检查监管基模块，主要对分析仪通入标气后的示值误差检查过程实施监管，比如低标检查、五点检查等。

5.2.5.1　检查用标气类别

根据表 4-7 和表 4-8 列出的分析仪标气检查状态设置情况，分析仪性能检查项目所使用的标气类别见表 5-3。

表 5-3　分析仪性能检查所使用的标气情况

检测线类别	运行主状态设置	设备运行子状态设置	检查用标气类别或说明[①]
汽油线	排放分析仪泄漏检查	—	不需要标气
	排放分析仪单点检查	CO 混合标气单点检查	CO 混合低、高标气
		NO₂ 标气单点检查[②]	汽油 NO₂ 低、高标气
	排放分析仪五点检查	CO 混合标气五点检查	CO 混合低、中低、中高、高标气
		NO₂ 标气五点检查[②]	汽油 NO₂ 低、中低、中高、高标气
	排放分析仪漂移检查	CO 混合标气漂移检查	CO 混合低、高标气
		NO₂ 漂移检查[②]	汽油 NO₂ 低、高标气
		零点漂移检查	包含 O₂ 检查
	高标标定（含传感器响应时间检查）	CO 混合高标气标定	CO 混合高标气
		NO₂ 高标气标定[②]	汽油 NO₂ 高标气
	转化效率检查[②]	—	汽油 NO 低标气、NO₂ 高标气
柴油线	NOₓ 分析仪泄漏检查	—	不需要标气
	NOₓ 分析仪单点检查	NO 混合标气单点检查	NO 混合低、高标气
		NO₂ 标气单点检查	柴油 NO₂ 低、高标气
	NOₓ 分析仪五点检查	NO 混合标气五点检查	NO 混合低、中低、中高、高标气
		NO₂ 标气五点检查	柴油 NO₂ 低、中低、中高、高标气
	高标标定（含传感器响应时间检查）	NO 混合高标气标定	NO 混合高标气
		NO₂ 高标气标定	柴油 NO₂ 高标气
	转化效率检查	—	柴油 NO、NO₂ 低标气

注：①检查用标气推荐浓度值详见表 2-4；②仅瞬态模式地区需进行该项目检查。

由表 5-3 可知，分析仪性能检查用标气类别可以根据检测线类别（或设备类别）和设备运行子状态确定，所以监管系统也需按表 5-3 建立标气备案信息库表。

由于分析仪性能检查项目都使用标气检查，检查结果和参数限值均为数值且量纲单位相同，也即分析仪性能检查结果都是数值比较，不需要考虑检查参数的量纲单位。

5.2.5.2 控制流程

标气检查监管基模块的控制流程示意如图 5-5 所示。

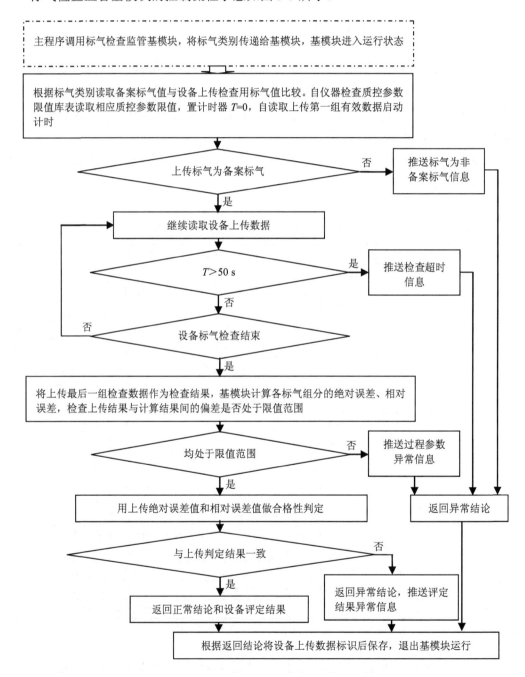

图 5-5 标气检查监管基模块的控制流程示意

对图 5-5 说明如下。

（1）图中自仪器性能检查质控参数限值库表读取的质控参数限值为表 3-5 中单点检查和表 3-6 中分析仪五点检查相关控件设置限值，主要包括检查结果、检查结果偏差、标气检查时长 3 类参数，参数限值的大小可通过监管控件设置与维护。应该提醒的是标气检查结果限值应按标准规定的分析仪许可示值误差设置。

（2）标气检查主要用到 CO 混合标气、NO 混合标气和 NO_2 标气 3 大类标气，CO 混合标气包含 CO、HC、NO、CO_2 4 个组分，NO 混合标气包含 NO、CO_2 2 个组分，NO_2 标气仅包含 NO_2 组分，因此，标气检查还应根据标气类别确定检查标气组分数量，按标气组分数量循环计算绝对误差、相对误差，以及标气组分数量循环计算上传结果与监管计算结果之间的偏差。为简化控制流程图绘制，图 5-5 未绘出绝对误差和相对误差计算流程及上传结果与计算结果偏差计算流程，模块开发时应细化和完善相关流程。

（3）如果检查过程中所有质控参数都处于参数限值范围，说明设备上传的检查结果有效，所以图中只要监管与上传结论一致则监管结论为正常。

（4）合格性判断需根据标气类别，自分析仪示值误差库表中读取相应示值误差限值，然后使用设备上传的绝对误差和相对误差值进行合格性判定。这一过程未在图中绘出，模块开发时应细化和完善相关流程。

（5）图中也未包含标气是否为备案标气检查流程，模块开发时应细化和完善相关流程。

5.2.5.3　HC 值的计算方法

CO 混合标气中的 C_3H_8 为丙烷，标气检查值和误差均用 HC 值标示。标气检查时应使用设备上传的当量转换系数 PEF 将 C_3H_8 转换为 HC，这一转换过程也可以由调用主程序完成，转换方法见式（5-6）。

$$HC_{浓度值} = PFE \times C_3H_{8浓度值} \tag{5-6}$$

标准规定，当量转换系数 PEF 值应为 0.490～0.540。

5.2.6　漂移检查监管基模块的控制流程

漂移检查通常在测量条件稳定不变情况下，检查一段时间内仪器示值的稳定性。排放分析仪零点和量距点漂移检查使用零气和量距点标气作为检查标气，漂移检查的基准值为 "0" 或检查用标气各组分的浓度值；不透光烟度计的零点漂移检查通常以干净空气为背景，漂移检查的基准值也为 "0"；流量漂移检查则以漂移检查时段的平均示值为基准值。表 5-4 为根据标准体系规定整理的漂移检查具体项目。对表 5-4 做如下说明。

（1）漂移检查结果主要有绝对漂移和相对漂移 2 种表示方法，基准值、示值及绝对漂移值的量纲单位相同，相对漂移本身为量纲一数值。由此可见，进行漂移检查监管基模块开发时也不用考虑漂移检查参数的量纲单位，因此表 5-4 将标气组分、流量、光吸收系数等均视同为参数使用，以方便表述和监管基模块控制流程的设计。

（2）由表 5-4 可知，排气检测设备共需进行 7 项漂移检查，漂移检查参数数量有 1 个、4 个、5 个和 6 个，数据采集系统应按表 5-4 建立漂移检查参数库表。

（3）主程序调用漂移检查监管基模块对漂移检查过程进行监管时，只需将漂移检查类别传递给漂移检查监管基模块，漂移检查监管基模块便可以根据漂移检查类别自漂移检查参数库表和仪器性能检查质控参数库表中读取漂移检查时长、检查参数数量、基准值和许可的漂移限值等参数。

（4）零点漂移通常使用绝对漂移作为漂移检查结果或量值，量距点漂移则使用相对漂移作为漂移检查结果或量值。

表 5-4　设备漂移检查参数及漂移限值情况

漂移检查类别	检查参数	标准许可的最大漂移量限制
瞬态分析仪零点漂移检查	CO、HC、CO_2、NO、NO_2、O_2 共 6 个参数	前 600 s 内漂移值不超过标准规定准确度的 1.5 倍，600～3 600 s 内漂移值不超过标准规定准确度要求
稳态分析仪零点漂移检查	CO、HC、CO_2、NO、O_2 共 5 个参数	
稳态分析仪 CO 混合标气量距点漂移检查	CO、HC、CO_2、NO 共 4 个参数	3 600 s 内漂移值不超过标准规定准确度要求，3 600～10 800 s 内漂移值不超过标准规定准确度的 2/3
瞬态分析仪 CO 混合标气量距点漂移检查	CO、HC、CO_2、NO 共 4 个参数	
瞬态分析仪 NO_2 标气量距点漂移检查	NO_2 共 1 个参数	
不透光烟度计零点漂移检查	不透光度共 1 个参数	1 800 s 时间内的绝对漂移不超过 ±1%
流量漂移检查	流量共 1 个参数	360 s 时间内的绝对漂移限值不超过 4 L

图 5-6 是漂移检查监管基模块控制流程示意。图中的 i 为检查参数编号，j 为设备上传过程数据顺序编号，δ_i 为编号 i 之检查参数限值，δ_{ij} 为过程数据编号为 j、检查参数编号为 i 之漂移量值。δ_{ij} 值等于设备上传过程数据中检查参数读数值与基准值之差值的绝对值或相对偏差的绝对值，图 5-2 中未包含 δ_{ij} 值的计算流程，软件开发时应予补充和完善。

因流量漂移检查的基准值为漂移检查过程的流量均值，其基准值需在漂移检查结束后才能确定，所以图 5-6 所确定的漂移检查监管基模块不适用于流量漂移检查。

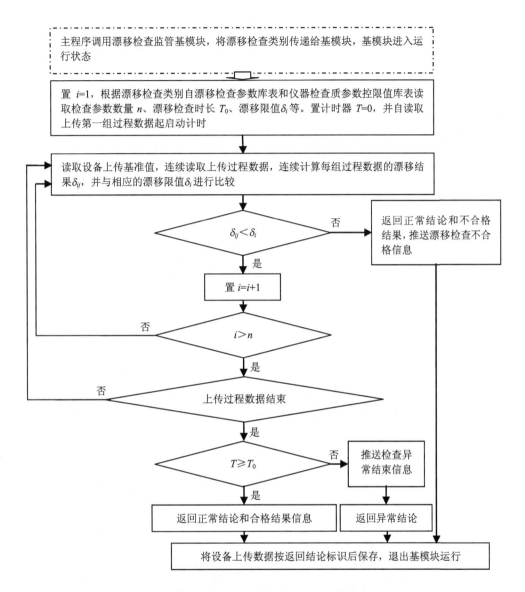

图 5-6　漂移检查监管基模块控制流程示意

5.2.7　附加损失测试监管基模块的控制流程

附加损失测试属于设备校准或校正内容，通常不需要进行监管。由于加载滑行不合格时需进行附加损失测试，附加损失测试结果还将用于测功机期间核查的过程监管，通常需在附加损失测试过后，将最新的附加损失测试结果更新数据采集系统附加损失库表中相应检测线的备案附加损失值。所以，这里也专门建立附加损失测试监管基模块。图 5-7 是附加损失测试监管基模块控制流程示意，GB 18285—2018 规定附加损失功率值不应大于 2.5 kW，GB 3847—2018 则没有相关规定要求，所以图中"$PLHP_i < 2.5\ kW$"仅适用于汽油检测线，柴油检测线则不用考虑这一要求（可以删除这一过程）。对图 5-7 做如下说明。

（1）由图可知，附加损失测试监管基模块仅对滑行最低与最高速度以及汽油线的许可最大附加损失功率进行了监管。

（2）附加损失测试结果应在数据采集系统备案，且每次附加损失测试后应更新备案数据。

（3）因附加损失属校准或校正内容，通常不需要对滑行结果进行监管。

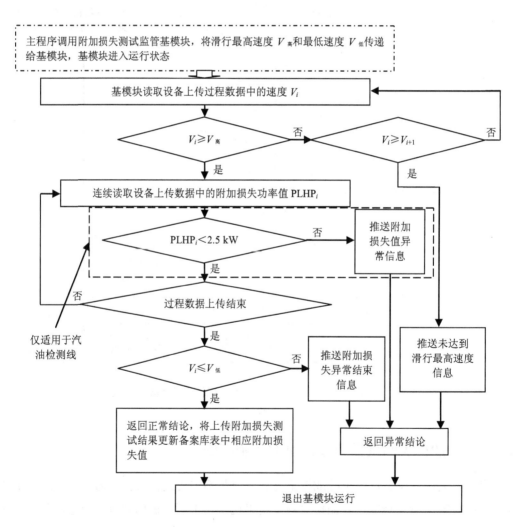

图 5-7 附加损失测试监管基模块控制流程示意

5.3　仪器性能检查监管子模块的控制流程

由表 5-2 可知，数据采集系统需建立负荷精度检查、加载响应时间检查和变负荷滑行检查共 3 个仪器性能检查监管子模块。

5.3.1　负荷精度检查监管子模块的控制流程

负荷精度检查的主要滑行参数如表 5-5 所示。由表 5-5 可知，稳态工况法和简易瞬态工况法需进行 4 kW、11 kW 和 18 kW 三个功率的滑行检查，共进行 2 个速度段的滑行检查且各功率的滑行速度段完全相同。加载减速法需进行 10 kW、20 kW 和 30 kW 三个功率的滑行检查，共进行 8 个速度段的滑行检查且各功率的滑行速度段也完全相同。此外，标准规定稳态工况法和简易瞬态工况法的滑行速度范围为 60～10 km/h，加载减速法的滑行速度范围为 100～10 km/h（至少为 80～10 km/h，此时只需进行 6 个速度段的滑行）。

表 5-5　负荷精度检查的主要检查参数

设备名称	滑行功率	滑行速度段	滑行许可误差
稳态或简易瞬态工况法设备（GB 18285—2018 规定）	4 kW	50～30 km/h，35～15 km/h	±4%
	11 kW		±2%
	18 kW		±4%
加载减速法设备（GB 3847—2018 和 HJ 1238—2021 规定）	10 kW	100～80 km/h，90～70 km/h，80～60 km/h，70～50 km/h，60～40 km/h，50～30 km/h，40～20 km/h，30～10 km/h	±2%
	20 kW		±2%
	30 kW		±4%

注：1. 每个功率都需完成所有速度段的滑行；2. 理论滑行时间的计算已在 5.2.2 节介绍。

负荷精度检查过程为恒功率滑行过程，所以可以调用恒功率滑行监管基模块对负荷精度检查过程进行监管，图 5-8 是负荷精度检查监管子模块的控制流程示意。

图中滑行功率错误时，要求设备重新选择正确滑行功率，此时如果设备终止负荷精度检查，则子模块将进入运行死循环，所以在图中增加了有关连续监视调用主程序运行命令状态标示和处理方法说明（有关命令状态的设置方法详见 5.4.2 节）。子模块开发时，应补充完善这方面的控制流程。

因调用的恒功率滑行监管子模块已分别保存了设备上传过程数据，所以，子模块只需将基模块的保存数据使用标识关联即可。

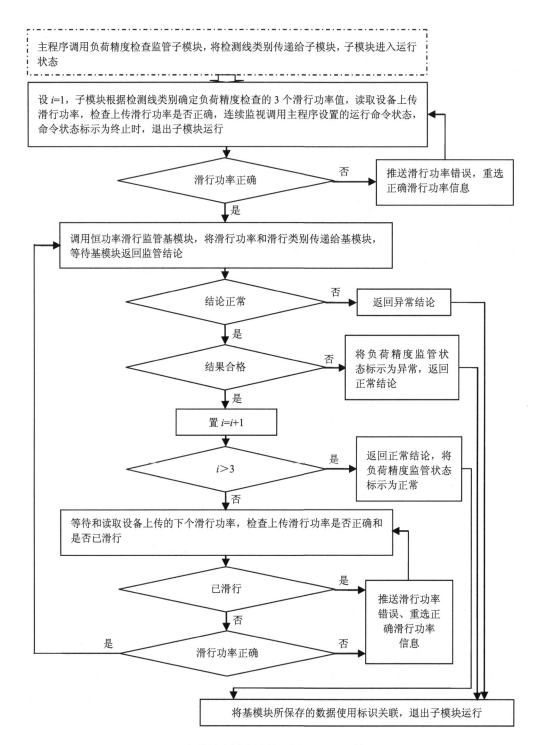

图 5-8 负荷精度检查监管子模块的控制流程示意

5.3.2　加载响应时间检查监管子模块的控制流程

标准规定的测功机加载响应时间检查共有 8 项，由 2.4.1 节可知，虽检查用参数值不同，但 8 项检查的原理、方法与流程基本相同。图 5-9 是加载响应时间检查监管子模块的控制流程示意图。

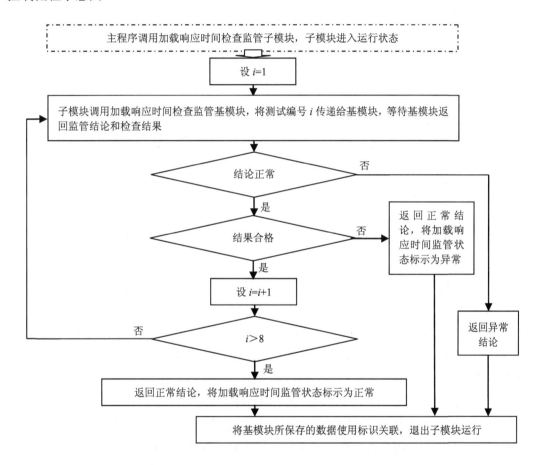

图 5-9　加载响应时间检查监管子模块的控制流程示意

5.3.3　变负荷滑行监管子模块的控制流程

由表 2-15 和表 2-16 可知，变负荷滑行检查共有 45 个首尾衔接的滑行速度段，但只需对 3 个速度区间的总滑行相对误差进行检查。3 个速度区间分别为 80.5～8.0 km/h、72.4～16.1 km/h 和 61.1～43.4 km/h，相对应的滑行相对误差限值分别为±4%、±2% 和±3%。变负荷滑行检查虽繁杂，但监管的重点主要为这 3 个速度区间起止速度点的时间取值，为方便表述，分别用区间 I、区间 II 和区间Ⅲ表示。

变负荷滑行每个滑行速度段的滑行功率不同，相邻滑行速度段的滑行速度首尾衔接，这里将衔接点简称为界点，界点的相应速度简称为界点速度，相应于界点速度设备上传过程数据的记录时间简称为界点时间，这样变负荷滑行共有 46 个界点和界点速度。为方便流程图绘制，这里将变负荷滑行时各界点速度和界点时间分别用 $V_{i界}$ 与 $t_{i界}$ 表示（i 为界点编号）表示，表 5-6 列出了区间Ⅰ、区间Ⅱ和区间Ⅲ的起止速度点所对应的 $V_{i界}$ 与 $t_{i界}$。由表 5-6 可以看出，变负荷滑行检查时只需记录表 5-6 中各界点速度所对应的界点时间，便可以计算出 3 个速度区间的实际滑行时间。如果用 $T_{Ⅰ实}$、$T_{Ⅱ实}$ 和 $T_{Ⅲ实}$ 分别表示区间Ⅰ、区间Ⅱ和区间Ⅲ的实际滑行时间，则 $T_{Ⅰ实}=t_{46界}-t_{1界}$，$T_{Ⅱ实}=t_{40界}-t_{5界}$，$T_{Ⅲ实}=t_{23界}-t_{12界}$。

表 5-6　变负荷滑行的主要界点速度和界点时间编号情况

计时速度点	界点速度符号	界点时间取值符号	界点所属区间情况
80.5 km/h	$V_{1界}$	$t_{1界}$	区间Ⅰ
72.4 km/h	$V_{5界}$	$t_{5界}$	区间Ⅰ、区间Ⅱ
61.1 km/h	$V_{12界}$	$t_{12界}$	区间Ⅰ、区间Ⅱ、区间Ⅲ
43.4 km/h	$V_{23界}$	$t_{23界}$	区间Ⅰ、区间Ⅱ、区间Ⅲ
16.1 km/h	$V_{40界}$	$t_{40界}$	区间Ⅰ、区间Ⅱ
8.0 km/h	$V_{46界}$	$t_{46界}$	区间Ⅰ

图 5-10 是变负荷滑行监管子模块的控制流程示意图。对于图 5-10 做如下说明。

（1）图中的 i 为滑行界点编号，j 为设备上传过程数据编号。界点时间可参考式（5-5）取值，以提高时间取值准确度。

（2）由于标准规定的每个滑行速度段的滑行速度范围小，致滑行过程功率变化较快，如果对每个滑行速度段都进行精细化实时监管，监管模块的建立会十分烦琐，所以图 5-10 主要采取了对滑行过程中的主要界点进行监管策略。如果需要强化变负荷滑行检查全过程监管，则可按图 5-9 的监管思路对每个界点进行监管，模块开发时也应按该思路完善控制流程。

（3）图中对变负荷滑行界点时间取值、各速度区间的滑行误差计算、计算结果与上传结果的比较等均采取了描述性介绍，这部分的内容虽多，但控制流程并不复杂，模块开发时应予以细化和完善。

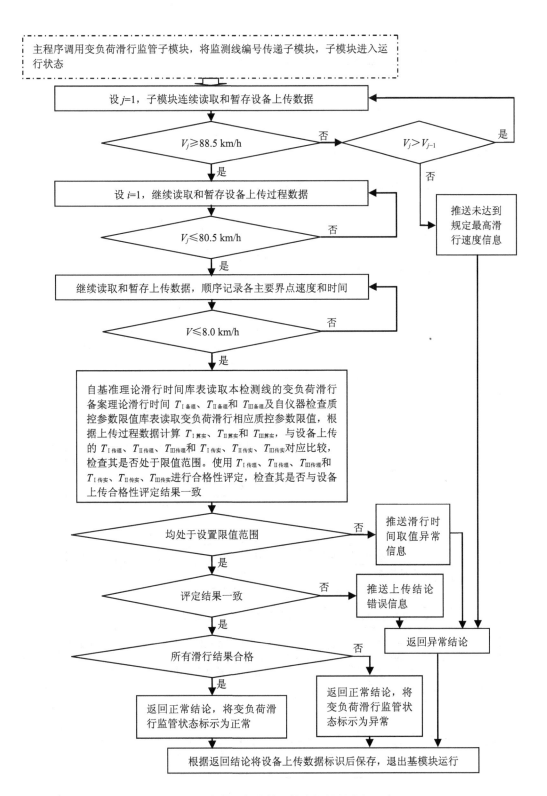

图 5-10　变负荷滑行监管子模块的控制流程示意

5.4 仪器性能检查监管主模块的控制流程

由表 5-2 可知，数据采集系统应建立 13 个仪器性能检查监管主模块。监管主模块有个特殊的专属功能，就是在对设备运行业务实施监管时都应将设备运行总状态标示为监管，监管结束后再将设备的运行总状态标示为空闲。

5.4.1 加载滑行监管主模块的控制流程

加载滑行监管主模块的控制流程与负荷精度检查监管子模块的控制流程类似，所不同的是，加载滑行监管主模块仅需对 1 个滑行功率进行监管，且每次监管的滑行功率都可能不同。图 5-11 为加载滑行监管主模块的控制流程示意。

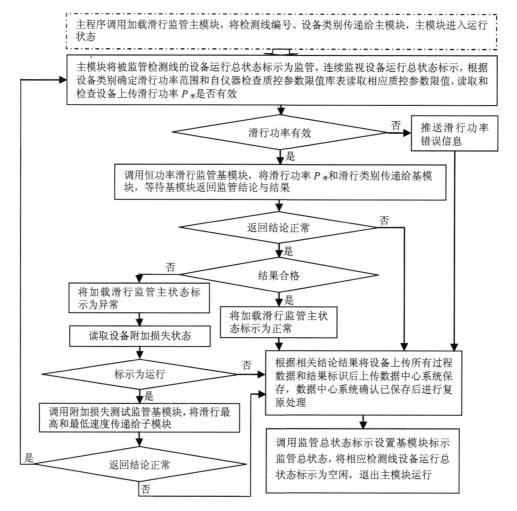

图 5-11　加载滑行监管主模块的控制流程示意

对图 5-11 做如下说明。

（1）由图可知，加载滑行监管主模块的控制流程较简单，主要监管工作由恒功率滑行监管基模块完成，本身仅进行监管准备工作和监管善后工作，包括对加载滑行监管状态与设备运行总状态的重新标示、将设备上传所有数据标识后再上传数据中心保存以及复原处理。

（2）复原处理工作主要包括监管过程中所有中间结果、临时记录以及所调用模块保存的数据等的清理。为方便表述与简化控制流程绘制，后续章节将上述类似工作均用复原处理表述。此外，设备上传过程数据通常按合格、不合格、未完成进行标识和保存。

（3）标准规定如果加载滑行不合格，则需进行附加损失测试，附加损失测试后，再进行加载滑行。图 5-11 也根据这一规定要求，在加载滑行不合格后，又再次读取设备附加损失运行状态和调用了附加损失测试监管基模块，附加损失测试后又重新对后续的加载滑行进行重新监管。监管系统发布的联网协议应规范这一流程，且应在读取设备附加损失运行状态和再次读取加载滑行运行状态时给予适当时长以消除设备工控软件操作延时影响。

（4）如果加载滑行不合格，图 5-11 通过读取附加损失运行状态以识别设备是否进行附加损失测试。如果超过允许附加损失测试状态读取时长未读取到附加损失运行状态标示为运行或读取到其他设备运行状态标示为运行，则将控制流程转向加载滑行的善后处理工作。

（5）调用监管主模块的主程序实际上就是监管总模块，监管总模块的控制流程将在 5.5 节介绍。监管总模块的作用是监视设备运行状态，根据设备运行状态调用具体的监管主模块，不执行具体监管工作，所以，监管主模块也不需要将结果或结论返回调用主程序。

此外，图 5-11 中在主模块将被监管检测线的设备运行总状态标示为监管后，再连续监视设备运行总状态标示，该监视过程应与主模块同步运行，如果发现设备运行总状态标示不是监管标示，应终止主模块运行。此时因设备上传的过程数据均会异常，主程序调用的子模块和基模块都会返回异常结论，各模块会自动终止运行，所以设备性能检查各监管模块不会进入运行死循环，模块开发时应补充完善这方面的内容。

5.4.2　测功机期间核查监管主模块的控制流程

测功机期间核查主要包括负荷精度检查、加载响应时间检查和变负荷滑行检查 3 项检查内容。GB 18285—2018 和 GB 3847—2018 规定，测功机在完成负荷精度检查后，应马上进行加载响应时间检查，加载响应时间检查后还应继续进行变负荷滑行检查，由此可见，测功机的负荷精度检查、加载响应时间检查和变负荷滑行检查应一次性连续完成。图 5-12 是测功机期间核查监管主模块控制流程示意。

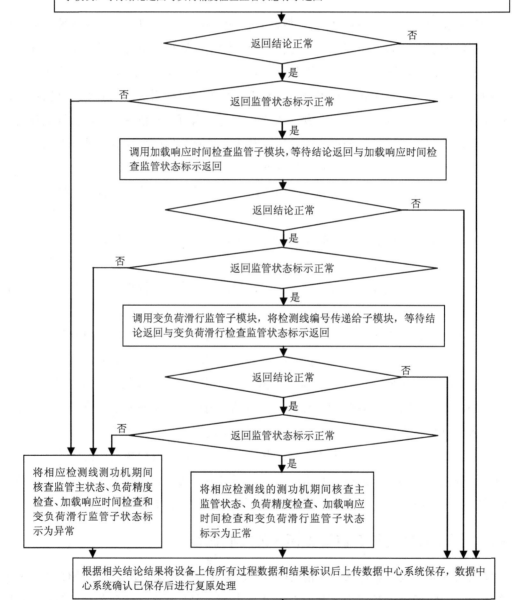

图 5-12 测功机期间核查监管主模块控制流程示意

　　同样，测功机期间核查监管主模块的控制流程也相对简单，主要对调用子模块前后的监管工作进行准备和善后处理。为防止调用子模块进入运行死循环，图中说明也增加了连续监视设备运行总状态标示内容。如果设备被人为主动退出相关运行，设备运行状态将被置为空闲标示，此时监管主模块应将运行命令状态标示为终止，被调用的各模块读取到运行命令状态终止标示时，主动退出运行，这样就不会出现运行死循环问题。所以监管主模块应根据调用模块的需要设置运行命令状态，命令状态标示可设运行/终止两类标示，模块开发时应增加这方面内容，后续章节如果有类似情况出现时也不再重复解释说明。

5.4.3　惯性质量测试监管主模块的控制流程

　　惯性质量测试实质上是惯性质量校准。滚筒惯性质量不但影响测功机滑行过程的理论滑行时间计算，也会影响测功机加载的准确性。为确保测功机滑行测试结果能得到有效上传，所以本节也建立惯性质量测试监管模块，图 5-13 是其控制流程示意。

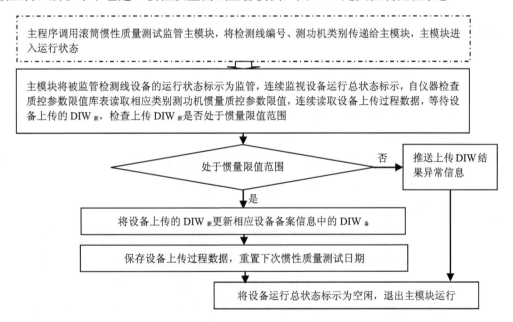

图 5-13　滚筒惯性质量测试监管主模块的控制流程示意

　　由于滚筒惯性质量测试通常按规定的期间核查周期管理监管状态标示，所以图中没有监管状态标示方面的内容。此外，图 5-13 提到的惯量质控参数限值在前面各章节均未有提及，这里补充说明如下。

　　（1）表 5-7 是根据相关标准罗列的滚筒惯性质量技术指标。由表可知，相关标准的规定没有统一，导致对测功机的惯性质量监管较难把控。基于这种状况，推荐根据全市备案的在用测功机惯性质量情况，按上述标准进行归类和对应设置控件与控件维护范围。

归类时应注意国标优先行标原则。

（2）为方便惯性质量测试质控参数限值管理，也建议将惯量测试质控参数限值纳入仪器性能检查质控参数限值库表一并管理。

表 5-7　标准规定的滚筒惯量技术指标

设备类别	执行标准编号	轻型测功机技术指标		重型测功机技术指标	
		总惯量/kg	铭牌许可偏差	总惯量/kg	许可偏差
稳态工况法设备	GB 18285—2018	900±18	≤±4 kg	未明确	未明确
	HJ/T 291—2006	907.2±18.1	≤±9 kg	标准没有规定简易工况法检测方法，不需要配备相应测功机	
简易瞬态工况法设备	GB 18285—2018	>800	≤±2%		
	HJ/T 290—2006	907.2±18.1	≤±9 kg		
加载减速法设备	GB 3847—2018	未明确	未明确	未明确	未明确
	HJ/T 292—2006	907.2±18.1	≤±9 kg	1 452.8±18.1	≤±9 kg

5.4.4　传感器响应时间检查监管主模块的控制流程

传感器响应时间检查包括 T_{90} 和 T_{10} 两个响应时间检查。标准规定，分析仪传感器的响应时间在高标标定过程中检查。实质上高标标定过程仅能进行 O_2 传感器的 T_{10} 和其他传感器的 T_{90} 检查，O_2 传感器的 T_{90} 和其他传感器的 T_{10} 则应在高标标定后的调零过程中检查。

5.4.4.1　传感器响应时间检查过程分析

实际工作中，分析仪高标标定后，还应对分析仪进行低标检查以确保高标标定结果的有效，由此可见，传感器响应时间检查包含了分析仪调零、高标标定、标定后的再次调零及低标检查 4 个阶段。

目前设备工控软件的高标标定过程是先通过分析仪的高标气口通入高标气让设备进行高标气检查，待高标气检查读数稳定后再命令分析仪进行标定，分析仪进行标定时会停止数据的上传，所以在设备上传完标定过程数据后，会有一个等待标定结束过程。

高标标定前应先对分析调零，调零结束后，除 O_2 的浓度示值为 20.8%外，其他气体指标的浓度示值均为零。高标标定开始，分析仪连续分析自高标气口输入的气体浓度值，由于标气中不含 O_2，O_2 浓度示值会逐步减小至接近"0"值，其他气体指标的示值则会逐步增大至稳定值。自高标标定开始至 O_2 浓度示值为 2.08%时所耗时间就是氧传感器的 T_{10} 响应时间，其他气体指标的示值为相应稳定示值的 90%时所耗时间就是相应传感器的 T_{90} 响应时间。

由于分析仪各传感器的性能会在使用过程中发生缓慢变化，测量结果的准确性会慢慢降低，所以在高标标定过程中不能直接使用高标气的浓度值去确定 T_{90} 之浓度示值。这里对 T_{90} 的浓度示值确定方法及 T_{90} 和 T_{10} 的时间取值方法说明如下。

（1）假设标气各组分的标气浓度值为 $N_{i标}$，分析仪正式标定时的稳定读数数组中的记录值为 $N_{i读}$（通常为高标标定时设备上传的最后一组数据值或最后几组数据的平均值），可以使用式（5-7）分别计算出各气体组分响应时间为 T_{90} 时的分析仪示值 $N_{i读90}$。

$$N_{i读90} = 0.9 \times N_{i读} \tag{5-7}$$

（2）查询设备上传过程数据中最接近 $N_{i读90}$ 之记录，将该条记录的设备记录时间记为 $t_{i读90}$，将设备上传的第一组有效过程数据（通常为 CO 或 CO_2 之示值为非零值时的第一条过程数据）的记录时间记为 t_0，则相应传感器的 T_{90} 值可以用式（5-8）计算得出。

$$T_{i90} = t_{i读90} - t_0 \tag{5-8}$$

（3）分析仪标定结束后，关闭高标气阀和打开零气阀，启动分析仪调零，直接将调零过程示值最接近 $0.1 \times N_{i标}$ 时的时间分别记为 $t_{i读10}$，将开始调零时间记为 t_1，则相应传感器的 T_{10} 值可以用式（5-9）计算得出。

$$T_{i10} = t_{i读10} - t_1 \tag{5-9}$$

（4）因分析仪标定前进行了调零，调零后分析仪的 O_2 测量示值被调到了20.8%，标定结束时 O_2 测量示值又变为了"0"值，所以，O_2 传感器的 $N_{氧读90}$ 和 $N_{氧读10}$ 值分别为18.72%和2.08%，在高标标定过程和调零过程直接将分析仪示值最接近2.08%和18.72%时的时间记为 $t_{氧读10}$ 和 $t_{氧读90}$，再使用式（5-8）和式（5-9）对应计算 $T_{氧10}$ 和 $T_{氧90}$。

式（5-7）至式（5-9）中的下标"i"为标气组分类别编号。

传感器的响应时间检查也可以先将分析仪标定后再检查。因分析仪已标定准确，此时，可以将式（5-6）的 $N_{i读}$ 直接用标气值替代，则所有 $t_{i读10}$ 和 $t_{i读90}$ 可以在标气检查过程直接读取。

5.4.4.2　传感器响应时间检查项目

标准规定，稳态工况法需检查 CO、NO 和 O_2 传感器的响应时间，简易瞬态工况法需检查 CO、NO_x 和 O_2 传感器的响应时间，加载减速法需检查 NO_x 传感器的响应时间。由于 NO 和 NO_2 两种标气不能混合，NO_x 传感器包含了 NO 和 NO_2 两个传感器，所以 NO 和 NO_2 传感器应分别检查，也就是说，对于瞬态分析仪和 NO_x 分析仪需使用混合标气和 NO_2 标气分别进行传感器响应时间检查。

5.4.4.3　监管主模块的控制流程

图 5-14 为传感器响应时间检查监管主模块控制流程示意图。对于图 5-14 做如下说明。

（1）标准规定高标标定时同时进行传感器响应时间检查，所以图 5-14 实际上也是高标标定过程的监管控制流程示意图。图中的 i 为标气组分编号，下标"传"表示设备上传数据，下标"标"表示标气浓度值，下标"氧"表示氧气成分，N 表示气体浓度值。

（2）图 5-14 根据质量控制要求，增加了高标标定后的低标检查过程，如果低标检查不合格，也意味着单点检查不合格，所以在图中当低标检查不合格时，将单点检查监管

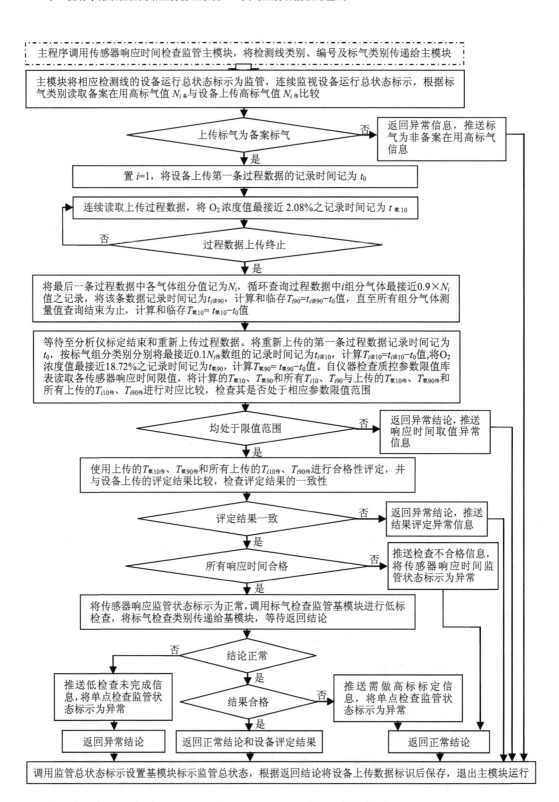

图 5-14 传感器响应时间检查监管主模块控制流程示意

状态标示为不合格。为规范传感器响应时间检查行为，监管系统在发布联网协议时应将传感器的检查流程规定为"分析仪调零→高标标定→调零→低标检查"。

（3）为简化流程图绘制，图中对传感器的响应时间的取值与计算方法、上传与监管结论的一致性评定等内容采取了描述方式，虽内容较多和流程绘制会较烦琐，相对来说流程的绘制思路简单，模块开发时应完善这些内容。

（4）图中未包含标气是否为备案标气检查过程、传感器响应时间查询过程和计算过程等具体流程内容，模块开发时应进一步补充完善这方面的内容。

此外，传感器响应时间检查监管子模块还应增加根据标气类别识别标气检查组分与组分数量流程，识别方法可参考 5.2.5 节和 5.2.6 节相关内容，这里不再重复。

5.4.5 单点检查监管主模块的控制流程

标准规定，单点检查需先进行低标检查，低标检查合格则单点检查结束，低标检查不合格则需进行高标标定，高标标定过程还需进行传感器响应时间检查，高标标定后需再次进行低标检查，只有低标检查合格则单点检查才算合格。图 5-15 是单点检查监管主模块控制流程示意图，图中的标气检查类别确定方法详见表 5-3 及相关说明。

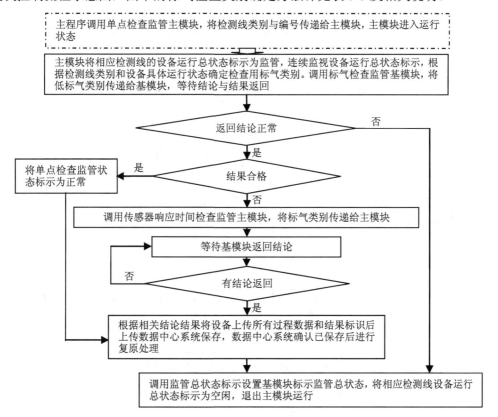

图 5-15 单点检查监管主模块控制流程示意

由于标气检查监管基模块承担了低标检查工作，传感器响应时间检查监管子模块承担了高标标定过程和高标标定后的低标检查工作，所以单点检查监管主模块的控制流程较简单。

5.4.6　五点检查监管主模块的控制流程

五点检查分别使用低、中低、中高、高、零气等 5 种标气顺序对分析仪的示值误差进行检查，图 5-16 是五点检查监管主模块的控制流程示意。为确保五点检查结果的有效和顺利完成，通常在五点检查前需对分析仪进行高标标定，但高标标定不属五点检查规定内容。

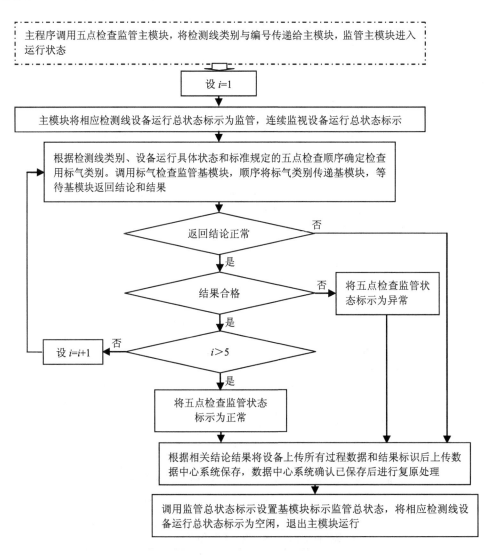

图 5-16　五点检查监管主模块的控制流程示意

对于图 5-16 做如下说明。

（1）图中的 i 代表标气种类，1 代表低标气、2 代表中低标气、3 代表中高标气、4 代表高标气，5 代表零气。

（2）标准规定五点检查需顺序一次性完成低、中低、中高、高、零气 5 种标气检查，如果检查过程出现某种标气检查不合格，通常应对分析仪进行必要的维护、维修和高标标定后再进行五点检查。所以，五点检查没有对单项标气检查设置状态标示。

（3）如果五点检查过程出现异常被终止，仍需保存检查过程数据与结果，但不改变原监管状态标示。

5.4.7 排放分析仪漂移检查监管主模块的控制流程

GB 18285—2018 规定的排放分析仪漂移检查有零点和量距点漂移检查。零点漂移检查的零气除 O_2 组分浓度值为 20.8% 外，其他组分气体浓度值全部为"0"，量距点漂移检查则需使用检验机构备案的在用高标气进行检查。图 5-17 是分析仪漂移检查监管主模块的控制流程示意。

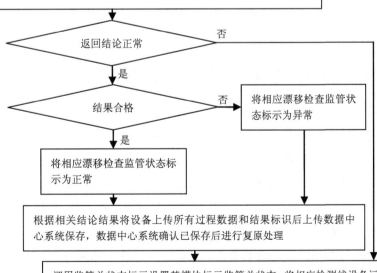

图 5-17 分析仪漂移检查监管主模块控制流程示意

分析仪零点漂移和量距点漂移之间无必然关联关系，且标准规定的分析仪漂移检查时间较长，因此，零点漂移检查和量距点漂移检查可以在不同时间完成，图 5-17 也未将零点漂移检查和量距点漂移检查关联。此外，如果排放分析仪的 NO_2 采用直接测量法，需分别使用 CO 混合标气和 NO_2 标气进行量距点漂移检查。

如果漂移检查异常中断，漂移检查监管主模块结束运行，不改变漂移检查监管状态的原标示，也可以不保存漂移检查过程数据与结果。

5.4.8　转化效率检查监管主模块的控制流程

HJ 1237—2021 规定的氮氧转化效率检查有直接法和间接法 2 种：间接法需使用臭氧发生器等专用仪器，检查方法相对复杂，技术要求相对较高；直接法相对简单，不需要特别增加检查专用仪器，是目前排放检验机构主选方法，所以这里仅讨论直接法的监管控制流程，图 5-18 是其控制流程示意。

对图 5-18 做如下说明。

（1）转化效率检查过程已在 2.4.4 节介绍，推荐的检查用标气类别和转化效率计算式（2-5）也在 2.4.4 节给出。

（2）转化效率检查相关控件及控件维护范围在表 3-6 中给出。

（3）换用标气时需要一个等待过程，模块开发时应建立换用标气时设备与监管软件间的等待交互机制。

（4）转化效率测试监管主模块为独立模块，没有调用其他模块情况，也不需要返回结论，保存数据时应根据合格、不合格及监管过程结论异常将数据标识为合格、不合格、未完成。

5.4.9　滤光片检查监管主模块的控制流程

HJ/T 292—2006 第 6.7.7 条"有关不透光烟度计日常校准/检查基本要求"规定，日常校准时应先对不透光烟度计零点和量程校准，接着用名义量值为 30% 和 90% 的标准滤光片对不透光烟度计进行校准，然后再用名义量值为 50% 和 70% 的标准滤光片对不透光烟度计进行线性检查。由此可见，HJ/T 292—2006 规定至少应用 30%、50%、70% 和 90% 4 个名义量值滤光片对不透光烟度计进行校准与检查，加上 0% 全通过和 100% 全遮挡检查，相当于需进行 6 种滤光片的校准与检查。

由于目前国内在用的不透光烟度计线度良好，且大多数不透光烟度计没有提供线性校准功能，因此造成各地在不透光烟度计的线性检查方面出现了管理上的差异，主要表现如下。

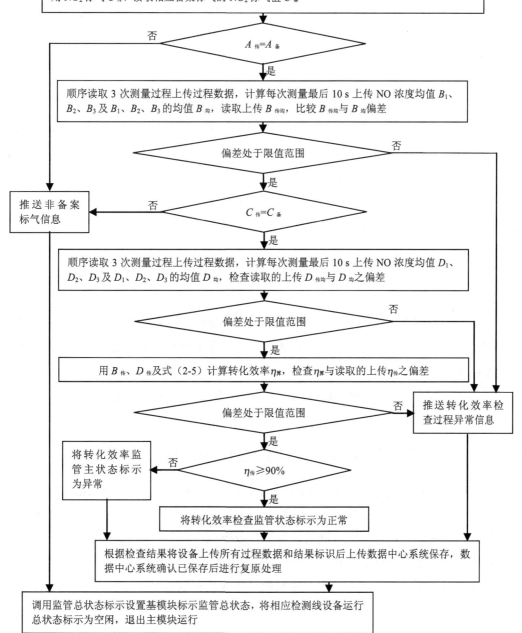

图 5-18　转化效率测试监管主模块控制流程示意

（1）目前各地基本没有要求对不透光烟度进行日常校准，采取了将日常校准改为日常检查方式。从质控管理来说，只要所有检查结果符合标准要求，也就说明校准结果仍然有效。

（2）目前各地对不透光烟度计的滤光片检查规定与要求不同，主要有单点检查、2 点检查、3 点检查和 4 点检查等几种情况，加上排气检测前应先对不透光烟度计进行 0% 和 100% 两点检查，实质上各地对不透光烟度计的检查至少包含了 3 点检查。

图 5-19 是基于以上状况绘制的滤光片检查监管主模块控制流程示意，对图 5-19 做如下说明。

（1）i 为滤光片编号，j 为滤光片检查时长控件，n 为滤光片检查数量。HJ/T 292—2006 规定滤光片检查时长为 10 s，n 由管理部门规定，n 值应设置监管控件，以方便维护修改。

（2）滤光片检查结果不受检查顺序影响，图中也未规定检查顺序。滤光片检查时，需换用不同滤光片进行检查，所以图中增加了等待设备上传过程数据环节。

（3）滤光片检查结果判定简单，没有必要再对设备上传结果进行监管，图中采取了按监管结果保存结果和设备上传过程数据的简单处理方式，由图 5-19 也可知，滤光片检查监管主模块的控制流程与设备的滤光片检查控制流程基本相似。

5.4.10 烟度计零漂检查监管主模块的控制流程

GB 3847—2018 规定，不透光烟度计的示值在 30 min 内的零点漂移不得超过 ±1%。由于设备质控检查都是同类参数结果的比较，与计量单位无实质性关联，所以烟度计零点漂移检查监管主模块的控制流程与排放分析仪漂移检查监管主模块完全相同，这里不重新绘制流程图。

不透光烟度计零点漂移检查读取的监管控件参数为表 3-6 中的烟度计漂移检查类参数。

5.4.11 平均流量误差检查监管主模块的控制流程

HJ/T 290—2006 规定，流量计 20 s 时间流量读数平均值与名义流量值的相对误差不应超过 ±10.0%。流量计名义流量值通常在流量计铭牌上标识，每年经检定/校准重新确定，因此，流量计每次检定或校准后应将检定或校准报告上的名义流量值作为新名义流量值备案。如果不按时重新备案，监管系统应推送提示信息和锁止设备排气检测功能。

图 5-20 为平均流量误差检查监管主模块的控制流程示意。

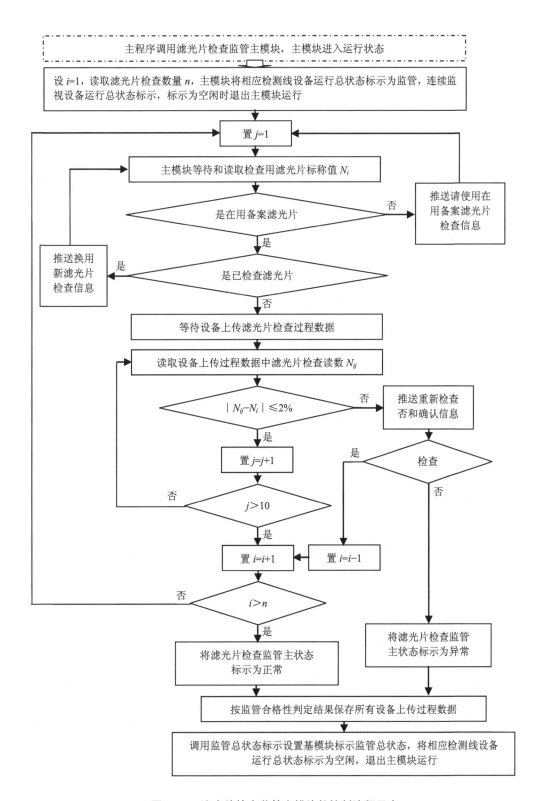

图 5-19　滤光片检查监管主模块的控制流程示意

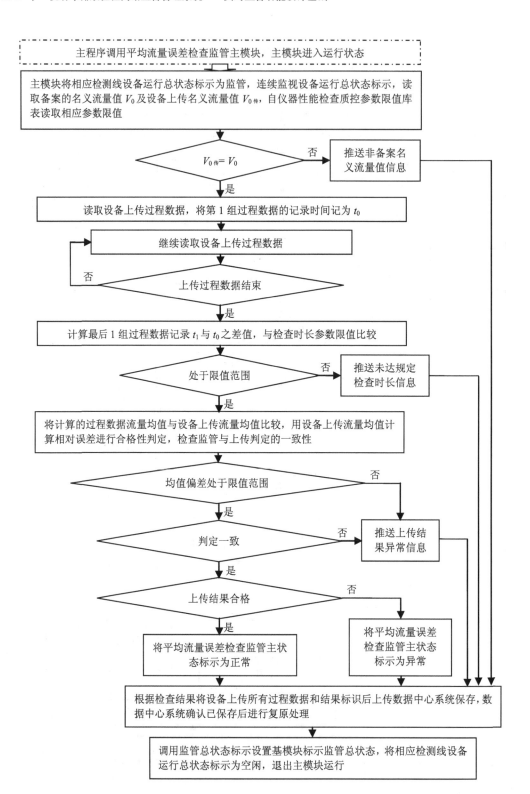

图 5-20 平均流量误差检查监管主模块控制流程示意

5.4.12　流量漂移检查监管主模块的控制流程

HJ/T 290—2006 规定，流量计 6 min 时间内的漂移不能超过±4 L/s，且任意时间内的流量值不小于 95 L/s。

漂移检查背景是设备使用实际状况，连接有流量计的集气管与排气管，集气管与排气管的连接会增大流量计的气流阻力，阻力大小与集气管所用材料、内表面的平滑度及摆放等各种因素相关。标准规定流量计漂移检查时使用检查过程流量均值作为检查基准值，也就是说即使是同一流量计在漂移检查时的检查基准值也会存在些许差异。

图 5-21 是流量漂移检查监管主模块控制流程。

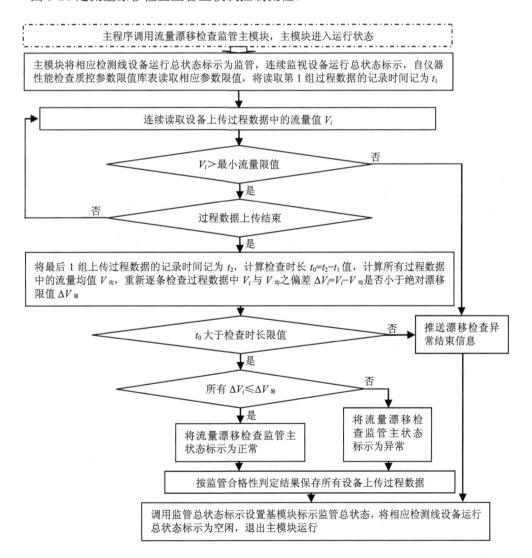

图 5-21　流量漂移检查监管主模块控制流程

5.4.13 稀释氧传感器校准/检查监管主模块的控制流程

为简化稀释氧传感器校准/检查监管主模块控制流程绘制，这里先建立一个稀释氧传感器检查监管基模块。根据 HJ/T 290—2006 有关规定绘制的稀释氧传感器检查监管基模块的控制流程如图 5-22 所示，使用稀释氧传感器检查监管基模块建立的稀释氧传感器校准/检查监管主模块的控制流程如图 5-23 所示。

对图 5-22 和图 5-23 做如下说明。

（1）图 5-22 中，也使用了正常结论和异常结论，但这里的正常/异常结论与其他监管模块的正常/异常结论有所不同。其他监管模块的正常结论表示监管过程未发现不符合结果要求情况，异常结论表示监管过程发现了不符合监管要求情况，而图 5-22 中的正常结论表示稀释氧传感器检查合格，异常结论则表示稀释氧传感器检查不合格。

（2）图 5-23 中，i 为校准/检查稀释氧传感器合格次数，j 为校准/检查次数，k 为控制参数。第一轮 3 次氧传感器检查时 $k=1$，如果需要增加 2 次校准/检查则设 $k=k+1$，此时 $k=2$，所以，流程图中如果 $k>1$，则终止校准/检查。

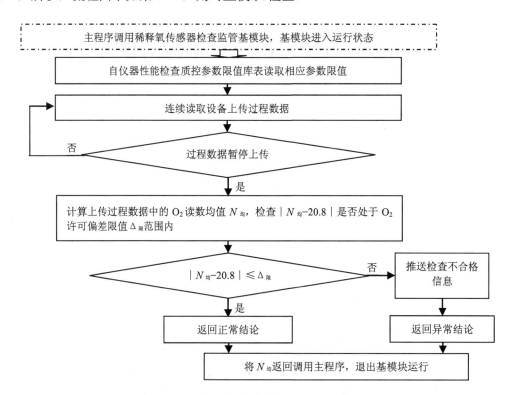

图 5-22 稀释氧传感器检查监管基模块控制流程

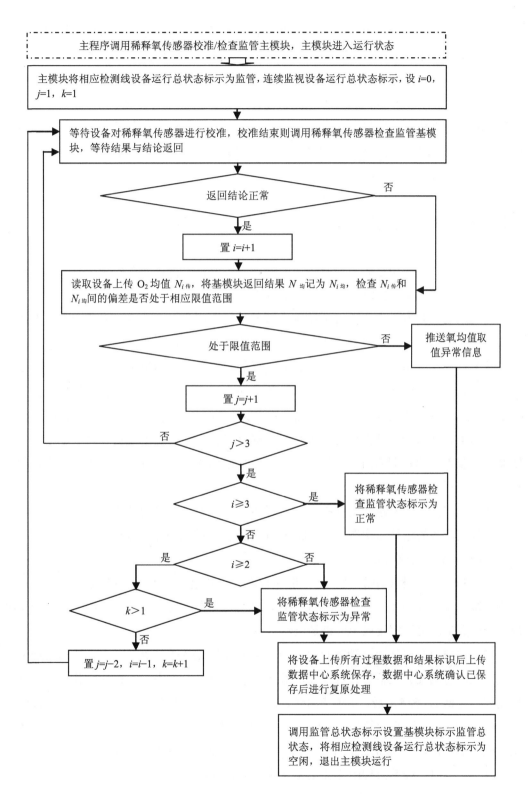

图 5-23　稀释氧传感器校准/检查监管主模块控制流程

（3）图 5-23 中，如果第一轮 3 次氧传感器检查都合格或少于 2 次合格则检查结束，此时的 $k=1$。如果第一轮 3 次氧传感器检查仅 2 次合格，需追加 2 次测试，此时将校准/检查次数 j 减 2，这样便将允许增加的校准/检查次数控制为 2 次。由于追加的 2 次都必须合格，原来又有 2 次合格，所以将 i 减 1，这样 i 最后的结果必须大于等于 3，检查结果才算合格，否则检查结果为不合格。如果追加的 2 次检查结果出现不合格，图中又再次转向追加校准/检查流程，由于此时的 $k=2$，流程又返回至"将稀释氧传感器检查监管状态标示为异常过程"和结束校准/检查过程。

5.5　监管总模块的控制流程

监管总模块的作用是监视检验机构内各检测线设备运行总状态标示，并根据标示为运行的具体状态调用相应监管主模块对设备正拟开展的业务过程进行监管。

日常排气检测过程中，监管总模块连续不停地循环读取检验机构内各检测线设备的运行总状态标示。如果读取到某条检测线设备的总状态标示为运行时，则继续读取该检测线设备运行主状态标示，读取到标示为运行的主状态后，如果运行主状态下没有设置运行子状态，则按该运行主状态名称调用相应的监管主模块对设备运行过程实施监管；如果运行主状态下还设置有运行子状态，应继续读取运行子状态标示，直至读取到标示为运行的子状态为止，并按该运行子状态名称调用相应的监管主模块对设备运行过程实施监管。监管总模块调用监管主模块后，又继续循环读取检验机构内各检测线设备的运行总状态标示。

如果读取到的设备运行总状态不是运行标示，监管总模块仍继续循环读取检验机构内各检测线设备的运行总状态标示。图 5-24 为监管总模块的控制流程示意。

对图 5-24 补充说明如下。

（1）5.4 节根据标准规定的仪器性能检查内容，共建立了 13 个监管主模块，第 6 章还将按排气检测方法建立 5 个监管主模块，调用这些监管主模块的主程序都是监管总模块，所以真正的主程序实质上应该是监管总模块。

（2）排放检验机构通常配备有汽油线、柴油线和混合线，数据中心系统和数据采集系统都应按检测线分类备案，可以分别用 A 类、B 类和 C 类表示。比如检验机构有 n 条检测线，包括 m 条汽油线、k 条柴油线、q 条混合线，可以分别用 $A_1 \sim A_m$ 表示汽油线编号，$B_{m+1} \sim B_{m+k}$ 表示柴油线编号和 $C_{m+k+1} \sim C_n$ 表示柴汽混合线编号。如果下标用 i 表示检测线顺序编号，则 $i \leq m$ 时为汽油线，$m+1 < i \leq m+k$ 时为柴油线，$m+k+1 < i \leq n$ 时为混合线。模块开发时，控制流程图应补充完善这方面的内容。

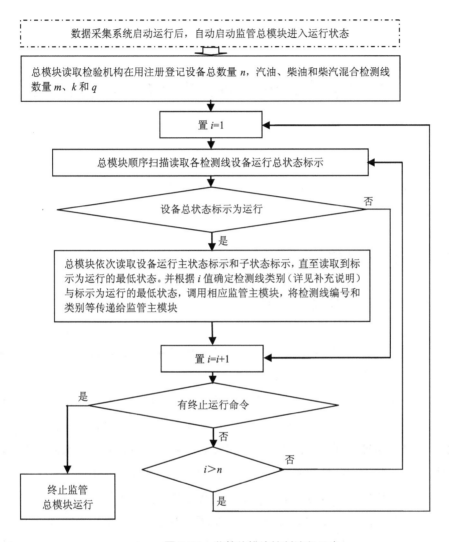

图 5-24 监管总模块控制流程示意

（3）正常情况下，监管总模块不停地循环顺序读取各检测线设备运行总状态标示。为方便系统维护时能终止监管总模块的运行，在每个读取各设备运行总状态标示循环后，监管总模块还将读取数据采集系统或数据中心系统发出的是否终止监管总模块运行命令，如收到的命令为终止运行，则终止监管总模块运行，否则继续循环读取各检测线设备运行总状态标示。终止监管总模块运行命令可以采用热键方式设置，为防止误操作或人为故意操作，热键可以通过密码锁进行控制。

（4）监管总模块只对设备运行总状态标示为运行的设备启动调用监管主模块命令，设备运行总状态标示为监管时因正在对该设备的运行业务进行监管，如果再次调用监管主模块会造成系统运行混乱。

第6章 排气测试过程的实时监管方法

为保证排气检测数据的有效性，除需对仪器性能进行监管外，还应对排气测试过程实施有效监管。目前我国排放检验主要采用了简易瞬态工况法、稳态工况法、双怠速法、加载减速法和自由加速法 5 种在用车排气检测方法，本章主要讨论这 5 种排气检测方法的测试过程的实施监管控制流程。

6.1 排气测试过程质控参数的管理

所谓排气测试过程是指使用检测设备获取受检车辆尾气排放数据过程，不包含测量前的车辆准备与架设、设备准备等过程。

仪器性能检查实质上是对单台仪器分别进行检查，检查项目分类明确，各仪器的检查参数无关联性，检查参数（或指标）较少，过程数据有良好规律性，监管模块的设计相对较简单。排气测试过程则不同，排气测试时设备配备的所有仪器都参与测试工作，主要测量仪器都会生成过程数据和同时参与排气测试过程的质控，且不同测试工况或测试阶段的质控参数、质控参数数量、质控参数限值等也会不同。排气测试过程的质控以设备上传过程数据为基础，测试过程数据受测试车辆性能与车辆的操控影响较大，规律性较差，相对来说监管方法较复杂，相应的监管模块结构也较复杂。为简化排气测试过程监管模块的控制流程设计，本节先对排气测试过程的质控参数进行分析。

6.1.1 排气测试过程质控参数的特征与分类

2.7.5 节至 2.7.9 节中的表 2-28、表 2-30、表 2-32、表 2-34 和表 2-36 分别列出了各排气检测方法测试过程的主要质控参数与质控参数限值，根据这些表格和标准规定的测试流程可知，排气测试过程的质控参数具有如下特征：

（1）质控参数的约束条件具有明显限值特征。由各表可知，质控参数均以数值限制质控参数的有效范围，如果测试过程的质控参数实测值超出表中的规定数值范围，则排气测试过程无效。可见质控参数的约束条件具有明显限值特征，所以表中也使用了质控参数限值代替质控参数约束条件进行表述。

（2）单个参数独立参与质控特征。比如简易瞬态工况法和稳态工况法的速度允许偏差（以下简称为允差）、双怠速法的转速允差、加载减速法的车速变化率、自由加速法油门踩到底的最大转速等，标准都明确规定了每个质控参数的限值范围，排气测试时任何一个参数的实测值超出了规定限值范围，则测试过程无效。这些质控参数的使用与其他质控参数的使用无关联关系，均以自身限值为约束条件。为方便表述，这里将这类参数简称为独立参数。

（3）几个参数关联形成质控参数和质控参数限值参与质控特征。比如简易工况法测试过程发动机转速与滚筒转速间的比值相对变化（发动机转速与滚筒转速间呈近似正比关系），简易瞬态工况法、稳态工况法和双怠速法测试过程的 $CO+CO_2$ 值等，其参数限值是两个参数关联形成。为方便表述，这里将这类参数简称为关联参数。

（4）质控参数或参数限值仅针对某一测试阶段设置特征。比如加载减速法功率扫描过程最大轮边功率点前后的车速变化率应分别小于 0.5 km/（h·s）和 1.0 km/（h·s）、测试工况过渡过程车速变化率应小于 2.0 km/（h·s）、测量工况车速变化率小于工况目标速度的 ±0.5%，双怠速法测试时高怠速工况转速允许偏差为 ±200 r/min，自由加速法测试油门踩到底时的转速应大于发动机额定转速，简易瞬态工况法测试时发动机转速与滚筒转速比值在不同测试挡位下的比值不同但比值的相对变化应小于 ±5% 等，这些质控参数或参数限值仅用于排气测试过程某一测试阶段的质控。为方便表述，这里将这类参数简称为半程参数。

（5）质控参数与参数限值对排气测试全过程进行质控特征。比如简易瞬态工况法、稳态工况法和双怠速法测试全过程的 $CO+CO_2$ 值要求大于 6.0%，加载减速法测试全过程的 CO_2 值要求大于 2.0% 等。为表述方便，这里将这类参数简称为全程参数。

（6）多个参数同时参与排气测试过程质控特征。比如稳态工况法测试时的车速偏差、扭矩偏差、$CO+CO_2$ 值等，加载减速法测试时的速度变化率、发动机转速与滚筒转速比值相对变化、CO_2 值等，双怠速法测试时的发动机转速、$CO+CO_2$ 值等，简易瞬态工况法测试时的 $CO+CO_2$ 值、稀释氧值和流量值等，这些参数在同一测试阶段或测试全过程同时对排气测试过程实施质控。

（7）参数限值为质控参数累计值特征。比如稳态工况法规定 ±2 km/h 连续速度偏差时间限值为不超过 2 s、累积速度偏差时间限值为不超过 5 s，简易瞬态工况法规定 ±3 km/h 连续速度偏差时间限值为不超过 2 s，加载减速法的测试总时间限值为不超过 3 min，自由加速工况测试总时间限值为不超过 20 s 等。为方便表述，这里将这类参数简称为计时参数。

上述说明共给出了独立参数、关联参数、半程参数、全程参数、计时参数等 5 个参数名称，这 5 个参数虽有着特定意义，但它们之间也存在互含关联关系。比如独立参数、关联参数和计时参数等既可能属于半程参数也可能属于全程参数，相反半程参数、全程参数也可能是独立参数或关联参数或计时参数。由此可见，独立、关联和计时等 3 个参数，半程和全程 2 个参数，实质上是质控参数的两种不同分类形式。由上述说明还可知，许多质控参数同时具备上述多个特征。

6.1.2 排气测试过程质控参数限值的归类方法

由 2.7.5 节至 2.7.9 节中的表 2-28、表 2-30、表 2-32、表 2-34 和表 2-36 还可知，排气测试过程使用了"<""≤"">""≥""="等符号描述了质控参数的限值范围，为方便排气测试过程监管模块的控制流程设计，这里对质控参数的限值提出如下归类方法。

（1）">"和"≥"、"<"和"≤"类限值的使用差别仅为参数的边界值是否参与质控。实际工作中如果我们放宽边界值的质控，通常也不会对排气测试过程的质控效果造成实质性影响，因此，这里将">"和"≥"限值统一归总为"≥"类限值，"<"和"≤"限值统一归总为"≤"类限值。

（2）按第（1）小点归总后，则可将表 2-28、表 2-30、表 2-32、表 2-34 和表 2-36 所列参数的限值归为"≥""≤""="和范围类 4 种。范围类参数限值是指质控参数实测数值不能小于某个限值，同时也不能大于另一个限值，即范围类参数实际上有两个限值，其使用表达式如式（6-1）所示，实际应用时也可按式（6-2）所示方法进行管理。

$$n_大 \geq A \geq n_小 \tag{6-1}$$

$$\begin{cases} A \geq n_小 \\ A \leq n_大 \end{cases} \tag{6-2}$$

式中：A —— 范围类参数表示符号；

$n_小$ —— 范围类参数的最小限值；

$n_大$ —— 范围类参数的最大限值。

式中，限值量纲与单位应根据参数类别确定。实际应用时由于参数限值实际上是对实测值数值的限制，所以可以不考虑参数的量纲与单位。按上述方法归总范围类参数的限值后，范围类参数限值的维护管理方法与"≥"或"≤"类参数限值的维护管理方法完全相同。

（3）少数范围类参数的限值以"0"值为对称值（使用了"±"号限值），为简化参数管理，对这类范围类参数统一归总为绝对值管理，这样便将这些范围类参数的限值归总为"≥"或"≤"类参数限值。

（4）质控参数的管理通常可采用 4.5 节的监管控件方式进行管理。

6.1.3 排气测试过程质控参数限值的重新归类

根据 6.1.2 节的参数限值归类方法，可将不同检测方法测试过程质控参数限值的具体归类用表 6-1 至表 6-5 列出,排气测试过程监管控件可以参考表 6-1 至表 6-5 进行设置。

对于表 6-1 至表 6-5 说明如下。

(1)表中的非标参数是指标准未明确规定内容,是根据标准规定要求和排气测试质控管理需求等提出。

(2)通过计算获得的部分关联参数使用了绝对值作为限值,以减少参数限值数量。

(3)表中的参数限值列包含有标准规定限值和非标参数限值,标准已明确规定了限值的参数建议作为最终默认限值,非标参数限值是推荐经验值,应根据监管实际情况调整和逐步加严,并最终获得默认值。

(4)推荐维护范围是指参数限值允许维护范围,为防止非标参数限值设置太严影响排放检验工作的正常开展,设置的维护范围应较宽松,系统开发时还应结合实际情况进一步确认参数维护范围的有效性。

(5)考虑标准修订等因素,表中也对标准已明确规定了限值之参数设置了推荐维护范围,以方便质控参数的维护使用。

(6)混合动力车辆在测试过程中可能会使用电力作为动力,此时发动机会停止运转,车辆将无尾气排放,所以,应解除 $CO+CO_2$ 和发动机与滚筒转速比值相对变化之绝对值这 2 个质控参数对混合动力车辆的测试过程监管,否则车辆将无法完成排气测试过程。有关混合动力车辆排气测试过程的监管方法将在 7.3 节介绍。

(7)简易工况法的计时及计时关联参数虽也属全程参数,因计时与计时关联参数间不能通过计算等方式形成新的质控参数,所以将它们从全程参数中单列管理。

(8)各表中都使用了"上传与监管计算结果间偏差相对误差的绝对值"非标质控参数,没有"上传与监管计算结果间偏差绝对误差的绝对值"非标质控参数,主要原因是绝对误差通常用于低值段数据管理,排气测试结果低值段的数据偏差不会影响检测结果的有效性。此外,上传与监管结果都是依据设备记录与上传的过程数据计算得出,严格来说两个计算结果应该没有偏差。设置该非标质控参数的目的是防止设备计算结果明显异常情况的出现,在实际应用时应参考标准限值大小设置应用条件,推荐的应用条件是监管或上传计算结果大于标准限值的 1/4 时使用。为方便管理,这里也建议采取设置监管控件方式对这个非标质控参数进行管理。

表 6-1 简易瞬态工况法测试过程质控参数限值归类情况

参数类别	质控参数名称	参数简名	参数限值	推荐维护范围
全程参数 (小于类)	原始尾气 CO_2 浓度值	原始 CO_2	≤16.0%	14.0%～18.0%
	稀释 O_2 浓度值(非标参数)	稀释 O_2	≤18.0%	16.0%～20.0%
全程单列小 于类参数	稀释流量最大值与最小值差	稀释流量峰值差	≤8 L/s	4～12 L/s

参数类别	质控参数名称	参数简名	参数限值	推荐维护范围
全程参数 （大于类）	原始尾气 CO+CO_2 浓度值 （混合动力车除外）	原始 CO+CO_2	≥6.0%	3.0%～8.0%
	原始尾气 O_2 浓度值	原始 O_2	≥−0.1%	−0.2%～0%
	原始尾气 CO 浓度值	原始 CO	≥−0.6%	−0.8%～0%
	原始尾气 HC 浓度值	原始 HC	≥−13×10^{-6}	(−20～0)×10^{-6}
全程参数 （范围类）	稀释流量（非标参数）	最大稀释流量	≤12.0 m^3/min	8.0～12.0 m^3/min
		最小稀释流量	≥95 L/s	30～110 L/s
	λ值（非标参数）①	最大λ值	≤1.2	1.1～1.5
		最小λ值	≥0.9	0.8～0.95
半程参数 （小于类）	发动机与滚筒转速比值相对 变化之绝对值	发-滚转速比相对变 化绝对值	≤5%	4%～10%
	车速为 50 km/h 时驱动轮吸收 功率相对偏差绝对值 （非标参数）②	50 km/h 时 $P_{吸}$ 相对偏 差绝对值	≤10%	5%～15%
	理论与实际行驶距离差绝对值	实-理距离差绝对值	≤0.20 km	0.10～0.30 km
	上传与监管计算结果间偏差相 对误差的绝对值（非标参数）	传-算结果相对偏差 绝对值	≤10%	5%～15%
半程参数 （大于类）	车速为 50 km/h 时尾气流量	50 km/h 时尾气流量	≥2 L/s	1.0～3.0 L/s
	CO_2 测量结果	CO_2 测量结果	≥30g/km	20～40 g/km
计时超差 参数	车速许可偏差绝对值	车速允差绝对值	≤3 km/h	0～5 km/h
	车速连续超差时间	车速连续超差	≤2 s	0～4 s

注：①表中将λ值范围类参数拆分为 2 个参数，λ值参数仅适用于汽油车（不包含混合动力车）管理；②50 km/h 时 $P_{吸}$ 相对偏差是相对 GB 18285—2018 中的表 D1（详见附录3）给出的推荐吸收功率而言。

表 6-2　稳态工况法测试过程质控参数限值归类情况

参数类别	质控参数名称	参数简名	参数限值	推荐维护范围
全程参数 （小于类）	发动机与滚筒转速比值相对 变化绝对值	发-滚转速比相对变化 绝对值	≤5%	4%～10%
全程参数 （大于类）	原始尾气 CO+CO_2 浓度值 （混合动力车除外）	原始 CO+CO_2	≥6.0%	3.0%～8.0%
全程参数 （范围类）	λ值（非标参数）*	最大λ值	≤1.2	1.1～1.6
		最小λ值	≥0.9	0.8～0.95
半程参数 （小于类）	连续 10 s 车速相对第 1 s 车速变化绝对值	10 s 车速变化绝对值	≤1.0 km/h	0.5～1.5 km/h
	上传与监管计算结果间相对 误差绝对值（非标参数）	传-算结果相对偏差 绝对值	≤10%	5%～15%
计时超差参 数（小于类）	车速许可偏差绝对值	车速允差绝对值	≤2 km/h	0～5 km/h
	车速连续超差时间	车速连续超差	≤2 s	0～4 s
	车速累计超差时间	车速累计超差	≤5 s	0～10 s
	扭矩许可相对偏差绝对值	扭矩相对允差绝对值	≤5%	≤10%
	扭矩连续超差时间	扭矩连续超差	≤2 s	0～4 s
	扭矩累计超差时间	扭矩累计超差	≤5 s	0～10 s
	单工况测试时长	单工况时长	≤90 s	30～150 s
	单工况累计测试时长	单工况累计时长	≤145 s	60～200 s

注：* 表中将λ值范围类参数拆分为 2 个参数，λ值参数仅适用于汽油车（不包含混合动力车）管理。

表 6-3　双怠速法测试过程质控参数限值归类情况

参数类别	质控参数名称	参数简名	参数限值	推荐维护范围
半程参数（小于类）	高怠速转速允差绝对值	高怠速允差绝对值	≤200 r/min	100～300 r/min
	怠速转速（非标参数）	轻型车怠速转速	≤1 000 r/min	800～1 200 r/min
		重型车怠速转速	≤1 200 r/min	800～1 400 r/min
	上传与监管结果间偏差相对误差的绝对值（非标参数）	传-算结果相对偏差绝对值	≤10%	5%～15%
	70%额定转速允差绝对值（非标参数）	暖机转速允差绝对值	≤10%$n_{额}$	5%$n_{额}$～20%$n_{额}$
半程参数（大于类）	原始尾气 $CO+CO_2$ 浓度值（混合动力车除外）	原始 $CO+CO_2$	≥6.0%	3.0%～8.0%
计时参数（等于类）	70%额定转速运行时间	暖机工况运行时间	30 s	——
	高怠速运行时间	高怠速运行时间	45 s	——
	怠速运行时间	怠速运行时间	45 s	——

注：表中的 $n_{额}$ 指发动机额定转速。

表 6-4　加载减速法测试过程质控参数限值归类情况

参数类别	质控参数名称	参数简名	参数限值	推荐维护范围
全程参数（小于类）	发动机与滚筒转速比值相对变化绝对值	发-滚转速比相对变化绝对值	≤5%	4%～10%
全程参数（大于类）	原始尾气 CO_2 浓度值	原始 CO_2	≥2.0%	1.0%～3.0%
半程参数（小于类）	扫描起始功率	扫描始功率	≤10.0 kW	3.0～11.0 kW
	工况过渡车速变化率绝对值	过渡车速变化率绝对值	≤2.0 km/（h·s）	1.0～3.0 km/（h·s）
	扫描结束车速	扫描结束车速	≤80%VelMaxHP	60%VelMaxHP～80%VelMaxHP
	MaxHP 点转速与额定转速间相对偏差绝对值（非标参数）	MaxHP 点转速相对偏差绝对值	≤10%	5%～15%
	上传与计算 MaxHP 值相对偏差绝对值（非标参数）	传-算 MaxHP 值相对偏差绝对值	≤2.0%	1.0%～5.0%
	上传与计算 VelMaxHP 值绝对偏差（非标参数）	传-算 VelMaxHP 值绝对偏差	≤1.0 km/h	0.5～2.0 km/h
	80%VelMaxHP 和 100%VelMaxHP 测量工况车速相对变化的绝对值	实-目车速相对变化绝对值	≤0.50%	0.30%～0.80%
	上传与监管计算结果间偏差相对误差的绝对值（非标参数）	传-算结果相对偏差绝对值	≤10%	5%～15%

参数类别	质控参数名称	参数简名	参数限值	推荐维护范围
半程参数 （大于类）	扫描发动机起始转速	扫描始转速	$\geqslant n_额$	$1.0\,n_额\sim2.0\,n_额$
	MaxHP 值 （最大轮边功率值）	MaxHP 值	$\geqslant40\%P_额$	$30P_额\sim60\%\,P_额$
	测试结束后车辆怠速运行 60 s	结束转速	$\geqslant500$ r/min	$400\sim600$ r/min
半程参数 （范围类）	扫描扭矩增量变化系数 （非标参数）	扭矩最大增量变 化系数	$\leqslant1.50$	$1.00\sim1.80$
		扭矩最小增量变 化系数	$\geqslant0.50$	$0.30\sim1.00$
	MaxHP（最大轮边功率值） 点前最大车速变化率	MaxHP 点前最大 车速变化率	$\leqslant0.50$ km/（h·s）	$0.40\sim0.80$ km/（h·s）
		MaxHP 点前最小 车速变化率	$\geqslant-0.10$ km/（h·s）	$-0.20\sim0.00$ km/（h·s）
	MaxHP（最大轮边功率值） 点后最大车速变化率	MaxHP 点后最大 车速变化率	$\leqslant1.00$ km/（h·s）	$0.80\sim1.20$ km/（h·s）
		MaxHP 点后最小 车速变化率	$\geqslant-0.10$ km/（h·s）	$-0.20\sim0.00$ km/（h·s）
	80%VelMaxHP 和 100%VelMaxHP 测量/扫描 最大功率比（非标参数）	测-扫最大功率比	$\leqslant1.00$	$0.85\sim1.05$
		测-扫最小功率比	$\geqslant0.80$	$0.75\sim0.95$
计时参数	总测试时长（小于类）	总测试时长	$\leqslant180$ s	$150\sim240$ s

注：范围类参数，已在表格中拆分为两个限值参数。

表 6-5　自由加速法测试过程质控参数限值归类情况

参数类别	质控参数名称	参数简名	参数限值	推荐维护范围
半程参数 （小于类）	怠速转速（非标参数）	怠速转速	$\leqslant1\,000$ r/min	$800\sim1\,200$ r/min
	三次自由加速工况测量结果间偏 差绝对值（非标参数）	三次测量结果间偏 差绝对值	$\leqslant0.50$ m^{-1}	$0.20\sim1.00$ m^{-1}
	上传与监管计算结果间相对误差 绝对值（非标参数）	传-算结果相对偏 差绝对值	$\leqslant10\%$	$5\%\sim15\%$
半程参数 （大于类）	油门踩到底最大转速	最大转速	$\geqslant n_额$	$0.5n_额\sim2.0\,n_额$
	测量工况光吸收系数（非标参数）	测量工况烟度	$\geqslant0.01$ m^{-1}	$0\sim0.10$ m^{-1}
计时参数	踩油门时间（小于类）	踩油门时间	$\leqslant1$ s	$\leqslant1$ s
计时参数 （范围类）	自由加速工况运行时间 （非标参数）	工况最大时长	$\leqslant20$ s	$16\sim25$ s
		工况最小时长	$\geqslant15$ s	$10\sim15$ s
	油门踩到底时间（非标参数）	踩到底最大时长	$\leqslant5$ s	$3\sim6$ s
		踩到底最小时长	$\geqslant2$ s	$2\sim4$ s
	怠速稳定时间（非标参数）	怠速最大时长	$\leqslant15$	$12\sim18$ s
		怠速最小时长	$\geqslant10$ s	$8\sim15$ s

注：计时参数为范围类参数，并在表格中拆分为两个限值参数。

6.1.4　关联参数过程数值的计算方法

表 6-1 至表 6-5 包含了各种关联参数，其中简易瞬态工况法主要包括 $CO+CO_2$ 值、转速比变化绝对值、距离差绝对值、结果偏差绝对值等，稳态工况法主要包括 $CO+CO_2$ 值、转速比绝对值、车速有效绝对值、结果偏差绝对值等，双怠速法主要包括 $CO+CO_2$ 值、结果偏差绝对值等，加载减速法主要包括转速比绝对值、车速变化率、工况车速相对变化绝对值、结果偏差绝对值、扭矩增量变化系数、测量与扫描功率比、扫描功率变化系数等，自由加速法主要包括 3 次测量结果间偏差绝对值、结果偏差绝对值等。由于不同检测方法同名关联参数的过程数值计算方法相同，为简化关联参数过程数值计算方法介绍，先将各种排气检测方法所涉及的关联参数归类汇总如表 6-6 所示。

表 6-6　排气测试过程中需计算过程数值之关联参数的归类

关联参数名称	计算方法或计算思路	适用排气检测方法
稀释流量峰值差	流量最大值−流量最小值	简易瞬态
原始 $CO+CO_2$	直接计算 $CO+CO_2$ 值	简易瞬态、稳态、双怠速
实-理距离差绝对值	|实际行驶距离−理论行驶距离|	简易瞬态
λ 值	详见附录 4	简易瞬态、稳态、双怠速
发-滚转速比相对变化绝对值		简易瞬态、稳态、加载减速
传-算结果相对偏差绝对值		全部检测方法
10 s 车速变化绝对值		稳态
车速变化率	详见下文关联参数过程数据计算方法介绍	
实-目车速相对变化绝对值		
扭矩增量变化系数		加载减速
测-扫功率比		
MaxHP 点转速相对偏差绝对值		
三次测量结果间偏差绝对值		自由加速

注：为方便表格绘制，表中的排气检测方法使用简单表述。

原始 $CO+CO_2$ 值和实-理距离差绝对值等关联参数的过程数据计算方法比较简单，已在表 6-6 中给出，其他关联参数的过程数据计算方法介绍如下。

6.1.4.1　发-滚转速比相对变化绝对值计算方法

所谓发-滚转速比相对变化是指相邻两次"发动机转速与滚筒转速比值"间的相对变化。发-滚转速比相对变化绝对值的计算方法见式（6-3）。

$$\delta = \left| \frac{n_{发i+1} \div n_{滚i+1} - n_{发i} \div n_{滚i}}{n_{发i} \div n_{滚i}} \times 100\% \right| \qquad (6-3)$$

式中：δ—— 计算的发动机转速与滚筒转速比值相对变化之绝对值，量纲一；

  $n_{发i}$—— 设备上传的第 i 个发动机转速值，r/min；

  $n_{滚i}$—— 设备上传的第 i 个滚筒转速值，r/min；

  $n_{发i+1}$—— 设备上传的第 $i+1$ 个发动机转速值，r/min；

  $n_{滚i+1}$—— 设备上传的第 $i+1$ 个滚筒转速值，r/min。

为获得 $n_{滚i}$ 值，可以在监管系统发布的联网协议中规定设备应上传 $n_{滚i}$ 值，也可以由设备上传的车速计算出 $n_{滚i}$ 值。$n_{滚i}$ 值的计算方法见式（6-4）。

$$n_{滚i} = \frac{50V_i}{3\pi D} \tag{6-4}$$

式中：$n_{滚i}$—— 根据设备上传第 i 个车速值计算的滚筒转速值，r/min；

  V_i—— 设备上传的第 i 个车速值，km/h；

  D—— 设备底盘测功机的直径，可在设备备案参数中获取，m。

如果设备上传 $n_{滚i}$，也可以使用式（6-4）计算 V_i，以验算设备上传的 $n_{滚i}$ 与 V_i 是否一致。

6.1.4.2　传-算结果相对偏差绝对值计算方法

监管系统的计算结果是根据设备上传过程数据，按标准规定的计算方法（详见附录 5 至附录 7）得出，这里不做介绍。传-算结果相对偏差绝对值的计算方法见式（6-5）。

$$\mu_i = \left| \frac{m_{算i} - m_{传i}}{m_{算i}} \times 100\% \right| \tag{6-5}$$

式中：μ_i—— 监管模块计算的"设备上传的第 i 个排气测量结果参数之结果值与监管模块计算的第 i 个排气测量结果参数之计算值间的相对误差绝对值"，量纲一；

  i—— 排气测量结果参数编号，自然数；

  $m_{算i}$—— 监管模块根据设备上传过程数据计算的第 i 个排气测量结果参数之结果；

  $m_{传i}$—— 设备上传的第 i 个排气测量结果参数之测试结果。

各排气检测方法的排气测量结果参数详见 6.4.6 节。

6.1.4.3　10 s 车速变化绝对值计算方法

10 s 车速变化有效性是稳态工况法的一个专用参数，指连续 10 s 时间内的车速相对第 1 s 时的车速偏差绝对值小于 1.0 km/h 时，稳态工况法的测试结果有效。10 s 车速变化绝对值的计算方法见式（6-6）。

$$\Delta V_i = |V_i - V_1| \tag{6-6}$$

式中：ΔV_i—— 连续 10 s 时间的车速相对第 1 s 时的车速偏差绝对值，km/h；

  i—— 计时顺序编号，为自然数 2～10，量纲一；

  V_i—— 连续 10 s 时间中第 i 秒时间设备上传的车速，km/h；

V_1 —— 连续 10 s 时间中第 1 s 时间设备上传的车速，km/h。

值得注意的是，稳态工况法测试过程中，需不停地将车速组成 10 s 测试数组，快速检查工况为 1 个测试数组，快速检查工况的第 1 s 时间实际上是标准规定工况中的第 11 s 时间。工况测量过程从标准规定工况的第 21 s 开始不停地组成测试数组，顺序组成的每个数组第 1 s 时间分别为 21～71 s 连续顺序时间。如果不考虑重新计时，稳态工况法工况测量过程可以组成 50 个测试数组，只要 50 个数组中有一个数组的车速变化满足标准规定车速变化有效性条件，则测试结果有效。为节省测试时间，通常选用最先满足车速变化有效性条件的测试数组作为稳态工况法测试结果的计算数组。

6.1.4.4　车速变化率计算方法

车速变化率是加载减速法测试过程中的一个重要质控参数，且测试阶段不同标准规定的车速变化率限值也不同。加载减速法主要有最大扫描轮边功率（MaxHP）点前、后，整个测试过程 3 类车速变化率限值。车速变化率的计算方法简单，计算公式详见式（6-7）。

$$a_i = \frac{V_i - V_{i-1}}{t_i - t_{i-1}} \tag{6-7}$$

式中：a_i —— 计算的设备上传第 i 条过程数据时的车速变化率，km/（h·s）；

i —— 设备上传过程数据的记录顺序编号，自然数；

V_i、V_{i-1} —— 设备上传的第 i 条和第 $i-1$ 条过程数据中的车速，km/h；

t_i、t_{i-1} —— 设备上传的第 i 条和第 $i-1$ 条过程数据时的记录时间，s。

6.1.4.5　实-目车速相对变化绝对值计算方法

加载减速法测量工况的目标车速是 100%VelMaxHP 和 80%VelMaxHP，标准规定实际车速相对目标车速的相对误差应小于±0.5%。实-目车速相对变化绝对值的计算方法详见式（6-8）。

$$\mu_i = \left| \frac{V_i - V_{目标}}{V_{目标}} \times 100\% \right| \tag{6-8}$$

式中：μ_i —— 加载减速法测试时的实际车速相对目标车速的相对误差之绝对值，%；

i —— 工况测试过程的记录序号，自然数；

V_i —— 记录序号为 i 时的车速，km/h；

$V_{目标}$ —— 工况测试目标速度，即 100%VelMaxHP 和 80%VelMaxHP 两个速度值，km/h。

6.1.4.6　扭矩增量变化系数计算方法

所谓扭矩增量是指加载减速法连续两次记录保存的扭矩差值，扭矩增量可表征设备加载控制的合理性。功率扫描过程中，许多设备软件会根据测试过程车速变化情况不断调整加载量，以确保加载过程的车速变化率满足标准规定要求，此时虽车速变化率满足了标准要求，却掩盖了车辆操控不规范问题。对扭矩增量实施控制，限制设备加载量变化的大小，配合车速变化率参数的监管，是控制检验员违规操控车辆的有效手段之一。扭矩增量变化系数的计算方法详见式（6-9）。

$$\eta_i = \frac{N_{i+1} - N_i}{N_i - N_{i-1}} \tag{6-9}$$

式中：η_i —— 扭矩增量变化系数，量纲一；

N_{i-1}、N_i、N_{i+1} —— 设备上传的第 $i-1$、第 i、第 $i+1$ 组过程数据中的扭矩值，N·m。

式（6-9）中的（$N_{i+1}-N_i$）和（N_i-N_{i-1}）是扭矩增量值。提醒注意的是，如果 $N_i=N_{i-1}$，此时式（6-9）会无意义，这时可以使用（$N_{i-1}-N_{i-2}$）替代（N_i-N_{i-1}）计算。

6.1.4.7 测-扫功率比计算方法

测-扫功率比是指加载减速法测试时的工况测量功率与扫描过程对应速度点的扫描功率之比值，包括 100%VelMaxHP 测量工况所测得的功率与扫描过程获得的最大功率 MaxHP 的比值，80%VelMaxHP 测量工况所测得的功率与扫描过程获得的 80%速度点扫描功率的比值，测-扫功率比的计算方法详见式（6-10）。

$$\eta = \frac{P_{测}}{P_{扫}} \tag{6-10}$$

式中：η —— 测量与扫描功率比，量纲一；

$P_{测}$ —— 加载减速法测量工况所测得的轮边功率，kW；

$P_{扫}$ —— 扫描过程所获得的 100%VelMaxHP 或 80%VelMaxHP 速度点轮边功率，kW。

6.1.4.8 MaxHP 点转速相对偏差绝对值的计算方法

MaxHP 点即扫描过程中的最大轮边功率点。正常情况下最大轮边功率点也是发动机额定功率输出点，此时所测得的发动机转速应与发动机的额定转速接近，MaxHP 点转速相对偏差就是指这两个转速间的相对偏差。MaxHP 点转速相对偏差绝对值的计算方法详见式（6-11）。

$$\mu = \left| \frac{n_{测} - n_{额}}{n_{额}} \right| \tag{6-11}$$

式中：μ —— MaxHP 点转速相对偏差绝对值，量纲一；

$n_{测}$ —— 扫描过程所测得的 MaxHP 点发动机转速，r/min；

$n_{额}$ —— 受检车辆发动机的额定转速，r/min。

6.1.4.9 三次测量结果间偏差绝对值的计算方法

三次测量结果是指自由加速法三次自由加速工况的测量结果。三次测量结果间偏差绝对值的计算方法较简单，但需要进行三次计算。假定三次自由加速工况的测量结果分别为 m_1、m_2 和 m_3，此时需计算 $|m_1-m_2|$、$|m_1-m_3|$ 和 $|m_2-m_3|$ 三个值。

除表 6-5 中所列需要计算关联值的关联参数外，简易瞬态工况法速度超差、50 km/h 时的驱动轮吸收功率需计算速度偏差值和功率偏差值，稳态工况法的速度超差、扭矩超差需计算偏差值，双怠速法 70%额定转速运行工况和高怠速工况需计算转速偏差值等中间结果，这里不再一一介绍。

6.2　排气测试过程的分解与归类

排气测试过程包含有不同测试工况或测试阶段，每个测试工况或测试阶段都可能会有不同质控参数，也可能出现同一质控参数在不同测试工况或测试阶段的参数限值不同，排气测试时监管模块需结合测试工况或测试阶段实时调整监管参数或监管参数限值。本节将根据测试工况或测试阶段质控参数和参数限值情况，对不同检测方法的测试过程进行分解与重新归类，为排气测试监管模块控制流程的设计建立技术基础。

6.2.1　简易瞬态工况法测试过程的分解与归类

由 6.1.1 节可知，全程参数对测试全过程实施质控且在测试全过程的限值不变，所以排气测试过程的分解主要取决于半程参数。由表 6-1 可知，简易瞬态工况法主要有转速比相对变化绝对值、50 km/h 时尾气流量、50 km/h 时吸收功率、实-理距离差绝对值、结果相对偏差绝对值、CO_2 测量结果等 6 个半程参数。

众所周知，车辆正常行驶时如果行驶挡位不变，发动机转速与车速呈近似正比关系，即发动机转速与车速的比值近似相等，挡位改变时发动机转速与车速的比值也会发生改变。排气测试时，测试车辆的车速由测功机滚筒转速与滚筒直径计算获得［计算公式详见式（6-4）］，所以同一测试挡位下发动机转速与滚筒转速的比值也近似相等，不同测试挡位的发动机转速与滚筒转速比值却不同。虽发动机转速与滚筒转速的比值也对测试全过程进行质控，但因其转速比值会因受检车辆测试挡位的改变而改变，因此，表 6-1 也将其归类为半程参数。

表 6-7 是根据 GB 18285—2018 规定的简易瞬态工况法运转循环（详见附录 8）、各运行工况车辆操控要求等，按测试时间顺序与各个测试工况或阶段质控要求所分解的简易瞬态工况法测试阶段。

由表 6-7 可知，简易瞬态工况法测试时共用到空挡、一挡、二挡和三挡 4 个挡位，按测试挡位分解后，简易瞬态工况法共分解为 23 个测试阶段，包括测前检查、测前运行、编号为 1～20 测试阶段及结束阶段等。

表 6-7 简易瞬态工况法测试过程分解情况

阶段编号	测试挡位	测试时段	测试时长	主要监管质控参数
测前检查	自动校正	测前 2 min 内		测前分析仪自动校正和稀释 O_2 测量值检查
测前运行	空挡	−40～0 s	40 s	发动机转速
1	空挡	1～11 s	11 s	全程参数
2	一档	12～25 s	14 s	全程参数、转速比相对变化绝对值
3	换挡	26～28 s	3 s	全程参数
4	空挡	29～49 s	21 s	全程参数
5	一档	50～54 s	5 s	全程参数、转速比相对变化绝对值
6	换挡	55～56 s	2 s	全程参数
7	二挡	57～93 s	37 s	全程参数、转速比相对变化绝对值
8	换挡	94～96 s	3 s	全程参数
9	空挡	97～117 s	21 s	全程参数
10	一档	118～122 s	5 s	全程参数、转速比相对变化绝对值
11	换挡	123～124 s	2 s	全程参数
12	二挡	125～133 s	9 s	全程参数、转速比相对变化绝对值
13	换挡	134～135 s	2 s	全程参数
14	三挡	136～143 s	8 s	全程参数、转速比相对变化绝对值
15	三挡	144～155 s	12 s	全程参数、转速比相对变化绝对值、50 km/h 时的尾气流量和吸收功率
16	三挡	156～176 s	21 s	全程参数、转速比相对变化绝对值
17	换挡	177～178 s	2 s	全程参数
18	二挡	179～185 s	7 s	全程参数、转速比相对变化绝对值
19	换挡	186～187 s	2 s	全程参数
20	空挡	188～195 s	7 s	全程参数
结束阶段		—		实-理距离差绝对值、结果相对偏差绝对值、CO_2 测量结果

注：标准规定，应在检测前 2 min 时间内完成分析仪的自动校正，流量分析仪稀释 O_2 检查，且稀释 O_2 应处于（20.8±0.3）%范围。

由表 6-7 还可知，编号为 1～20 测试阶段中的 2、5、7、10、12、14～16、18 共 9 个阶段都使用了转速比相对变化绝对值这个半程参数进行质控，测试阶段 15 除使用转速比相对变化绝对值进行质控外，还使用了 50 km/h 时尾气流量和吸收功率这 2 个半程参数进行质控。根据上述分析，可以将简易瞬态工况法测试过程重新归类为如表 6-8 所示。

表 6-8 中由于全程类已使用了全程参数质控，所以半程类中未再列出全程参数内容。半程 I 类质控参数已包含测试阶段 15 的转速比相对变化绝对值参数，所以半程 II 类质控参数仅列出了 50 km/h 时尾气流量和吸收功率这 2 个半程参数。

此外，由式（6-3）可知，虽发动机转速与滚筒转速的比值会因测试挡位不同而不同，但发-滚转速比相对变化绝对值的计算方法与测试挡位无直接关系。由表 6-1、表 6-2 和

表 6-4 可知，发-滚转速比相对变化绝对值限值也与测试挡位无直接关系，且为同一限值，所以，各测试挡位的发-滚转速比相对变化绝对值质控参数可以当作同一参数使用。

表 6-8　简易瞬态工况法测试过程的重新归类情况

归类名称	测试编号	测试时段	主要质控参数
准备类	测前检查	—	测前分析仪自动校正和流量分析仪检查
	测前运行	40 s 怠速运行	发动机转速
全程类	1~20	195 s 全过程	全程参数
半程 I 类	2	12~25 s	转速比相对变化绝对值
	5	50~54 s	
	7	57~93 s	
	10	118~122 s	
	12	125~133 s	
	14~16*	136~176 s	
	18	179~185 s	
半程 II 类	15	144~155 s	50 km/h 时的尾气流量和吸收功率
结果类	—	—	实-理距离差绝对值、结果相对偏差绝对值、CO_2 测量结果

注：* 测试编号 14~16 的测试挡位均为三挡，所以半程 I 类将它们合并监管。

6.2.2　稳态工况法测试过程的分解与归类

由表 6-2 可知，稳态工况法仅有 10 s 车速变化绝对值、结果相对偏差绝对值 2 个半程参数。由于标准规定稳态工况法的测试挡位为二挡，所以，车速比相对变化参数为全程质控参数，测试过程也不宜按测试挡位分解。

稳态工况法主要包括 ASM5025 和 ASM2540 两个测试工况，每个测试工况包含工况测试前的 5 s 速度稳定时间、0~10 s 分析仪预置时间、10~20 s 快速检查工况、20~90 s 工况测量过程 4 个部分。表 6-9 是根据上述测试工况各测试阶段情况所确定的单个测试工况分解情况。

表 6-9　稳态工况法单工况测试过程分解情况

阶段编号	测试阶段	测试时段	测试时长	主要监管质控参数
测前检查	自动校正	测前 2 min 内		测前自动校正
	稳速阶段	−5~0 s	5 s	转速比相对变化绝对值
1	分析仪预置阶段	1~10 s	10 s	全程参数
2	快速检查	11~20 s	10 s	全程参数、10 s 车速变化绝对值
	快速检查工况结束阶段			快速检查结果相对偏差绝对值
3	工况测量	21~90 s	≤70 s	全程参数、10 s 车速变化绝对值

阶段编号	测试阶段	测试时段	测试时长	主要监管质控参数
4	超差重测 分析仪预制阶段	—	10 s	全程参数
5	工况测试总时长	≤145 s	—	全程参数、10 s 车速变化绝对值
	工况结束阶段			结果相对偏差绝对值

注: 1. 如果出现 2 次或 2 次以上超差重测情况，需重复 4、5 两个阶段测试；2. 10 s 车速变化绝对值主要对工况测试结束的最后 10 s 进行质控。

由表 6-9 可知，除测前检查、快速检查工况结束阶段外，稳态工况法的单个工况测试过程可分解为 5 个测试阶段，其中编号 1 和编号 4 的质控参数完全相同，编号 2、编号 3 和编号 5 的质控参数也完全相同，由此可将稳态工况法单工况测试过程重新归类为表 6-10 所示。

表 6-10 稳态工况法单工况测试过程重新归类情况

归类名称	测试编号	测试阶段	主要质控参数
准备类	测前检查	—	测前自动校正
	测前运行	5 s 稳速运行	转速比相对变化绝对值
全程类	1～5	单工况全过程	全程参数
半程类	2	快速检查阶段	10 s 车速变化绝对值
	3	工况运行阶段	
	5	超差重测工况运行阶段	
结果类	—	—	结果相对偏差绝对值

表 6-10 中由于全程类已使用了全程参数质控，所以半程类中未列出全程参数。

此外，应该注意的是稳态工况的测试时间是不确定的，如果快速检查结果合格则单测试工况仅需分解为 1、2 两个测试阶段；如果快速检查结果未合格且测试过程未出现速度和扭矩超差情况，则单测试工况仅需分解为 1、2、3 三个测试阶段；如果出现速度和扭矩超差情况，则至少包含 1～5 共五个测试阶段。

6.2.3 加载减速法测试过程的分解与归类

由表 6-4 可知，加载减速法测试过程仅有转速比相对变化绝对值和尾气 CO_2 浓度值 2 个全程参数，但半程参数较多，相对来说测试过程质控参数的使用较复杂。加载减速法测试主要包含功率扫描和工况测量两个部分，功率扫描部分则以最大轮边功率（MaxHP）点为界点分为 MaxHP 点前和 MaxHP 点后两个扫描阶段，工况测量则包含 100%VelMaxHP 和 80%VelMaxHP 两个测量工况。表 6-11 为加载减速法测试过程的分解情况。

由于 GB 3847—2018 对加载减速法的测量工况没有限定测试顺序，为方便后续表述，除特殊说明外，后续章节均按先进行 100%VelMaxHP 工况测量，后进行 80%VelMaxHP

工况测量顺序描述，因此，表 6-11 也按该测量顺序说明。

由表 6-11 可知，除测前阶段、扫描始点、怠速运行阶段和结束阶段外，加载减速法共分解为 8 个测试阶段，其中编号 1、编号 5 和编号 6 的质控参数分别与编号 3、编号 7 和编号 8 的质控参数对应完全相同，由此可将加载减速法测试过程重新归类为表 6-12 所示。

表 6-11　加载减速法测试过程分解情况

阶段编号	测试阶段	监管主要质控参数
测前检查	—	零点/量距点（0%和100%）检查
扫描始点		扫描始功率、扫描始转速、CO_2 值
1	MaxHP 点前扫描	全程参数、MaxHP 点前车速变化率、扭矩增量变化系数
2	MaxHP 点	全程参数、MaxHP 点转速相对偏差绝对值
3	MaxHP 点后扫描	全程参数、MaxHP 点后车速变化率、扭矩增量变化系数
4	扫描结束点	全程参数、扫描结束车速
5	过渡至测量过程	全程参数、过渡车速变化率绝对值
6	100%VelMaxHP 测量工况	全程参数、测量与扫描功率比、目标车速相对变化绝对值
7	工况过渡	全程参数、过渡车速变化率绝对值
8	80%VelMaxHP 测量工况	全程参数、测量与扫描功率比、目标车速相对变化绝对值
怠速运行	车辆怠速运行 60 s	发动机转速
结束阶段		结果相对偏差绝对值

表 6-12　加载减速法测试过程重新归类情况

归类名称	测试编号	测试时段	主要质控参数
准备类	测前检查	—	零点/量距点检查
	扫描始点	起始扫描节点	扫描始功率、扫描始转速
全程类	1~8	单工况全过程	全程参数
半程Ⅰ类	1、3	扫描阶段	MaxHP 点前后车速变化率、扭矩增量变化系数
半程Ⅱ类	5、7	过渡阶段	过渡车速变化率绝对值
半程Ⅲ类	6、8	工况测量阶段	测量与扫描功率比、工况车速相对变化绝对值
节点类	2、4	MaxHP 节点	MaxHP 点转速相对偏差绝对值
		扫描结束节点	扫描结束车速
怠速运行		车辆怠速运行 60 s	发动机转速
结果类	—	—	结果相对偏差绝对值

值得说明的是，表 6-4 将限值拆分为最大值和最小值的目的是方便范围类限值参数的维护管理，表 6-11 中未按限值拆分参数管理的原因是监管系统对排气检测过程实施监管时，质控参数的限值已明确和可直接使用，不需要考虑限值的维护范围。

6.2.4 双怠速法和自由加速法测试过程的分解说明

双怠速法测试过程可以按测试工况直接分解分为怠速、70%额定转速、高怠速、怠速 4 个阶段，自由加速法则可以按每个自由加速工况分解为踩油门、油门开度最大、松开油门后的怠速运行几个阶段。由于双怠速法和自由加速法测试过程相对简单，质控参数较少，对它们的测试过程具体分解将在介绍它们的控制流程时同时介绍。

6.3 排气测试过程监管思路

由 6.2 节可知，不同排气检测方法的测试流程、测试工况与测试过程完全不同，各排气检测方法的测试过程基本没有关联关系和相似过程，由此可见，必须按排气检测方法分别建立测试过程监管方法。

6.3.1 质控参数限值的管理思路

排气测试过程质控参数限值的管理基本思路是采取监管控件管理，参数限值使用数据库表保存，通过监管控件标示进行维护管理，监管控件标示为有效时允许对限值进行修改，标示为无效时则取消该参数的监管功能。

由表 6-1 至表 6-5 可知,排气检测过程质控参数主要分为全程参数和半程参数 2 大类，分别包含了小于类、大于类和范围类 3 小类，此外，还将计时参数单独列出。由表 6-1 至表 6-5 还可知，不同检测方法所包含的质控参数与参数数量也不同，为方便管理，推荐质控参数限值库表按检测方法分别建立，并对库表参数限值的排序提出如下思路。

（1）库表字段按小于类全程参数与数量、大于类全程参数与数量，范围类全程参数与数量、小于类半程参数与数量、大于类半程参数与数量，范围类半程参数与数量，计时类参数与数量顺序排列。

（2）小于类、大于类和范围类按分析仪、测功机、不透光烟度计、流量分析仪所产生的质控参数，以及其他过程质控参数和结果顺序排列，每个范围类质控参数的限值按最小和最大顺序排列。

（3）半程参数限值按测试流程时间顺序进行排序，每个测试阶段或测试工况仍按上述 2 点思路排序。

（4）由于过程参数值与参数限值的量纲单位相同，在后续章节中，如无特别说明，均将质控参数的过程值与限值按量纲一单位数值处理。

值得说明的是，监管系统应通过联网协议规定设备上传过程数据的参数顺序与参数限值排序一致。或者主程序调用相关程序时，先将设备上传过程数据按参数限值排序临存，以确保参数限值使用的准确与有效。

根据上述思路，可将简易工况法测试过程的质控参数的排序整理如表 6-13 所示。

表 6-13 各检测方法质控参数限值推荐排序方法

检测方法	参数类名	参数类别	参数限值排序与数量
简易瞬态工况法	全程参数	小于类	原始 CO_2、稀释 O_2 共 2 个参数限值
		大于类	原始 $CO+CO_2$、原始 O_2、原始 CO、原始 HC 共 4 个参数限值
		单列类	稀释流量峰值差共 1 个参数限值
		范围类	λ 值、稀释流量共 2 个参数限值
	半程参数	小于类	发-滚转速比相对变化绝对值、50 km/h 时 $P_{\text{吸}}$ 相对偏差绝对值、实-理距离差绝对值、传-算结果相对偏差绝对值共 4 个参数限值
		大于类	50 km/h 时尾气流量、CO_2 测量结果共 2 个参数限值
	超差计时	小于类	车速允差绝对值、车速连续超差共 2 个参数限值
稳态工况法	全程参数	小于类	发-滚转速比相对变化绝对值共 1 个参数限值
		大于类	原始 $CO+CO_2$ 共 1 个参数限值
		范围类	λ 值共 1 个参数限值
	半程参数	小于类	连 10 s 车速变化绝对值、传-算结果相对偏差绝对值共 2 个参数限值
	超差计时	小于类	车速允差绝对值、扭矩允差绝对值、车速连续超差、车速累计超差、扭矩连续超差、扭矩累计超差、单工况时长、单工况累计时长共 8 个参数限值
加载减速法	全程参数	小于类	发-滚转速比相对变化绝对值共 1 个参数限值
		大于类	原始 CO_2 共 1 个参数限值
	半程参数	小于类	扫描始功率、过渡车速变化率绝对值、MaxHP 点转速相对偏差绝对值、传-算 MaxHP 值相对偏差绝对值、传-算 VelMaxHP 值绝对偏差、扫描结束车速、80%工况实-目车速相对变化绝对值、100%工况实-目车速相对变化绝对值、传-算结果相对偏差绝对值，共 9 个参数限值
		大于类	扫描始转速、MaxHP 值、结束转速共 3 个参数限值
		范围类	扭矩增量变化系数、MaxHP 点前车速变化率、MaxHP 点后车速变化率、100%工况测-扫功率比、80%工况测-扫功率比共 5 对参数限值
	计时参数	小于类	总测试时长共 1 个参数限值

6.3.2 排气测试过程监管模块建立思路

6.2 节将排气检测方法按测试流程分解后进行了重新归类，其目的是将测试过程与质控参数完全相同的测试阶段归为一类后可简化排气测试过程监管模块的设计。

根据 6.1.3 节有关排气测试过程质控参数的限值分类可知，简易瞬态工况法和稳态工况法都有车速超差限值，简易瞬态工况法、稳态工况法和加载减速法均有发-滚转速比绝对值限值，全程参数和半程参数也包含了小于（"≤"）类、大于（"≥"）类和范围类 3 类限值等。由于限值都为数值，它们的质控方法类似，为优化数据采集系统的结构，可以将它们归类建立排气监测方法共用监管基模块，供不同检测方法调用。根据表 6-13 以及前面各章节相关内容介绍，排气测试过程监管可建立大于类、小于类、范围类、转速比相对变化绝对值、测前自动校准、结果类等共用监管基模块。

此外，排气测试还需根据测试流程归类建立各种监管子模块，然后由监管主模块按测试流程将各监管子模块串接，实现对测试全过程的监管。因此，排气测试过程也将建立监管主模块、监管子模块、监管基模块 3 层结构模块。

为方便后续监管模块的控制流程绘制，这里先说明如下几点。

（1）排气测试结果的计算方法标准已明确规定，简易工况法测试结果的具体计算方法详见附录 5 至附录 7，后续模块建立时将不讨论测试结果的具体计算过程与计算流程，并在流程图直接引用排气测试计算结果。

（2）除非特别说明，后续章节中提及的所有污染物排放结果均为经修正后的结果。

（3）为方便控制流程图的绘制，后续章节的控制流程示意图中将对部分内容采用表述说明方式，仅提供模块控制流程的建立思路，模块开发时需进一步细化与完善。

（4）为方便控制流程图的绘制，后续章节的控制流程示意图中凡出现等待结论返回、连续监视命令状态标示、连续监视设备运行总状态标示等类似表述，均表示有个循环运行过程。如果在监管模块中未建立循环过程，需补充完善循环过程，如果已处于循环过程通常不需要补充循环过程，在模块软件开发时应根据具体情况补充和完善相关内容。

6.4 排气测试过程监管基模块的控制流程

由 6.3.3 节可知，排气测试过程共需建立 6 个监管基模块。

6.4.1 小于类监管基模块的控制流程

由表 6-13 可知，简易工况法排气测试过程的全程参数和半程参数都包含有小于类参数。简易瞬态工况法包含的小于类全程和半程参数分别为 3 个和 5 个，稳态工况法包含的小于类全程和半程参数分别为 3 个和 2 个，加载减速法包含的小于类全程和半程参数分别为 2 个和 9 个，简易工况法共有 24 个小于类质控参数。

全程参数在排气检测全过程不发生改变，半程参数则随测试阶段发生变化。如果数据采集系统建立小于类监管基模块，且调用小于类监管基模块的主程序将全程参数数量和半程参数编号（或名称）与数量传递给小于类监管基模块，则小于类监管基模块便可以按主程序要求将监管结论返回给主程序。

图 6-1 是小于类监管基模块的控制流程示意,图中的 i 为质控参数编号,j 为设备上传过程数据编号。由于排气测试过程监管基模块能为各种监管子模块调用,被调用过程中可能无法确定被调用时长,所以图 6-1 中增加了读取主命令状态环节,由主命令状态确定监管基模块的结束时间。为方便后续章节对命令状态的使用,这里对主命令状态做如下说明与使用约定。

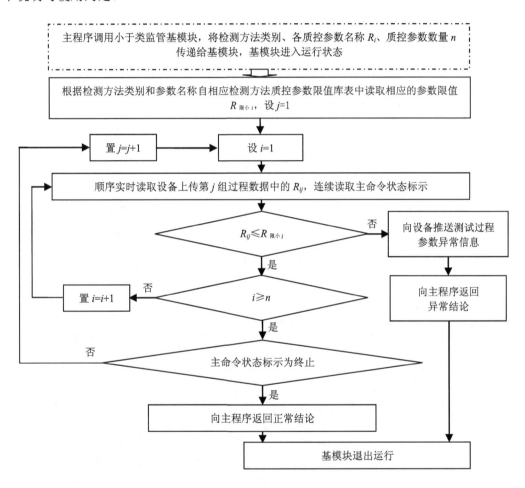

图 6-1 小于类监管基模块的控制流程示意

(1)主命令状态设运行/终止 2 个标示,由调用监管模块的主程序设置。

(2)主命令状态为主程序根据设备运行状况临时设置,不需要在状态库表专门建立状态标示,但应该注意的是主程序只针对自己调用的监管模块设置命令状态,如果有多个主程序调用监管模块时,被调用模块只读取相应调用主程序的命令状态标示。

(3)被调用模块如果自己也调用其他监管模块,被调用模块自己也可以设置命令状态,为区分主程序设置命令状态与被调用模块自己设置的命令状态,在控制流程图中用主命令状态和自命令状态分别表述。

（4）被调用模块读取主命令状态标示过程实际上是一个连续循环过程，是一个与被调用模块并行运行过程，为此，数据采集系统也可以建立"读取主命令状态标示基模块"来实现这一过程。如果被调用模块在运行过程需要读取主命令状态标示，则被调用模块可以在进入运行状态时第一时间先调用"读取主命令状态标示基模块"，也可以采取在具体循环点调用"读取主命令状态标示基模块"。为简化控制流程图绘制，后续章节采取在流程图插入"读取主命令状态标示"或用"主命令状态标示终止否？"来表示这一过程。因"读取主命令状态标示基模块"的控制流程较简单，这里不做专门介绍。

6.4.2 大于类监管基模块的控制流程

由表 6-13 可知，简易瞬态工况法包含的大于类全程和半程参数分别为 4 个和 2 个，稳态工况法仅包含的 1 个大于类全程参数，加载减速法包含的大于类全程和半程参数则分别为 1 个和 3 个，简易工况法共包含了 11 个大于类质控参数。

大于类监管基模块的控制流程与小于类监管基模块的控制流程类似，差别仅需将图 6-1 中的 $R_{ij} \leq R_{限小 i}$ 改为 $R_{ij} \geq R_{限大 i}$。图 6-2 是大于类监管基模块的控制流程示意，同样图中的 i 为质控参数编号，j 为设备上传过程数据编号。

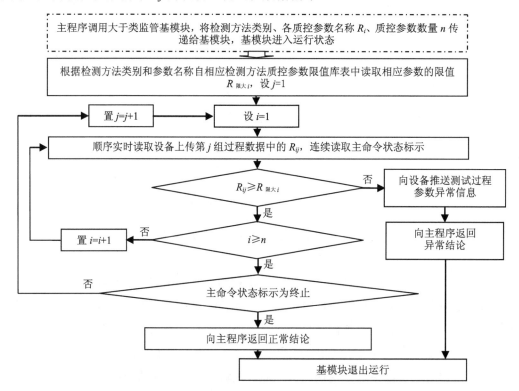

图 6-2 大于类监管基模块的控制流程示意

6.4.3　范围类监管基模块的控制流程

由表 6-13 可知，简易瞬态工况法包含了 2 个范围类全程参数，稳态工况法仅包含了 1 个范围类全程参数，加载减速法则包含了 5 个范围类半程参数，简易工控法共包含了 8 个范围类质控参数。由于范围类参数包含了 "≤" "≥" 两个限值，所以同一个参数需进行两个限值比较。图 6-3 是范围类监管基模块的控制流程示意，同样图中的 i 为质控参数编号，j 为设备上传过程数据编号。

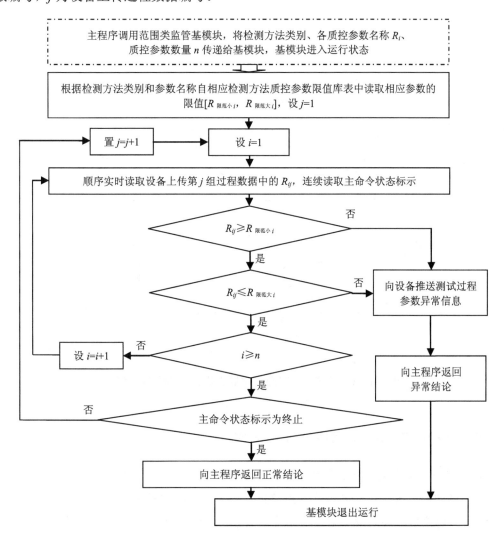

图 6-3　范围类监管基模块的控制流程示意

6.4.4 转速比相对变化绝对值监管基模块的控制流程

式（6-3）已介绍了转速比相对变化绝对值计算方法，转速比相对变化绝对值监管基模块只需将计算结果与相应限值比较就可以了。转速比相对变化绝对值监管基模块控制流程示意如图 6-4 所示。

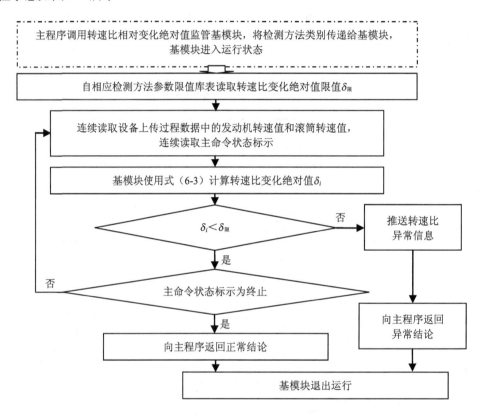

图 6-4 转速比相对变化绝对值监管基模块控制流程示意

6.4.5 自动校正监管基模块的控制流程

GB 18285—2018 规定简易瞬态工况法和稳态工况法排气测试前需先对分析仪进行自动校正，自动校正内容包括分析仪零点校正、环境空气测定和背景空气测定，因此，监管系统联网协议也应要求设备上传自动校正数据。GB 18285—2018 规定环境空气测定值应满足 $HC<7\times10^{-6}$、$CO<0.02\%$、$NO_x<25\times10^{-6}$ 条件，背景空气测定值应满足 $HC<15\times10^{-6}$、$CO<0.02\%$、$NO_x<25\times10^{-6}$ 条件，如果不满足上述条件，则不允许进行排气测试。此外，零点校正实际上是分析仪的调零过程，由此可见，除零点校正外，自动校正的质控参数均为小于类限值。

图 6-5 为自动校正监管基模块的控制流程示意。因设备进行自动校正时会连续将零点校正、环境空气测定和背景空气测定过程数据上传，所以应通过联网协议要求设备对自动校正过程数据进行标示。

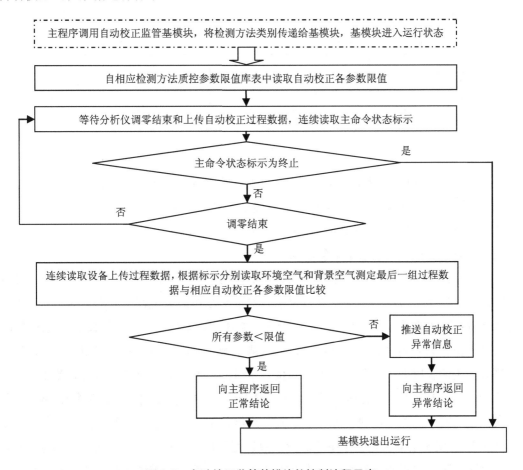

图 6-5　自动校正监管基模块的控制流程示意

6.4.6　结果类监管基模块的控制流程

为建立结果类监管基模块的控制流程，首先应讨论结果类监管基模块所监管的主要内容与思路。

6.4.6.1　结果类监管基模块的监管内容

由表 6-1 至表 6-5 可知，每种排气检测方法都需进行结果相对偏差监管，各排气检测方法测试结果包含限值判定的主要排气技术指标如表 6-14 所示。

表 6-14　各排气检测方法测试结果包含限值判定的主要排气技术指标

检测方法	各排气检测方法包含限值判断的技术指标							
	CO	HC	NO	NO$_x$	CO$_2$	λ	光吸收系数	功率
简易瞬态工况法	√	√	×	√	×	×	×	×
稳态工况法	√	√	√	×	×	×	×	×
双怠速法	√	√	×	×	×	√	×	×
加载减速法	×	×	×	×	×	×	√	√
自由加速法	×	×	×	×	×	×	√	×

注："√"表示该指标需要进行结果判定，"×"表示该指标不需要进行结果判定。

由表 6-14 可知，简易工况法和双怠速法都包含有 3 项限值判定，自由加速法仅包含 1 项限值判定。应该注意的是，表中加载减速法仅列出了 3 项指标，但测量结果有 4 个，其中光吸收系数包括 100%VelMaxHP 和 80%VelMaxHP 两个工况测量值。

6.4.6.2　结果类监管基模块的监管思路

有测量经验的人都知道，用米尺测量某线段的长度时，测量结果包含尺子自身准确度和测量过程两个方面产生的误差。尺子自身准确度在测量过程中所产生的绝对误差具有累计特点，随测量线段长度的增加而增加，测量总误差与测量线段的长度呈正比关系；测量过程操作误差则具有随机性特点，多次测量操作所产生的误差具有相互抵消作用，与测量线段的长度无关。此外，米尺测量一米时的误差可能与尺子的本身误差相当，测量几米、几十米时所产生的累计误差将大于读数误差，如果线段的长度超过 100 m，尺子本身误差所产生的测量绝对误差可能达到分米级甚至米级误差。由此可见，线段长度小于 1 m 时，误差结果仅包含了单次测量读数误差和尺子本身误差两方面，用绝对误差可以良好评价测量结果的有效性。当线段超过 1 m 时，读数误差的影响逐步减小，甚至随着线段长度的增加可以忽略不计，此时的测量误差主要为尺子自身准确度所带来的累计误差，随线段长度增加而增加，测量误差用相对误差表征更加合理。

与米尺测量原理一样，习惯上人们使用绝对误差评价仪器低值测量段的测量误差，使用相对误差评价高值测量段的测量误差。由于机动车排放检验结果受测功机、分析仪、烟度计、流量分析仪、发动机转速计、环境参数、车况与车辆操控性能等诸多因素影响，难以把控低值测量段绝对误差限值限的设置，所以 6.1.3 节推荐当监管计算或设备上传结果中只要出现某个参数之结果大于标准限值的 1/4 时便对设备的上传结果进行监管。

6.4.6.3　结果类监管基模块控制流程的建立

结果类监管基模块的监控质控参数是结果相对偏差绝对值。数据采集系统对排气检测结果的计算方法与排气检测设备对排气检测结果的计算方法完全相同，都是按标准规定的计算方法计算，有关简易工况法排气检测结果的计算方法详见附录 5 至附录 7。由于计算方法和计算用过程数据完全相同，理论上数据采集系统和排气检测设备所计算的排气测试结果应完全相等，增加该监管基模块的目的是进一步保证设备上传排气测试结果的有效性。结果相对偏差绝对值的计算方法已在式（6-5）给出，图 6-6 是结果类监管基模块的控制流程示意。图中 i 是结果参数编号，n 是监管参数数量，稳态工控法、简易瞬态工况法和双怠速法的 $n=3$，加载减速法的 $n=4$，自由加速法的 $n=1$。

数据采集系统需按不同检测方法建立专门的测试结果计算模块，因标准已有明确的计算方法，且有关计算模块技术已成熟，因此，这里不做专门介绍。

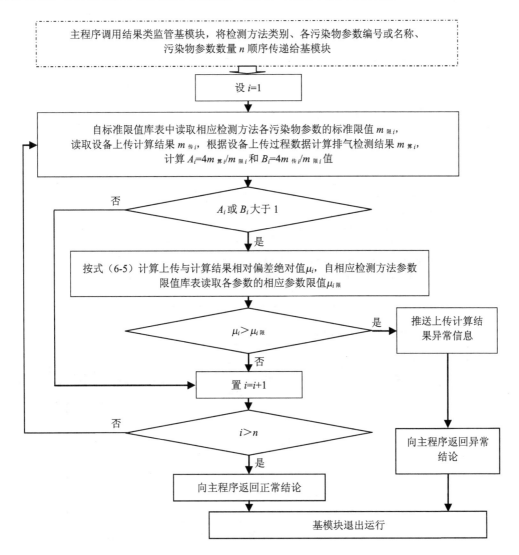

图 6-6　结果类监管基模块的控制流程示意

6.5 简易瞬态工况法监管模块的控制流程

根据表 6-8 的测试过程归类和表 6-13 的质控参数分类，为简化简易瞬态工况法监管主模块控制流程的建立，这里推荐简易瞬态工况法建立准备类、全程类、稀释流量峰值差、半程Ⅰ类、半程Ⅱ类，超差类、结果类 7 个排气测试过程监管子模块。

6.5.1 瞬态全程类监管子模块控制流程

由表 6-13 可知，简易瞬态工控法测试过程包含了 2 个小于类、4 个大于类、2 个范围类（含 2 个限值）和 1 个单列类共 9 个全程参数，图 6-7 是瞬态全程类监管子模块控制流程示意。虽稀释流量峰值差也属全程参数，但因对稀释流量峰值差监管方法有别于其他全程参数，所以，表 6-13 将该全程参数专门单列，6.5.3 节也将单独建立监管子模块控制流程，图 6-7 也未包含该参数的监管内容。

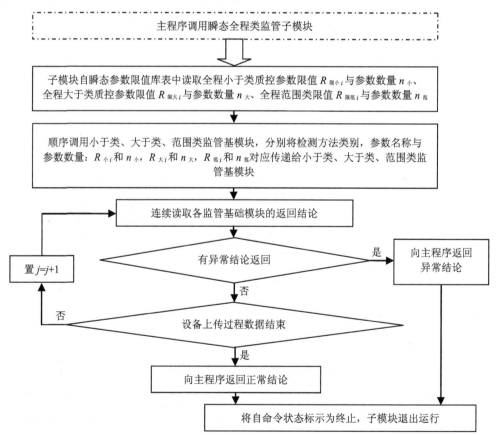

图 6-7 瞬态全程类监管子模块控制流程示意

对图 6-7 说明如下。

（1）图中 i 为质控参数编号，j 为设备上传过程数据记录编号，$R_{小i}$、$R_{大i}$、$R_{范i}$ 分别表示小于类、大于类、范围类质控参数名称，$n_小$、$n_大$、$n_范$ 分别表示小于类、大于类、范围类质控参数数量。

（2）图中瞬态全程类监管子模块还将连续监视设备过程数据的上传情况，如果设备上传过程数据结束，将自命令状态标示为终止，以告知各调用基模块终止运行，同时自己也终止运行。模块开发时应增加连续监视设备过程数据的上传情况这一过程。

（3）如果设备上传过程数据结束，各基模块未返回结论，说明各基模块监管过程未出现异常情况，所以，瞬态全程类监管子模块直接返回正常结论。

6.5.2　瞬态半程Ⅰ类监管子模块的控制流程

由表 6-8 可知，半程Ⅰ类监管子模块仅有转速比相对变化绝对值 1 个质控参数，共需对 7 个时间段转速比相对变化绝对值质控参数实施监管。瞬态半程Ⅰ类监管子模块的控制流程示意如图 6-8 所示。

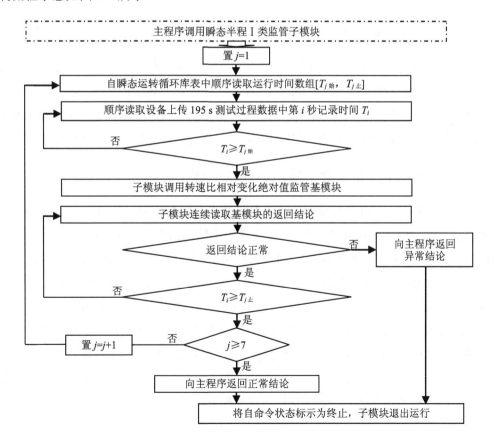

图 6-8　瞬态半程Ⅰ类监管子模块的控制流程示意

对图 6-8 说明如下。

（1）图中的循环参数 i 为设备上传 195 s 工况测量过程数据组编号（或时间），j 表示半程 I 类监管的 7 个时间段。

（2）每个时间段按工况运行顺序设置一组起止时间数组，因此，数据采集系统应为瞬态半程 I 类监管子模块建立一组时间库表，也可以在简易瞬态工况法运转循环车速库表中分别用 $T_{j始}$ 和 $T_{j止}$ 进行标示，此时，瞬态半程 I 类监管子模块被调用时可以自简易瞬态工况法运转循环车速库表中读取 $T_{j始}$ 和 $T_{j止}$ 所对应的工况运行时间（详见附录 8）。应该注意的是，如果运转循环车速库表中增加 $T_{j始}$ 和 $T_{j止}$ 标示，在调用 $T_{j始}$ 时，应在附录 8 中的 $T_{j始}$ 的基础上+1 s 时间，即图 6-8 中的"$T_i \geqslant T_{j始}$"应改为"$T_i \geqslant T_{j始}+1$"。

（3）因简易瞬态工况法测试时需 7 次调用半程 I 类监管子模块，半程 I 类监管子模块的总运行时间超过 130 s，为简化简易瞬态监管主模块控制流程设计，半程 I 类监管子模块没有按单个时间段建立，而是将所有时间段的监管放在一个监管子模块监管，这样，半程 I 类监管子模块的使用与全程类监管子模块的使用方法相似，瞬态监管主模块只需调用一次半程 I 类监管子模块。

6.5.3 稀释流量峰值差监管子模块的控制流程

稀释流量峰值差为整个测试过程中的最大流量与最小流量之差值，严格来说，稀释流量峰值差也为全程参数。由于该参数的监管相对复杂，不宜采取与其他全程参数相同的监管方法，所以将其单列进行监管。图 6-9 为稀释流量峰值差监管子模块的控制流程示意，图中的 i 为设备上传的 195 s 过程数据编号，Q 为设备上传的流量计流量。

6.5.4 瞬态半程 II 类监管子模块的控制流程

由表 6-8 可知，半程 II 类监管子模块主要对速度为 50 km/h 时的尾气流量（大于类）和吸收功率相对偏差绝对值（小于类）2 个质控参数实施监管。简易瞬态工况法测试时，GB 18285—2018 推荐车速为 50 km/h 时的测功机吸收功率情况详见附录 3。由附录 3 可知，车速为 50 km/h 时测功机吸收功率的大小与受检车辆的基准质量相关，所以数据采集系统应建立与附录 3 相同的 50 km/h 时测功机吸收功率库表供监管程序调用，且应建立控件对其进行维护修改。图 6-10 所示为瞬态半程 II 类监管子模块的控制流程示意。

图 6-10 中，半程 II 类监管子模块的使用时间由半程 II 类监管子模块自己确定，瞬态监管主模块只需在 T_i 小于 144 s 前调用半程 II 类监管子模块即可，这样做的作用是简化瞬态监管主模块对半程 II 类监管子模块的调用流程设计。

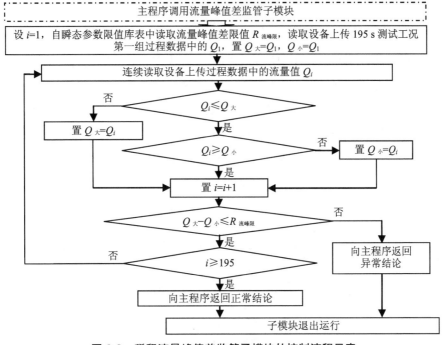

图 6-9　稀释流量峰值差监管子模块的控制流程示意

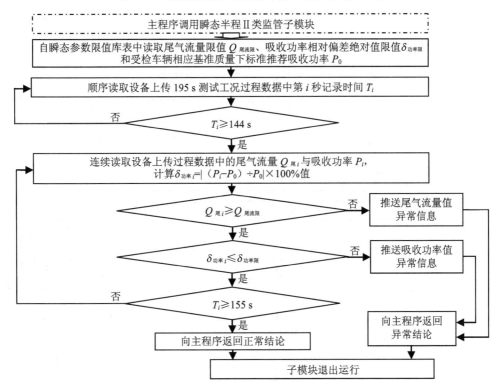

图 6-10　瞬态半程 II 类监管子模块的控制流程示意

6.5.5 瞬态准备类监管子模块的控制流程

由表 6-8 可知，简易瞬态工况法的准备类子模块主要对分析仪的自动校正、流量分析仪稀释 O_2 测量值及 195 s 测试工况前的 40 s 怠速运行进行监管。标准规定分析仪的自动校正和流量分析仪稀释 O_2 检查需在 40 s 怠速运行前的 2 min 内完成。根据上述要求所建立的瞬态准备类监管子模块控制流程示意如图 6-11 所示，为防止准备类监管子模块进入运行死循环，图 6-11 中增加了读取主命令状态标示过程。

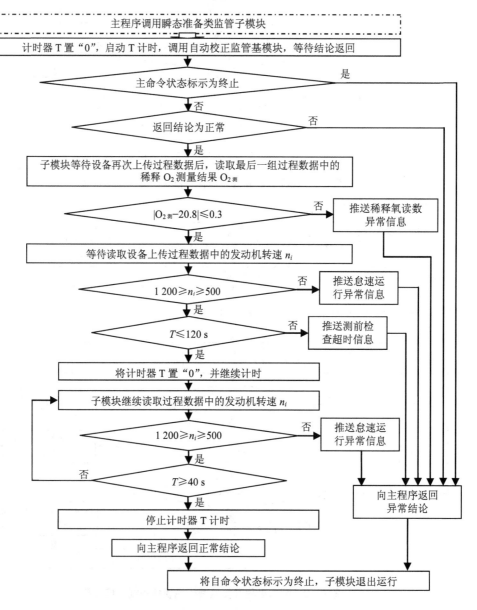

图 6-11　瞬态准备类监管子模块控制流程示意

6.5.6 瞬态超差类监管子模块的控制流程

GB 18285—2018 规定，简易瞬态工况法测试过程如果连续 2 s 时间内实际车速相对标准工况车速的绝对偏差超过±3 km/h，应中断测试过程。瞬态超差类监管子模块的作用就是确保简易瞬态工况法测试过程的车速偏差满足标准要求，图 6-12 为其控制流程示意。

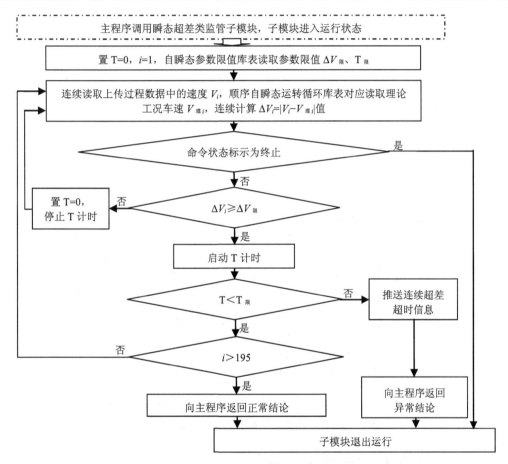

图 6-12 瞬态超差类监管子模块的控制流程示意

图中 i 为 195 s 测试工况设备上传过程数据编号或工况计时编号，T 为连续超差计时器，$\Delta V_限$、$T_限$ 分别为速度允许偏差限值和允许连续偏差时长限值。

6.5.7 瞬态结果类监管子模块的控制流程

由表 6-8 和表 6-13 可知，简易瞬态工况法的结果类监管子模块主要对实-理距离差绝对值（小于类）、结果相对偏差绝对值（小于类）、CO_2 测量结果（大于类）等参数实施监管。图 6-13 是瞬态结果类监管子模块的控制流程示意。

对图 6-12 补充说明如下。

（1）CO_2 测量结果的计算与其他污染物测量结果的计算方法详见附录 5。

（2）实际行驶距离的单位为 km，计算方法为每秒行驶距离之和，即为 195 s 测试时间内所计算的行驶距离。图中采取了计算和上传实际行驶距离需同时小于限值许可偏离这一判别方法，目的是促进设备软件按标准规定规范计算实际行驶距离。此外，对于 CO_2 值也采取了相同措施进行监管。

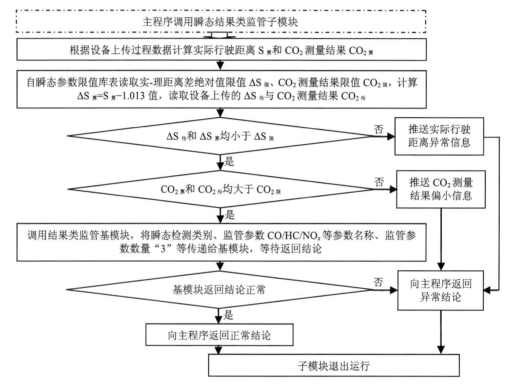

图 6-13 瞬态结果类监管子模块的控制流程示意

6.5.8 瞬态监管主模块的控制流程

6.4 节和 6.5.1 节至 6.5.7 节共建立了 6 个监管基模块和 7 个瞬态监管子模块的控制流程，本节利用这些监管基模块和监管子模块讨论瞬态监管主模块的控制流程。

根据 GB 18285—2018 规定，简易瞬态工况法的排气测试流程为测前自动校正→测前流量分析仪稀释 O_2 测量值检查→测前 40 s 怠速运行→195 s 工况法测试→测试结果计算，表 6-8 结合排气测试流程与质控参数类别，将简易瞬态工况法测试过程归为准备类、全程类、半程 I 类、半程 II 类和结果类 5 类，瞬态监管主模块只需按测试流程分别调用 6.4 节所建立的相应监管基模块和 6.5.1 节至 6.5.7 节建立的相应监管子模块即可建立其控制流程。瞬态监管主模块的控制流程示意如图 6-14 所示。

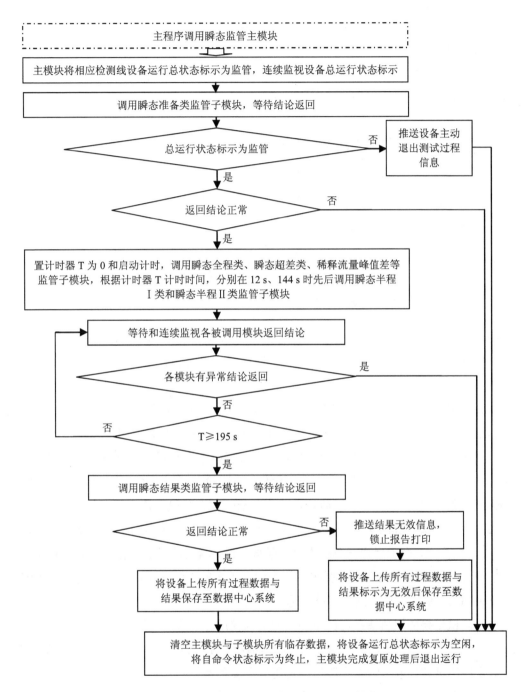

图 6-14 瞬态监管主模块的控制流程示意

为防止准备类监管子模块进入运行死循环，图 6-14 中在调用瞬态准备类监管模块后增加了读取设备总运行状态内容。所以联网协议应规定设备如强行退出排气测试过程，设备软件应将设备的运行总状态置为空闲状态。此外顺便交代一下，后续章节所建立的控制流程示意图中凡有读取设备总运行状态内容，其解释与说明也完全相同，也不再重复解释与说明。

图 6-14 中的复原处理以及后续章节流程示意图中的复原处理，均与仪器性能检查监管模块的复原处理意思完全相同，后续不再重复说明。

6.6 稳态工况法监管模块的控制流程

由表 6-9 可知，稳态工况法的 ASM5025 工况和 ASM2540 工况都能被分解为测前检查、测前运行、编号为 1～5 测试阶段及结束阶段共 8 个测试阶段，经表 6-10 按测试流程和质控参数类别重新归类为准备类、稳速类、全程类、半程类、结果类 5 类。本节将结合这些分类与稳态工况法测试过程特点，讨论各稳态监管模块的控制流程。

6.6.1 稳态监管模块的建设思路

稳态工况法的测试工况看似简单，仅包含了 ASM5025 和 ASM2540 两个测试主工况，但细细研究稳态工况法测试过程实质上并不简单。这里对稳态工况法测试过程的特征分析如下。

（1）每个测试工况的实际测试阶段可能不同。标准规定如果快速检查工况合格则测试过程结束，如果测试过程的车速偏差与扭矩偏差超过标准规定许可偏差范围时，需重新计时测试，且每个测试工况只允许进行 1 次快速检查工况测试。所以，每个测试工况的实际测试阶段至少包含稳速、分析仪预置、快速检查工况 3 个测试阶段，至多包含 1 个稳速阶段、1 个快速检查工况阶段，几个分析仪预置阶段和几个工况测量阶段。

（2）每个测试工况的实际测试总时间可能不同。虽标准规定的每个测试工况运行时间为 90 s，实际上，由于受测试车辆本身的排放性能、测试过程车辆的操控（车速偏差）、排气检测设备的扭矩控制性能等影响，每个测试工况的实际测试时间会不同，最短测试时间仅为 20 s，最长测试时间则可能长达 145 s。

（3）测试结果的取值情景可能不同，限值的使用也复杂。在满足任意连续 10 s 内第 1 s～第 10 s 的车速相对第 1 s 车速之变化绝对值小于 1.0 km/h 时则测试结果有效条件下，标准规定的测试结果取值情景和限值的使用等主要包括如下几种情况。

——如果 ASM5025 快速检查工况所有污染物的修正测量结果低于标准限值的 50%（以下简称超低限值）则排放测试结果合格；

——如果 ASM5025 工况测量阶段所有污染物的修正测量结果低于标准限值则排放测试结果合格，超过标准限值但不超过 5 倍标准限值（以下简称超高限值），则不做合格与否判断，需继续进行 ASM2540 工况测试；

——如果 ASM5025 工况测量阶段任何一种污染物的修正测量结果超过 5 倍标准限值（即超高限值）则排放测试结果不合格；

——如果需要进行 ASM2540 工况测试，同样如果快速检查工况所有污染物的修正测量结果低于标准限值的 50%（即超低限值）则排放测试结果合格；

——如果 ASM2540 工况测量阶段所有污染物的修正测量结果低于标准限值则排放测试结果合格，超过标准限值则排放测试结果不合格。

此外，ASM5025 和 ASM2540 两个测试工况的标准限值也不同，由此可见，稳态工况法测试结果的取值情景（以下简称结果类别）有 5 个，实际使用限值有 3 类 5 组，ASM5025 工况包含有标准限值、超低限值和超高限值 3 类 3 组，ASM2540 则只有标准限值和超低限值 2 类 2 组。表 6-15 是根据 GB 18285—2018 的有关规定整理的稳态工况法实际使用限值情况。

表 6-15　根据标准规定整理的稳态工况法实际使用限值情况[①]

限值类别		ASM5025			ASM2540[②]		
		CO/%	HC/10^{-6}	NO/10^{-6}	CO/%	HC/10^{-6}	NO/10^{-6}
限值 *a*	标准限值	0.50	90	700	0.40	80	650
	超低限值	0.25	45	350	0.20	40	325
	超高限值	2.5	450	3 500	0.40	80	650
限值 *b*	标准限值	0.35	47	420	0.30	44	390
	超低限值	0.175	23.5	210	0.15	22	195
	超高限值	1.75	235	2 100	0.30	44	390

注：①推荐数据采集系统按本表建立稳态工况法的限值库表；②ASM2540 的超高限值是为方便模块流程设计作者推荐设置限值（与标准限值相同），标准没有规定 ASM2540 的超高限值。

根据上述分析情况，提出如下稳态监管子模块的建设思路。

（1）由表 6-15 可知，标准没有规定 ASM2540 工况的超高限值。为方便监管模块流程设计，这里假定 ASM2540 工况也有超高限值，推荐设置的 ASM2540 工况超高限值与 ASM2540 工况的标准限值相同，这样既方便了稳态监管模块的流程设计，也消除了 ASM2540 工况设置超高限值对检测结果判定的影响与作用。

（2）标准规定稳态工况法测试时的车速与扭矩连续超差时间不能超过 2 s，累计超差时间不能超过 5 s。累计超差时间是连续超差时间的累计，可建立稳态超差类监管子模块一并监管。

（3）由表 6-10 可知，稳态工况法测试过程可重新归类为准备、全程、半程和结果 4 类进行监管。半程类的质控参数仅为 10 s 车速变化绝对值，所以可参考简易瞬态工况法监管模块的建立方法，分别建立准备类、全程类、车速变化绝对值（或半程类）和结果类 4 个监管子模块。

（4）稳态工况法包含 ASM5025 和 ASM2540 两个测试工况，表 6-10 也是按单个测试工况对稳态工况法的测试过程进行分解，因此，应建立一个稳态单工况监管子模块。

综上所述，在 6.4 节所建立的监管基模块的基础上，推荐稳态工况法建立稳态准备类、稳态超差类、车速变化绝对值（或半程类）、稳态全程类、稳态结果类、稳态单工况类等 6 个监管子模块和一个稳态监管主模块。

6.6.2 稳态准备类监管子模块的控制流程

由表 6-10 可知，稳态准备类监管子模块主要对测前分析仪的自动校正和测前稳速过程进行监管，图 6-15 是稳态准备类监管子模块的控制流程示意。

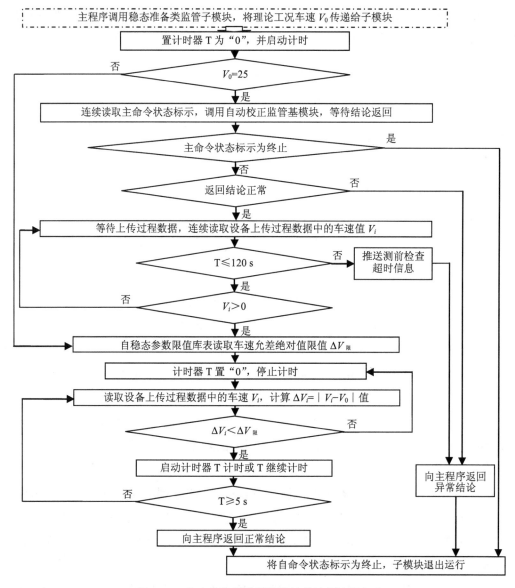

图 6-15 稳态准备类监管子模块的控制流程示意

图中，如果 V_0 为 25 km/h，说明设备正拟进行 ASM5025 工况测试，测前准备过程应包含分析仪自动校正过程。如果 V_0 不是 25 km/h，则 V_0 应等于 40 km/h，说明设备正拟进行 ASM2540 工况测试，测前准备过程不应包含分析仪自动校正过程，仅进行 5 s 车速稳定过程。

6.6.3　稳态超差类监管子模块的控制流程

GB 18285—2018 规定，稳态工况法测试时如果连续 2 s 或累计 5 s 时间的实际车速相对理论工况车速的偏差超过 ±2 km/h 或实际扭矩相对目标扭矩（目标扭矩的计算参见附录 1）的相对偏差超过 ±5% 需重新计时测试。由此可见，标准规定的超差类参数实测值原则上不允许超出规定参数限值范围，如果参数实测值超出规定参数限值范围，则超出参数限值范围的时间长度不能超过计时参数限值。所以超差类质控参数使用了参数限值和超差时间限值 2 类限值，这也是表 6-1 和表 6-5 将计时参数单列的主要原因之一。

根据上述说明可知，稳态工况法使用了车速与扭矩连续超差和累计超差 4 个计时参数，关联参数为车速和扭矩，图 6-16 为稳态超差类监管子模块的控制流程示意图。图中 $\Delta V_限$、$\Delta N_限$ 分别为车速允差限值和扭矩允差限值，$T_{1限}$ 和 $T_{3限}$ 为连续超差时间限值，$T_{2限}$ 和 $T_{4限}$ 为累计超差时间限值，$N_目标$ 为目标加载扭矩值。因加载扭矩与加载功率成正比，所以也可以用目标加载功率 P 替代目标加载扭矩（目标加载功率 P 的计算方法详见附录1），使用目标加载功率计算 ΔN_i 的公式见式（6-12）。

$$\Delta N_i = \left| \frac{P_i - P_{目标}}{P_{目标}} \times 100\% \right| \tag{6-12}$$

式中：ΔN_i —— 第 i 组过程数据中的扭矩相对目标扭矩之相对偏差，量纲一；

　　　P_i —— 第 i 组过程数据的指示加载功率，kW；

　　　$P_{目标}$ —— 标准规定的设备设置目标加载功率，kW。

图 6-16 中是使用扭矩进行 ΔN_i 的计算。

6.6.4　车速变化绝对值监管子模块的控制流程

GB 18285—2018 规定，稳态工况法测试过程中，如果任意连续 10 s 内第 1 s～第 10 s 的车速相对第 1 s 车速之变化绝对值小于 1.0 km/h 时，则测试结果有效，测量结果取连续 10 s 内的平均值。由此可见，车速变化绝对值监管子模块仅需对测试结果有效 10 s 内的车速变化情况进行监管。图 6-17 是车速变化绝对值监管子模块的控制流程示意。

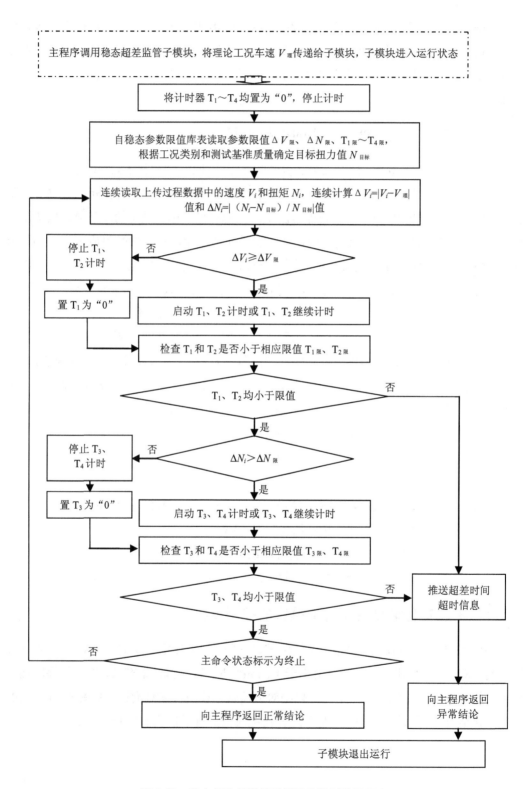

图6-16 稳态超差类监管子模块的控制流程示意

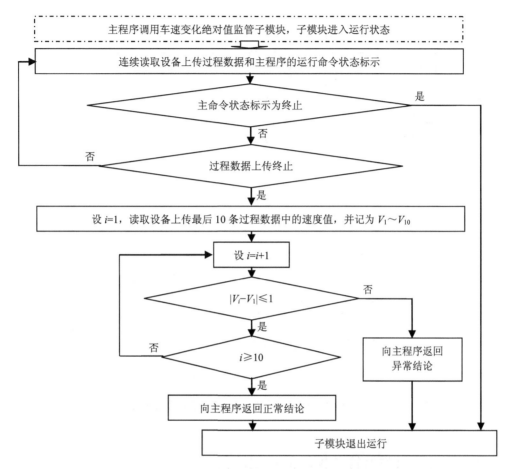

图 6-17　车速变化绝对值监管子模块的控制流程示意

6.6.5　稳态全程类监管子模块的控制流程

由表 6-2 和表 6-13 可知，稳态工况法的单个测试工况共包含了发-滚转速比相对变化绝对值（小于类）、原始 $CO+CO_2$（大于类）、λ 值（范围类）3 个全程类参数。图 6-18 是稳态全程类监管子模块的控制流程示意。

实质上，稳态全程类监管子模块还需调用 λ 值计算模块，λ 值计算模块使用设备上传过程数据实时计算 λ 值和将 λ 值实时返回稳态全程类监管子模块，并与设备上传的 λ 值比较，检查设备上传的 λ 值是否有效。软件开发时应补充完善这部分内容。

此外，标准规定的 λ 值计算方法已在附录 4 中给出，λ 值计算模块的控制流程也较简单，这里不做详细介绍。

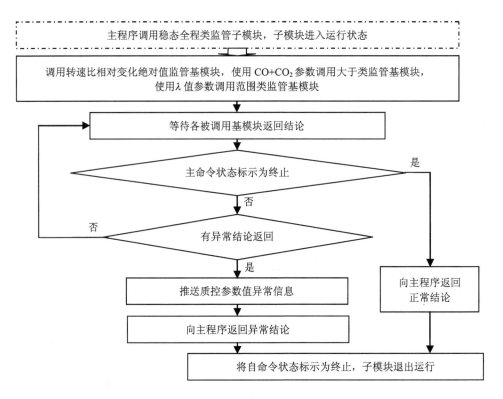

图 6-18 稳态全程类监管子模块的控制流程示意

6.6.6 稳态结果类监管子模块的控制流程

6.6.1 节介绍了稳态工况法有 5 种限值和 5 种测试结果取值情景。为方便结果类监管模块控制流程设计，表 6-15 中专门为 ASM2540 工况增加了一项超高限值，对应于超低限值、超高限值、标准限值，单个测试工况的测试结果也分为超低类、超高类和标准类 3 类。图 6-19 是稳态结果类监管子模块的控制流程示意图。

由于稳态工况法测试结果的计算较简单，测试结果的有效性已在图 6-19 直接进行了判定，所以图 6-19 没有调用结果类监管基模块。从图 6-19 可以看出，图中已包含了超低限值、超高限值和标准限值的使用，且包含了 ASM5025 和 ASM2540 两个测试工况测试结果的监管。

此外，补充说明一点，图中的所谓"读取相应工况类别的限值"均自稳态标准限值库表中读取。

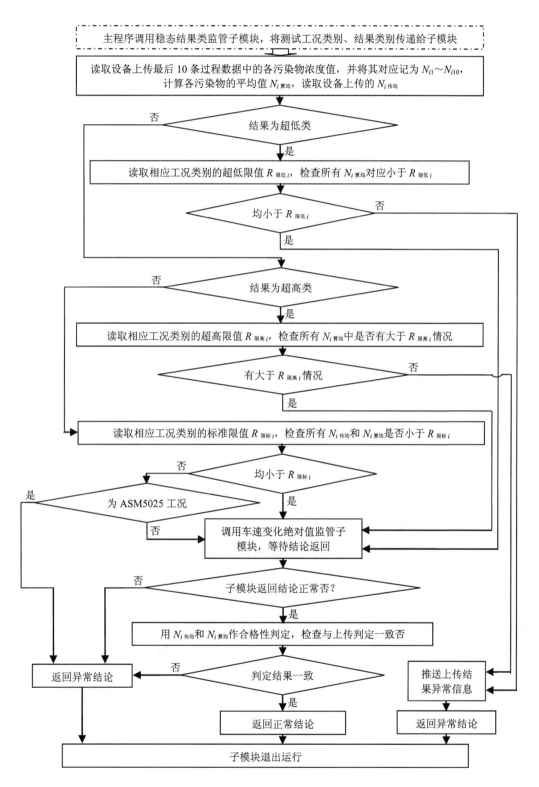

图 6-19　稳态结果类监管子模块的控制流程示意

6.6.7 稳态单工况监管子模块的控制流程

6.6.2 节至 6.6.6 节共建立了 5 个稳态工况法监管子模块,利用这 5 个监管子模块建立的稳态单工况监管子模块的控制流程示意如图 6-20 所示。

对应图 6-20 说明如下。

(1) 为简化控制流程图绘制,图中使用了 A、B 和 C 分别表示稳态全程类监管子模块、稳态超差类监管子模块和转速比相对变化绝对值监管基模块。

(2) 返回正常结论时,图中还增加了结果类别的返回,目的是为稳态监管主模块调用稳态结果类监管子模块时,提供结果类别的传递。此外,如果为 ASM5025 工况不能给出合格与否判定时,不返回结果类别。

(3) 分析仪预置阶段的质控参数为全程参数,相关参数已在图中的稳态全程类(A)、稳态超差类(B)监管子模块和转速比相对变化绝对值监管基模块(C)几个监管模块得到有效监管。图中在完成稳态工控法测试的准备过程监管后,马上进行工况计时运行控制,计时控制已包含了分析仪预置阶段时间,因此,分析仪预置阶段的监管已在图 6-20 中实现。

值得提醒与说明的是,图中的连续监视设备总运行状态标示过程实际上也是与稳态单工况监管子模块并行运行过程,与 6.4.1 节中所说明的有关读取主命令状态标示过程类似。

6.6.8 稳态监管主模块的控制流程

6.6.7 节建立了稳态单工况监管子模块,稳态工况法包含了 ASM5025 和 ASM2540 两个工况,所以只需根据设备测试结果情况调用稳态单工况监管子模块即可形成稳态监管主模块。图 6-21 是稳态监管主模块的控制流程示意图。

图 6-21 中增加了一个设备 ASM5025 工况测试状态,其目的是监视 ASM5025 工况测试是否结束,并结合设备过程数据上传是否结束情况以确定稳态工况法测试过程是否结束。如果 ASM5025 工况测试状态标示为终止,且过程数据上传也结束,则稳态工况法测试过程也结束,否则设备将继续进行 ASM2540 工况测试,此时,稳态监管主模块需重新调用稳态单工况监管子模块继续对设备运行过程进行监管。所以,监管系统建设时,应通过联网协议规定稳态工况法测试时,设备软件应在 ASM5025 工况测试过程建立一个 ASM5025 工况测试状态,正常运行时的标示为运行,ASM5025 工况运行结束时标示为终止。

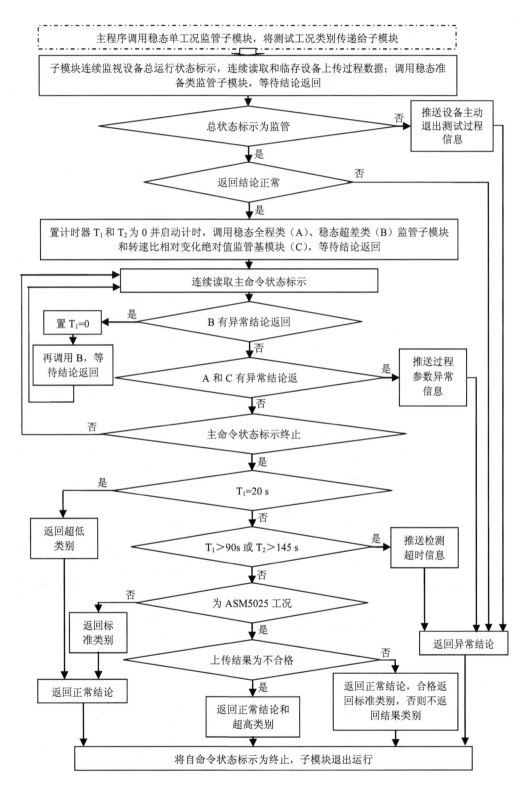

图 6-20　稳态单工况监管子模块的控制流程示意

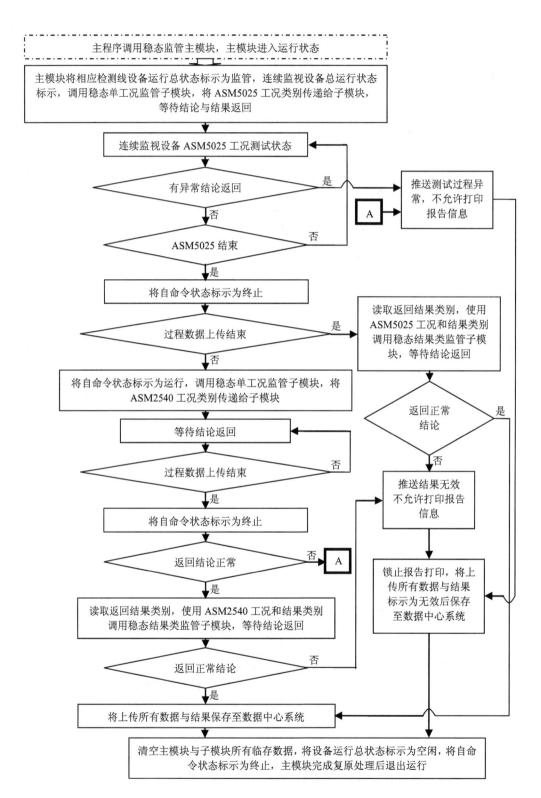

图 6-21 稳态监管主模块的控制流程示意

6.7　加载减速法监管模块的控制流程

6.2.3 节对加载减速法测试过程进行了分解与归类。由表 6-11 和表 6-12 可知，加载减速法除全程质控参数外，各测试阶段仅有 1～2 个半程质控参数。本节将结合分类和加载减速法测试过程的特点，讨论加载减速法监管子模块与监管主模块的控制流程。

6.7.1　关联参数的管理思路

式（6-3）至式（6-11）共给出了 8 个关联参数的计算方法，其中加载减速法用到了 7 个关联参数，5 个属加载减速法专用关联参数。如果欲使用这些关联参数对加载减速法排气测试过程进行实时监管，则需不停地对这些参数进行计算，这样将会使监管模块的控制流程设计困难，为解决这一问题，这里提出如下思路。

（1）在数据中心系统和数据采集系统的测试过程数据记录库表中相应增加关联参数字段。

（2）对于数据采集系统的测试过程数据记录库表，利用式（6-3）至式（6-11）建立各关联参数字段相应计算关系，当过程数据保存至测试过程数据记录库表时，自动将各关联参数字段的计算结果同步保存至相应关联参数字段单元，以供各监管模块读取使用。

（3）测试过程结束，在将设备过程数据及结果上传至数据中心系统保存时，同步将关联参数字段以数值形式（取消参数间的关联关系）也上传至数据中心系统保存。在确认数据中心系统已成功保存相关数据后，数据采集系统应自动清除所有临存数据。

采取上述处理措施后，关联参数计算结果也如同设备上传的各参数数据一样，被临时保存在数据采集系统的测试过程数据库表中，关联参数也将如同独立参数一样被监管模块读取使用，这样可有效简化控制流程的设计，也方便关联参数的使用与管理。这里约定，后续章节中如果无特别交代，关联参数均按独立参数进行使用与管理，不再重复说明与解释。

6.7.2　加载监管模块的建设思路

稳态工况法和简易瞬态工况法以理论车速为基础，测试工况速度曲线明确，监管过程可以依据测试过程中实际车速和标准规定工况车速为主线，确定各测试阶段的运行时间，且测试阶段的运行时间、运行参数等基本不受车辆性能影响，相对来说各测试阶段有较明确的分界节点。加载减速法则不同，首先标准没有规定理论车速运行工况曲线，各测试阶段的运行时间受车辆性能、设备软件加载控制策略以及车辆实际操控等因素影响较大，各测试阶段之间的节点确定较为困难，基于上述情况，这里对加载减速法监管子模块的建立提出如下思路。

（1）通过联网协议规定设备上传过程数据中增加测试阶段标识项，以方便监管子模块和监管主模块识别设备所处测试阶段。这样，数据采集系统可以根据联网协议设定的测试阶段标识顺序建立监管子模块，并根据设备上传过程数据的测试阶段标识调用相应的监管子模块进行测试过程监管。此外，也可以采取 6.7.3 节中有关设置界点方法来识别各测试阶段，这也是后续章节将采用的方法。

（2）按表 6-12 确定的各测试阶段归类建立各种监管子模块，并结合测试阶段实际情况，将相邻测试阶段的监管子模块整合。比如在已建立的半程Ⅱ类监管子模块基础上，将半程Ⅱ类监管子模块整合至半程Ⅲ类监管模块，将测前滤光片检查监管基模块整合至准备类监管子模块等，这样做的目的是简化监管主模块的控制流程设计。

（3）参照稳态工况法和简易瞬态工况法建立全程类监管子模块。

根据上述思路，加载减速法推荐建立准备类、MaxHP 值、全程类、半程Ⅰ类、半程Ⅱ类、半程Ⅲ类、结果类等 7 个监管子模块。

6.7.3　加载减速法测试阶段的识别方法

测试阶段间通常以相邻两个测试阶段的交接点为界点。加载减速法各测试阶段预先难以有效确定交接界点，交接界点需由测试过程的相关控制参数确定。由表 6-11 可知，加载减速法可细分为 12 个阶段，测前阶段、扫描始点、怠速运行、结束阶段等阶段的交接界点较明确，识别较简单，所以，加载减速法测试过程主要需对测试阶段 1～8 之间的交接界点进行识别和判定。

6.7.3.1　界点的设置

由表 6-11 可知，测试阶段 2、4 是两个测试节点，实际上也是 1、3、5 三个测试阶段的 2 个交接界点。除这两个交接界点外，加载减速法测试过程还有测试阶段 5、6、7、8 之间的 3 个交接界点。由表 6-11 还可知，测试阶段 5 和测试阶段 7 实际上是一个过渡阶段，这两个阶段不是监管重点，也不影响排气测试结果的有效性，监管的半程参数也只有车速变化率，所以过渡阶段不设置起止界点。这样处理后，加载减速法测试过程只需在测试阶段 1、3、4、6、8 之间设置 4 个交接界点。为方便表述和监管模块控制流程的设计，这里顺序将这几个交接界点分别用界点“0”、界点Ⅰ、界点Ⅱ、界点Ⅲ、界点Ⅳ表示，其中界点“0”为扫描起始点，界点Ⅲ实质上是扫描与测量工况之间的过渡阶段结束点，如果不考虑过渡阶段的监管，界点Ⅱ和界点Ⅲ为重叠的两个不同界点。界点Ⅰ和界点Ⅱ分别以扫描最大轮边功率 MaxHP 值和 80%VelMaxHP 速度值为判定依据，界点Ⅲ、界点Ⅳ的判定未有明确的判定依据。

此外，虽没有为过渡阶段专门设置界点，实际上界点Ⅱ和界点Ⅲ的参数限值就是测试阶段 5 的起止界点参数限值，界点Ⅲ和界点Ⅳ的参数限值就是测试阶段 7 的起止界点参数限值。图 6-22 是加载减速法测试过程界点设置示意。

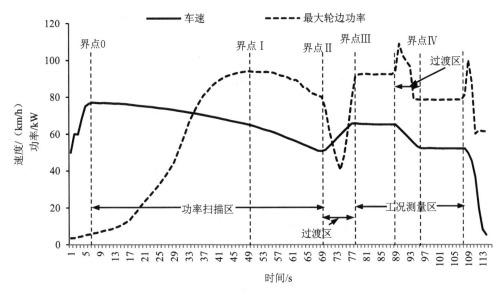

图 6-22　加载减速法测试过程界点设置示意

6.7.3.2　界点的确定方法

加载减速法测量工况的目标车速为 100%VelMaxHP 和 80%VelMaxHP。标准规定，加载减速法测量工况的速度允差为±0.5%目标车速（以下简称目标车速偏差），为规避交接界点设置所造成的误判，这里推荐分别按目标车速的±95%设置界点Ⅲ、界点Ⅳ车速，且建议对界点Ⅲ、界点Ⅳ的设置车速采取控件方式进行维护修改。表 6-16 为推荐的加载减速法测试过程交接界点设置方法。

交接界点，实际上也是设备上传过程数据的识别标识点，为此，后续章节也统一使用界点表述。

表 6-16　推荐的加载减速法测试过程交接界点设置方法

界点名称	识别界点用参数	界点参数限值	推荐维护范围
界点Ⅰ	MaxHP（最大轮边功率）	MaxHP	—
界点Ⅱ	扫描车速	<80%VelMaxHP	—
界点Ⅲ	目标车速偏差绝对值	<5%VelMaxHP	1.0%VelMaxHP～10.0%VelMaxHP
界点Ⅳ	目标车速偏差绝对值	<5%VelMaxHP	1.0%VelMaxHP～10.0%VelMaxHP

6.7.4 MaxHP 值监管子模块控制流程

加载减速法的测量工况基准速度 VelMaxHP 由功率扫描过程确定，VelMaxHP 真为扫描过程受检车辆输出最大轮边功率（MaxHP 值）时所对应的车速。为确定 VelMaxHP 真，必须先确定 MaxHP 点。MaxHP 值监管子模块的作用就是确保设备上传的 MaxHP 传和 VelMaxHP 传真的有效，为此 MaxHP 值监管子模块需先根据设备上传过程数据确定 MaxHP 值的取值点（界点Ⅰ）和 VelMaxHP 真，然后再与设备上传 MaxHP 传和 VelMaxHP 传真进行比较，检查设备上传结果是否有效。图 6-23 是 MaxHP 值监管子模块的控制流程示意。

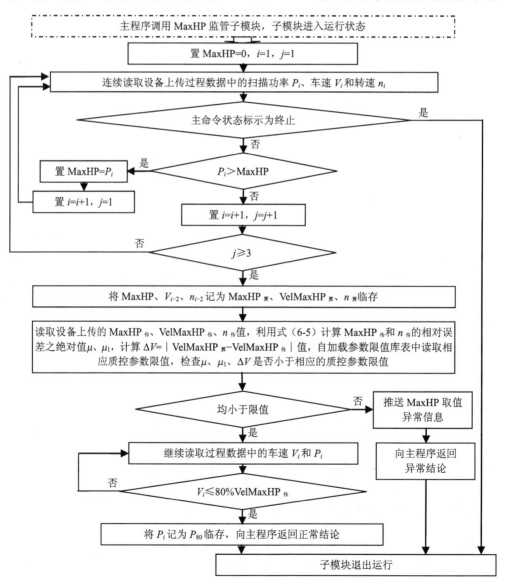

图 6-23 MaxHP 值监管子模块的控制流程示意

对于图 6-23 做如下说明。

（1）为保证监管子模块的取值有效，防止取值误差所造成的监管错误，图 6-22 中设置了一个 $j \geq 3$ 控制，目的是只有连续 2 条上传过程数据都没有出现设备上传功率值均小于 MaxHP 时，方确认将 MaxHP 记为有效的 MaxHP$_算$。这里的下标"算"表示是监管模块确认值，并不是真正的计算值。

（2）为简化加载减速法监管模块的设计，图中在获得了 MaxHP$_算$和 VelMaxHP$_算$后，仍继续读取上传过程数据至车速小于 80%VelMaxHP$_传真$，目的是获取重要质控参数 P_{80}。P_{80} 是扫描车速为 80%VelMaxHP$_传$时所测得的受检车辆输出轮边功率值。

（3）图 6-23 实际上已包含了界点 I 和界点 II 的识别。

由此可见，MaxHP 值监管子模块监管的是 MaxHP 值，但监管过程覆盖了功率扫描全过程。值得提醒的是，由于加载减速法设备配备的发动机转速计主要为振动式转速计，较难准确测量发动机转速，所以，除怠速转速监管外，监管系统在启用与发动机转速有关的监管控件时应谨慎。如果发动机转速取自 OBD，则可以启用所有与发动机转速相关控件。

6.7.5 加载全程类监管子模块的控制流程

由表 6-13 可知，加载减速法测试过程主要包含转速比相对变化绝对值 1 个小于类全程参数，尾气 CO_2 浓度值 1 个大于类全程参数。加载减速法的全程参数较少，控制流程较简单，不需要调用小于类和大于类监管基模块。图 6-24 是加载全程类监管子模块的控制流程示意。

图中计时器 T 用于加载减速法测试过程的计时，所以图 6-24 也包含了表 6-13 中加载减速法计时参数的监管。

6.7.6 加载半程 I 类（扫描类）监管子模块的控制流程

由表 6-12 可知，加载半程 I 类监管子模块监管的主要质控参数为 MaxHP 点前后车速变化率和扭矩增量变化系数，均为范围类参数，监管的运行阶段为 1 和 3，且这 2 个阶段的车速变化率限值不同。由表 6-11 可知，测试阶段 1 和 3 之间的界点为 MaxHP 点，为确定 MaxHP 点位置，GB 3847—2018 规定了 MaxHP 点的车速（VelMaxHP$_算$值）计算方法，计算公式见式（6-13）。

$$\text{VelMaxHP}_算 = \frac{\text{当前转速线速度} \times \text{发动机额定转速}}{\text{MaxRPM}} \qquad (6\text{-}13)$$

式中：MaxRPM —— 加载减速法测试时油门踩到底时的最大发动机转速，r/min。

式（6-13）中的当前转鼓线速度是对应于转速为 MaxRPM 时的滚筒线速度。理想情况下，同一辆车的 MaxRPM 应基本相同，所以计算的 VelMaxHP $_算$值也基本相同。如果采用 MaxRPM 确定 MaxHP 点，应确保发动机转速测量结果的准确，否则应采用实测的 MaxHP 值确定 MaxHP 点。发动机转速目前主要采用振动式转速计测量或自车载 OBD 系统直接读取转速值，如果采用振动式转速计测量转速，推荐使用实测的 MaxHP 确定 MaxHP 点（以下简称实测法）；如果读 OBD 转速值，推荐使用式（6-13）确定 MaxHP 点（以下简称计算法）。图 6-25 为使用实测的 MaxHP 确定 MaxHP 点所建立的加载半程 I 类监管子模块控制流程示意图，图 6-26 为使用计算法建立的加载半程 I 类监管子模块控制流程示意。

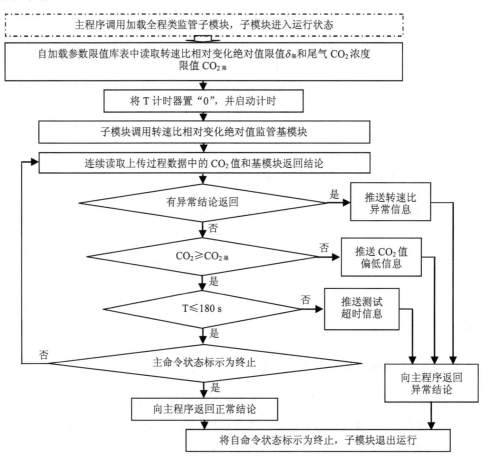

图 6-24 加载全程类监管子模块控制流程示意

对于图 6-25 和图 6-26 做如下说明。

（1）为方便流程图绘制，图 6-26 中使用了 $V_算$表示 VelMaxHP $_算$值，使用字母 A 代表范围类监管基模块。

（2）MaxHP 点前后的半程参数为车速变化率限值和扭矩增量变化系数 2 个参数。

（3）如果自命令未要求终止被调用模块运行，且被调用模块无监管异常结论，通常被调用模块不会返回结论。如果自命令未要求终止被调用模块运行却有结论返回，通常为异常结论；如果自命令要求终止被调用模块运行，被调用模块返回一定为正常结论。所以图中显示只要读取被调用监管基模块有结论返回，则推送异常信息和向主程序返回异常结论，并终止子模块运行。后续章节遇到类似情况时也是如此，不再重复说明。

（4）图 6-25 中，未调用 MaxHP 监管子模块，却使用了"连续读取 MaxHP 监管子模块临存 VelMaxHP $_{算}$ 值"的表述，并利用读取 VelMaxHP $_{算}$ 值作为终止第 1 次调用范围类监管基模块运行和第 2 次调用范围类监管基模块的识别条件，其原因是主程序调用加载半程 I 类监管子模块时也会同时调用 MaxHP 监管子模块。

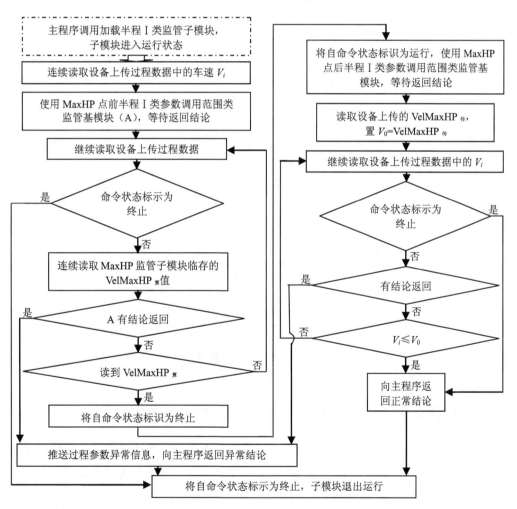

图 6-25　加载半程 I 类监管子模块控制流程示意（实测法）

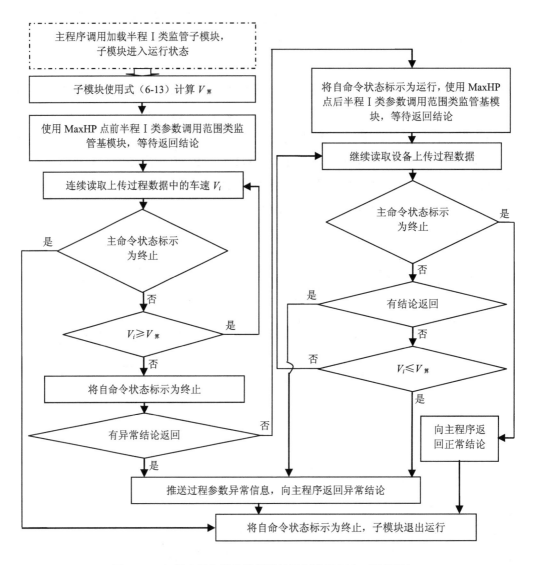

图 6-26　加载半程 I 类监管子模块控制流程示意（计算法）

6.7.7　加载半程 II 类（过渡类）监管子模块的控制流程

由表 6-12 可知，加载半程 II 类监管子模块的主要质控参数为过渡车速变化率绝对值（小于类），监管的运行阶段为 5 和 7。图 6-27 是加载半程 II 类监管子模块的控制流程示意图。

对图 6-27 说明如下。

（1）测量工况的类别通常由主程序确定，可以采取在检验机构服务器部署数据采集系统时根据设备工控软件的测试流程预先规定。如果设备工控软件的测试流程按先进行

100%VelMaxHP 测量工况测试，后进行 80%VelMaxHP 测量工况测试，则主程序也按该顺序调用加载半程Ⅱ类监管子模块，反之也是如此，这样省去了测量工况类别识别过程。

（2）推荐的目标车速偏差绝对值限值 $\Delta V_{过渡限}$ 已在表 6-17 给出，模块开发时也可以采用监管控件管理办法，这样监管部门可以根据实际情况选择更加合理的 $\Delta V_{过渡限}$ 值。

（3）图 6-27 包含了界点Ⅲ和界点Ⅳ的识别。

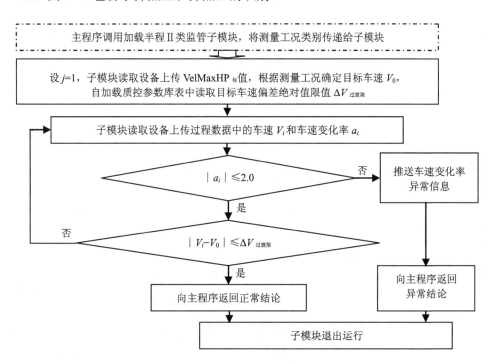

图 6-27　加载半程Ⅱ类监管子模块的控制流程示意

6.7.8　加载准备类监管子模块的控制流程

由表 6-12 可知，加载准备类主要包括测前准备和扫描始点两个方面。测前准备主要使用滤光片对不透光烟度计的"0"点和量距点进行检查，目前量距点通常使用 100%线性烟度单位滤光片检查。扫描始点主要检查扫描始功率、扫描始转速和 CO_2 值。

测前滤光片检查监管过程与 5.4.9 节所建立的滤光片检查监管主模块的监管过程类似，不同的是检查用滤光片名义值不同。此外，5.4.9 节所建立的滤光片检查监管主模块需设置仪器性能检查状态，测前滤光片检查则不需要设置状态。图 6-28 为测前滤光片检查监管基模块的控制流程示意。

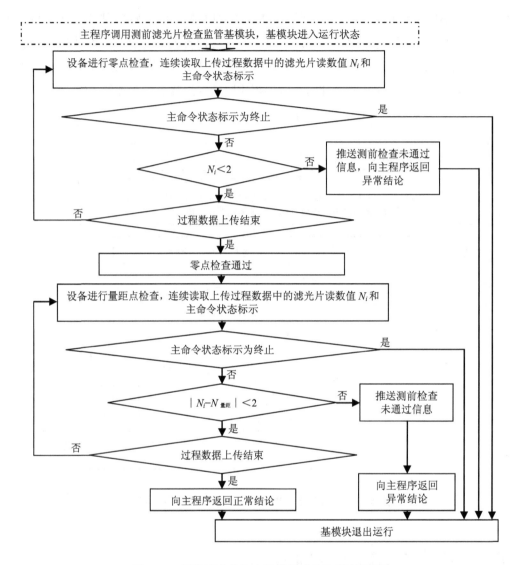

图 6-28 测前滤光片检查监管基模块控制流程示意

对于图 6-28 做如下说明。

（1）测前滤光片检查监管基模块是为简化加载准备类监管子模块的控制流程所增加的一个监管基模块，模块开发时可以并入准备类监管子模块。

（2）为简化测前滤光片检查监管基模块的控制流程，可以通过联网协议规定设备必须先进行"0"点检查，然后再进行量距点检查。图中的 $N_{量距}$ 是指量距点滤光片的量值。

（3）图 6-28 已将读取主命令状态标示纳入测试循环，所以，测前滤光片检查监管基模块无须再并行运行"主命令状态标示读取基模块"。

（4）测前滤光片检查也可以采取检查时间控制结束检查，如果连续 10 s 时间的读数满足 $|N_i-N_{量距}|<2$，则返回正常结论。

在测前滤光片检查监管基模块的基础上所建立的加载准备类监管子模块的控制流程示意如图 6-29 所示。

由图 6-29 可知，图中采取了车速出现下降和车速大于 50 km/h 两个条件对加载减速法测试扫描起始点进行识别。实际软件开发时，为进一步确保扫描起始点识别的有效性，还可以采取连续读取 3～5 个速度来进行识别，如果这 3～5 个连续速度相对第一个速度的车速偏差小于某个值（如 0.5 km/h），且车速大于 50 km/h 时，则认为第一个速度为扫描起始速度点。

此外，图 6-29 包含了界点"0"的识别。

6.7.9　加载半程Ⅲ类（测量工况类）监管子模块的控制流程

由表 6-12 可知，加载半程Ⅲ类监管子模块的主要质控参数为测量与扫描功率比（范围类）和工况车速相对变化绝对值（小于类）。加载半程Ⅲ类监管子模块用于对测试阶段 6 和测试阶段 8 进行监管，测试阶段 6 和测试阶段 8 实质上就是 100%VelMaxHP 和 80%VelMaxHP 两个测量工况。图 6-30 是加载半程Ⅲ类监管子模块的控制流程示意。

对于图 6-30 做如下说明。

（1）图中的 j 表示测量工况类别，下标"1"为 100%VelMaxHP 测量工况，下标"2"为 80%VelMaxHP 测量工况。

（2）标准规定，工况测量时，车速应处于目标车速 V_0 的±0.5%范围，所以图中使用了 $0.005\times V_0$ 和 $0.004\times V_0$ 作为 100%VelMaxHP 和 80%VelMaxHP 测量工况允许速度偏差限值 $\Delta V_{测限}$。

（3）为简化加载结果类监管子模块的控制流程，图 6-30 也根据上传过程数据计算了排气测量结果，并将计算结果临时保存和供其他监管模块读取使用。

（4）图 6-30 已将加载半程Ⅱ类监管子模块整合，包含了界点Ⅲ和界点Ⅳ的识别。

6.7.10　加载结果类监管子模块的控制流程

图 6-30 已根据设备上传过程数据计算了测量工况的排气测量结果，加载结果类监管子模块可以利用这些计算结果直接设计控制流程，不需要再调用结果类监管基模块对设备上传测量结果的有效性进行评定。图 6-31 是加载结果类监管子模块的控制流程示意。

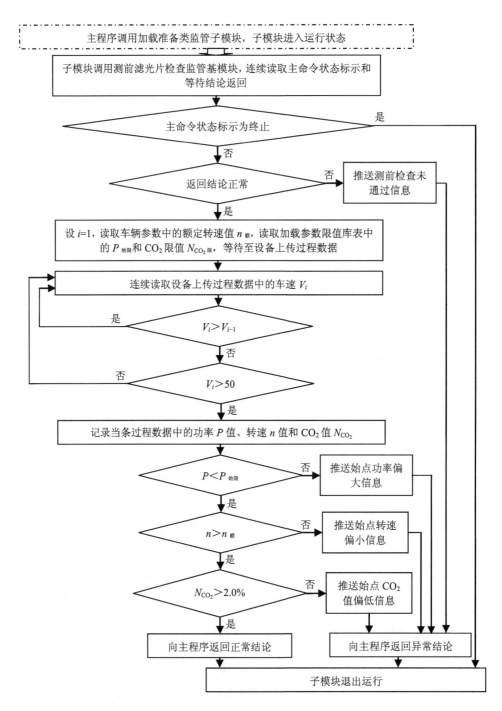

图 6-29　加载准备类监管子模块的控制流程示意

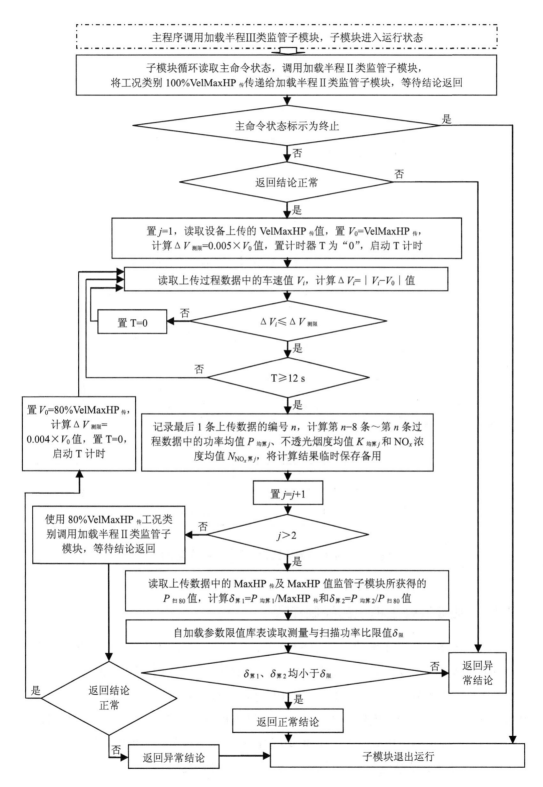

图 6-30　加载半程Ⅲ类监管子模块的控制流程示意

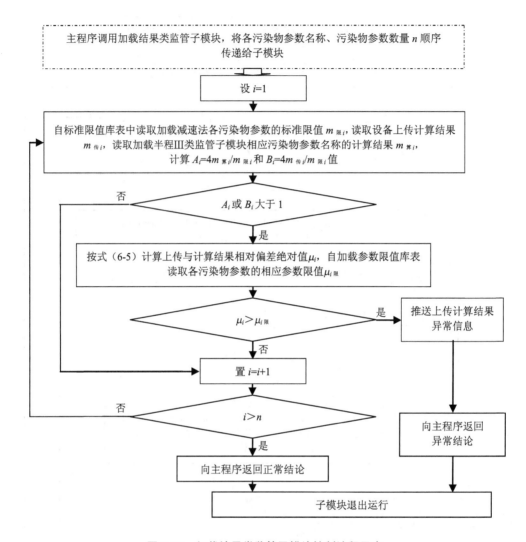

图 6-31　加载结果类监管子模块控制流程示意

6.7.11　加载监管主模块的控制流程

6.7.4 节至 6.7.10 节主要建立了 MaxHP 值、全程类、半程Ⅰ类、半程Ⅱ类、准备类、半程Ⅲ类、结果类等 7 个监管子模块，准备类监管子模块识别了界点"0"，MaxHP 值监管子模块识别了界点Ⅰ和界点Ⅱ，半程Ⅲ类监管子模块识别了界点Ⅲ和界点Ⅳ，监管主模块只需将这些监管子模块按加载减速法测试流程顺序串接，并根据各测试阶段所需半程类参数的使用调用相应监管子模块即可。图 6-32 是加载监管主模块的控制流程示意，表 6-17 为加载监管主模块各界点所需调用监管子模块情况。

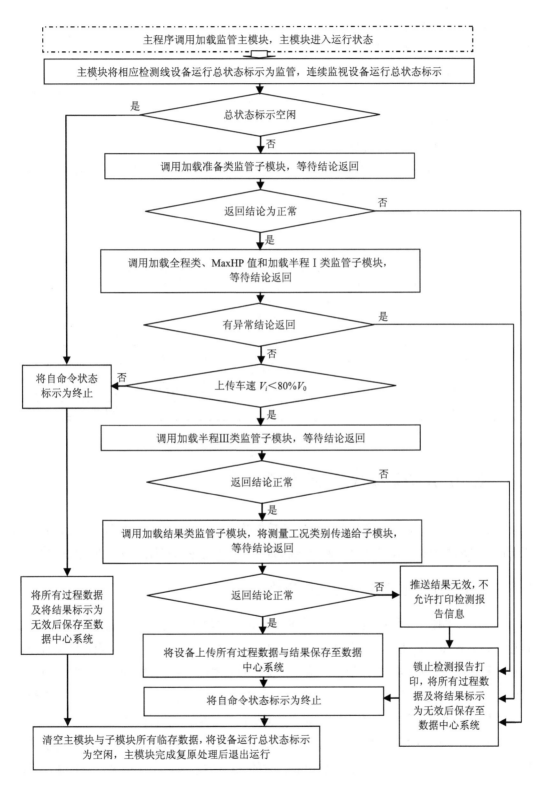

图 6-32　加载监管主模块控制流程示意

对于图 6-32 做如下说明。

（1）图中连续监视设备运行总状态标示过程为与主模块并行运行过程。

（2）为简化控制流程图绘制，图中使用 V_0 表示 VelMaxHP$_{传}$。

（3）半程Ⅲ类监管子模块已包含了半程Ⅱ类监管子模块的监管内容，所以图中没用出现调用半程Ⅱ类监管子模块表述。

（4）加载全程类监管子模块对测试全过程进行监管，加载全程类监管子模块自被调用后，每次读取或检查被调用模块的返回结论时都应读取或检查加载全程类监管子模块的返回结论。

表 6-17　监管主模块各界点所需调用监管子模块情况

界点名称	调用子模块	子模块运行结束时间或说明
界点"0"前准备过程	加载准备类监管子模块	运行结束时间为界点"0"
界点"0"	加载全程类监管子模块	测试过程结束
	加载半程Ⅰ类监管子模块	运行结束时间为界点Ⅱ
	MaxHP 值监管子模块	运行结束时间为界点Ⅱ
界点Ⅰ	—	获取 MaxHP 点相关测试参数结果值
界点Ⅱ	加载半程Ⅲ类监管子模块	第 1 个测量工况结束
界点Ⅲ	—	加载半程Ⅱ类监管子模块运行结束
界点Ⅳ	—	加载半程Ⅲ类监管子模块运行结束

6.8　双怠速法监管模块的控制流程

由表 6-3 可知，双怠速法测试过程的质控参数主要为半程参数，所以双怠速法各测试工况间的关联性不强，本节将结合双怠速法的这些特点讨论双怠速法各监管模块的建立。

6.8.1　双怠速法监管模块的建设思路

双怠速法测试过程主要以车辆发动机转速为控制参数，包含了暖机怠速（70%额定转速）、高怠速、怠速 3 个运行工况。表 6-18 是根据 GB 18285—2018 规定的双怠速法测试过程，结合日常实际工作经验，总结和整理的双怠速法各测试工况的转速控制情况，其中怠速工况转速以及暖机怠速工况和怠速工况的转速允差限值是非标限值，是在综合考虑方便双怠速法监管控制流程设计基础上提出，$T_{工况}$ 是工况运行时长。

除表 6-18 列出的发动机运行转速相关控制参数外，由表 6-3 还可知，双怠速法测试过程的主要质控参数仅为高怠速与怠速测试时的 $CO+CO_2$ 值。由此可见，双怠速法各测试工况之间的质控参数关联性不强。

表 6-18 双怠速法测试工况运行转速控制要求

类别	暖机怠速工况		高怠速工况		怠速工况	
	工况转速 $n_{暖}$	允差限值 $\Delta n_{暖限}$	工况转速 $n_{高}$	允差限值 $\Delta n_{高限}$	工况转速 $n_{怠}$	允差限值 $\Delta n_{怠限}$
轻型车/ (r/min)	3 500（或70% 额定转速）	±500	2 500（或50% 额定转速）	±200	800	±300
重型车/ (r/min)	2 500（或70% 额定转速）	±350	1 800（或50% 额定转速）	±200	900	±400
$T_{工况}$/s	30		45		45	

注：表中相关参数不适用于带电子稳速控制功能车辆的排气测试监管。

基于双怠速法测试过程质控参数的上述特点，参考前述各节简易工况法监管模块的建设方法，对双怠速法监管模块的建立提出如下思路。

（1）按表 6-18 建立双怠速法转速控制参数库表，各参数可以采取监管控件方式进行维护修改。

（2）按双怠速法测试工况，分别建立暖机怠速、高怠速、怠速 3 个监管子模块，其中暖机怠速监管子模块包含双怠速法的测前检查监管。

（3）基于双怠速法各测试工况质控参数关联性不强情况，直接使用测试工况的质控参数建立相应的监管子模块。

（4）不另建结果类监管子模块，测试结果的有效性直接使用 6.4.7 节所建立的结果类监管基模块进行监管。

6.8.2 暖机怠速监管子模块的控制流程

暖机怠速监管子模块主要进行测前检查和暖机怠速工况的监管。双怠速法的测前检查主要为排放分析仪的调零和 HC 残留检查、测试前车辆的怠速运行检查。由于排气检验时，双怠速法通常使用简易工况法设备所配备的排放分析仪进行检测，因此双怠速法检测时，设备工况软件也采用了自动校正方法进行测前检查。6.4.6 节已建立了自动校正监管基模块，双怠速法的测前检查可以直接使用该模块进行监管。

图 6-33 为暖机怠速监管子模块的控制流程示意。对于图 6-33 说明如下。

（1）双怠速法测试自怠速稳定状况开始，通常车辆自发动机启动到怠速稳定需要几秒钟时间，所以，图 6-33 中设置了 10 s 怠速稳定时间。为方便怠速稳定时间的设置，怠速稳定时间也可以采取控件方式管理。

（2）图中的测试车辆类别主要为轻型汽油车和重型汽油车（均含燃气车）2 类。

（3）图中采取了调用自动校正监管基模块方法对分析仪进行了测前检查，如果需要单独建立双怠速法分析仪的测前检查，则需重新建立相应的双怠速法测前检查监管基模块，因双怠速法测前只需进行 HC 残留检查，监管内容简单，这里对此不多做介绍。

（4）同样，读取主命令状态标示应与监管子模块并行运行。

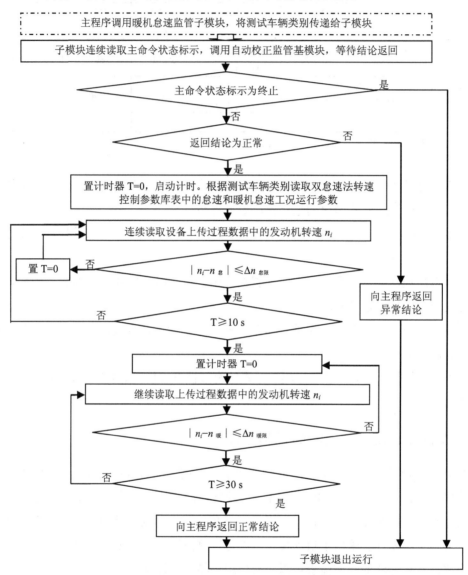

图 6-33 暖机怠速监管子模块的控制流程示意

6.8.3 高怠速监管子模块的控制流程

图 6-34 是高怠速监管子模块的控制流程示意图。由图可以看出，图 6-34 实际上与设备工控软件开发的双怠速法之高怠速测量控制流程类似，但它们所起的作用不同。高怠速监管子模块的作用是确保高怠速测试过程符合标准规范要求，对个别设备工控软件采取累计计时和分段计时问题可以实现有效监管和控制。

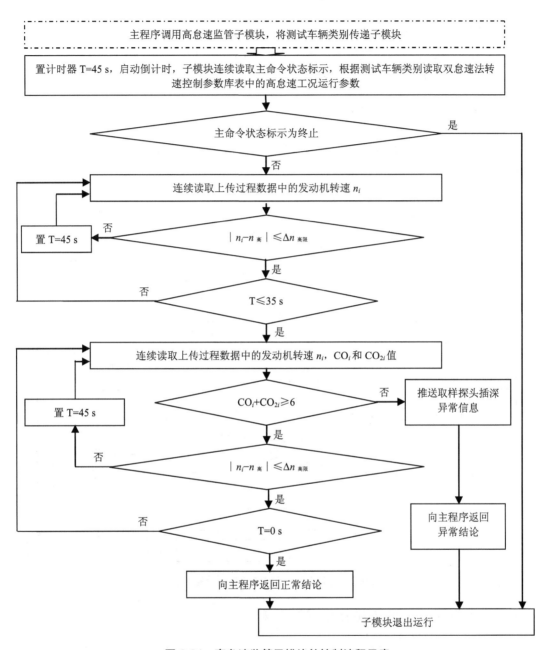

主程序调用高怠速监管子模块，将测试车辆类别传递子模块

置计时器 T=45 s，启动倒计时，子模块连续读取主命令状态标示，根据测试车辆类别读取双怠速法转速控制参数库表中的高怠速工况运行参数

主命令状态标示为终止　　是

否

连续读取上传过程数据中的发动机转速 n_i

置 T=45 s　否　$|n_i-n_{高}|\leqslant\Delta n_{高限}$

是

否　　T≤35 s

是

连续读取上传过程数据中的发动机转速 n_i，CO_i 和 CO_{2i} 值

$CO_i+CO_{2i}\geqslant6$　否　推送取样探头插深异常信息

是

置 T=45 s　否　$|n_i-n_{高}|\leqslant\Delta n_{高限}$

是

否　　T=0 s　　向主程序返回异常结论

是

向主程序返回正常结论

子模块退出运行

图 6-34　高怠速监管子模块的控制流程示意

对图 6-34 说明如下。

（1）因取样探头自暖机工况运行结束后，高怠速运行前插入，所以，图中在高怠速运行前 10 s 不对 $CO+CO_2$ 参数进行监管控制。

（2）因高怠速 45 s 运行过程为一个整体运行过程，前 15 s 为后 30 s 测量过程提供一个高怠速稳速过程。所以，图中在完成第（1）点监管后，如果转速偏差超过设置限值，再次将计时器 T 重置为 45 s 倒计时。

（3）如果测试车辆为燃气汽车，图中的 $CO+CO_2 \geq 6$ 应改为 $CO+CO_2 \geq 4$。

（4）同样，读取主命令状态标示应与监管子模块并行运行。

6.8.4　怠速监管子模块的控制流程

怠速测试工况与高怠速测试工况的监管方法类似，但监管控制流程更简单。图 6-35 是怠速监管子模块的控制流程示意。

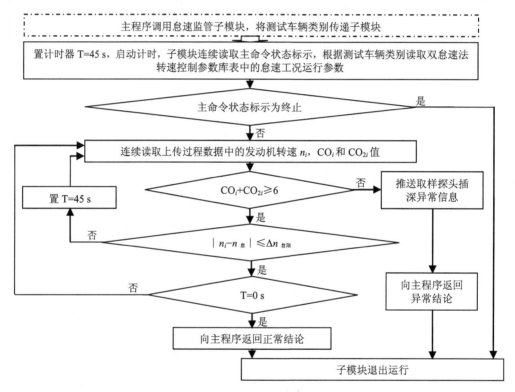

图 6-35　怠速监管子模块的控制流程示意

6.8.5　双怠速法监管主模块的控制流程

6.8.2 节至 6.8.4 节先后建立了暖机怠速、高怠速和怠速监管子模块，只需将这些子模块按测试流程串接便能形成整个双怠速法监管主模块的控制流程。图 6-36 是双怠速法监管主模块的控制流程示意。

图中调用了结果类监管基模块，结果模块中还需调用测量结果计算模块。双怠速法的测量结果的计算方法较简单，分别为高怠速工况、怠速工况后 30 s 时间各污染物的平均值，具体计算方法这里不做详细介绍。监管模块开发时也可以将测量结果计算模块和结果类模块监管模块的内容纳入怠速监管子模块开发，这样监管模块会更简洁。

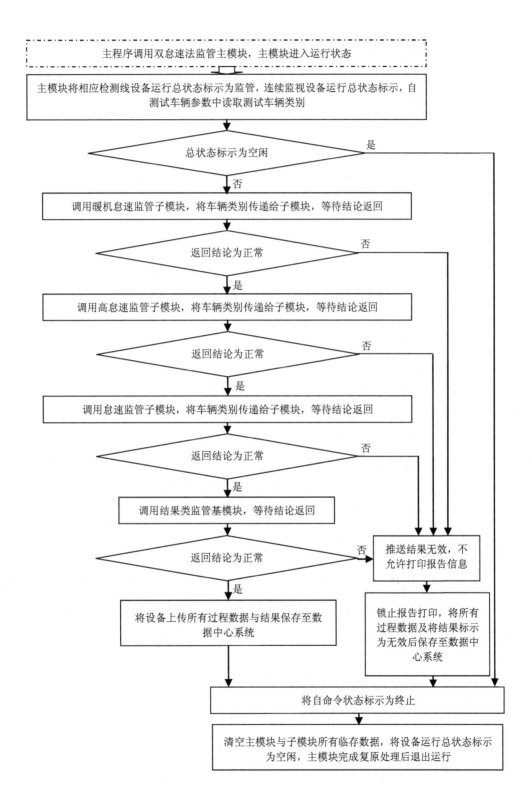

图 6-36　双怠速法监管主模块的控制流程示意

6.9 自由加速法监管模块的控制流程

自由加速法的测试工况与流程也较简单，监管的质控参数也少。自由加速法包含 6 个自由加速工况，前 3 个为排气系统吹拂自由加速工况，后 3 个为排气测量自由加速工况。根据自由加速法的测试过程与测试工况设置情况，自由加速法的过程监管拟先建立一个自由加速工况监管基模块，以基模块为基础再建立吹拂过程监管子模块、测量过程监管子模块。

6.9.1 自由加速工况监管基模块的控制流程

自由加速工况由踩油门、油门踩到底维持时间、松油门和怠速稳定几部分组成，用到的质控参数主要为发动机转速。通常，自由加速工况的踩油门时间小于 1 s，油门踩到底维持时间不小于 4 s，怠速稳定时间不小于 10 s，自由加速工况总测试时间不大于 20 s。图 6-37 是自由加速工况监管基模块的控制流程示意图。

对图 6-37 说明如下。

（1）因本书的目的是建立建设监管系统的基本思路，不注重软件开发和流程图的精准，为简化流程图绘制，图中几处地方都采取了文字说明方法介绍流程，这些部分往往需要建立循环流程方可实现，模块开发时应进一步完善。

（2）柴油发动机的怠速转速一般处于 500～1 000 r/min，所以图中使用了这组怠速转速作为控制参数，软件开发时也可以采用控件方式对该组控制参数进行维护修改。

（3）同样，读取主命令状态标示应与监管子模块并行运行。

6.9.2 吹拂过程监管子模块的控制流程

自由加速法排气检测时，受检车辆排气系统的吹拂过程不需要插入不透光烟度计取样探头，监管重点是确保排气系统按标准规范要求进行了有效吹拂。所以吹拂过程监管子模块只需 3 次调用自由加速工况监管基模块便可。图 6-38 是吹拂过程监管子模块的控制流程示意。

图 6-38 中，由于采取了自由加速工况测试过程不规范时，允许追加重测方式，所以，图中没有异常结论返回。

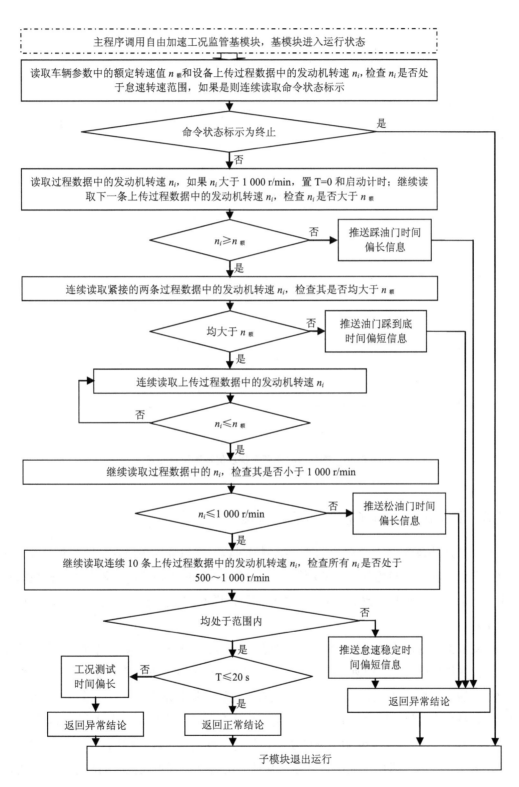

图 6-37　自由加速工况监管基模块的控制流程示意

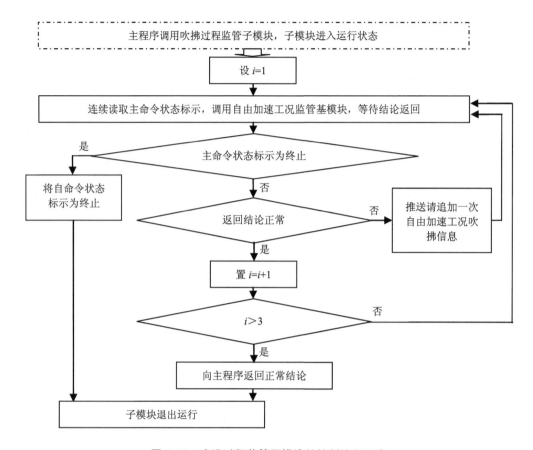

图 6-38 吹拂过程监管子模块的控制流程示意

6.9.3 测量过程监管子模块的控制流程

自由加速法包含了 3 个自由加速工况测量过程，在取样探头插入受检车辆的排气管后进行测量。所以，自由加速法的测量过程监管子模块只需在吹拂过程监管子模块的基础上，增加读取光吸收系数最大值读取过程即可。图 6-39 是测量过程监管子模块的控制流程示意。

由图 6-39 可知，在吹拂过程监管子模块控制流程图的基础上，测量过程监管子模块控制流程仅在每次调用自由加速工况监管基模块的返回结论后，增加了"读取本工况上传过程数据中的最大光吸收系数值，并记为 k_i 暂存"过程。最大光吸收系数值需对过程数据中的所有光吸收系数值进行大小比较方可获得，模块开发时应补充这一过程的控制流程。

同图 6-38 一样，图 6-39 中也采取了自由加速工况测试过程不规范时，允许追加重测方法，图中也没有异常结论返回，且自由加速工况测试过程不规范时的测量结果不进行记录。

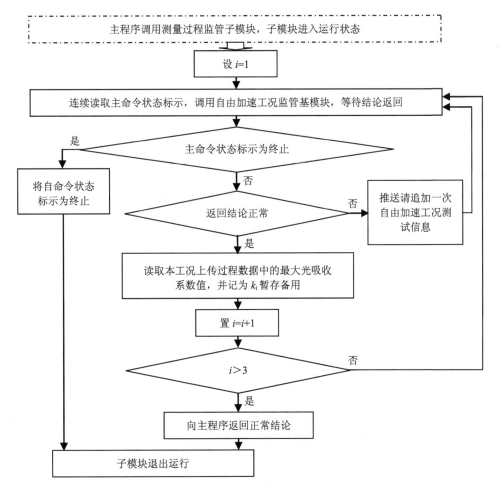

图 6-39　测量过程监管子模块的控制流程示意

6.9.4　自由加速法监管主模块的控制流程

自由加速法监管主模块只需将吹拂过程监管子模块和测量过程监管子模块顺序串接即可，图 6-40 是自由加速法监管主模块的控制流程示意。图中也因自由加速法测量结果的计算较简单未调用结果类监管基模块对测试结果进行监管，测试结果的监管直接由自由加速法监管主模块完成。

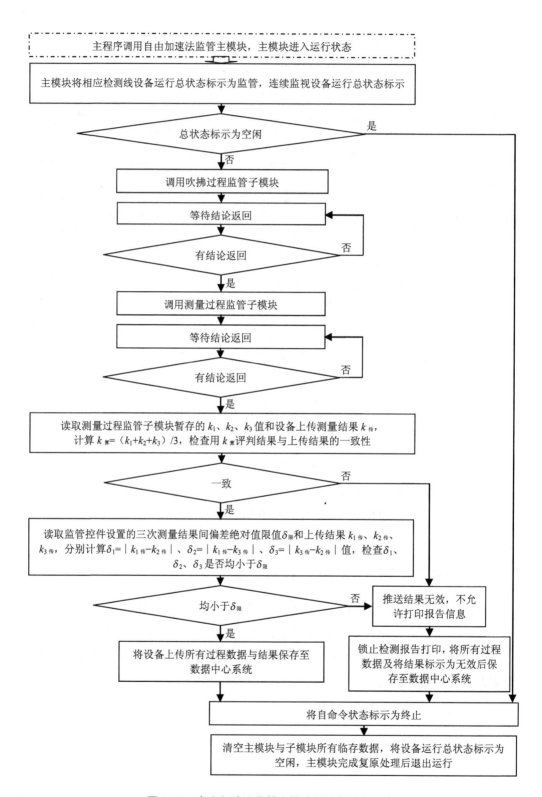

图 6-40　自由加速法监管主模块的控制流程示意

第7章 其他实时监管方法

为强化排放检验监管，部分地区采用了黑烟抓拍、分析仪显示屏加装视频监控等措施。这些措施目前还停留在事后监管阶段，主要依靠事后通过视频分析对排气检测过程的违规行为进行识别，监管效率低。本章主要讨论如何将这些监管措施提升为实时监管措施。

7.1 黑烟抓拍实时监管方法

黑烟抓拍监管措施是指在柴油车检测线增加黑烟抓拍设备，通过黑烟抓拍结果与排气检测结果进行比对，以判定排气检测结果的有效性。

7.1.1 排气测试时柴油车冒黑烟过程分析

相关研究表明，当排放值低于 $1.2\ \mathrm{m}^{-1}$ 时，人眼基本看不到柴油车冒黑烟排放情况，此时的林格曼黑度将小于 1 级。标准规定的加载减速法和自由加速法排气烟度限值均为 $1.2\ \mathrm{m}^{-1}$，林格曼黑度法的限值为 1 级，光吸收系数限值与林格曼级数限值处于同等控制水平。

7.1.1.1 柴油车黑烟排放成因分析

汽油容易挥发，能以分子形式与空气均匀混合，混合空气被点燃后，能快速扩散燃烧，所以汽油发动机采用了点燃扩散式燃烧方式。柴油性能稳定，挥发性与燃烧扩散性差，所以柴油发动机采取了将柴油雾化喷入气罐中已被压缩为高温高压的空气中自燃和边喷边燃烧方式。雾化后的柴油细小油滴在气罐内自油滴表面开始燃烧，如果燃烧时间不充分，未被燃烧透的油滴将被油滴表面燃烧高温碳化为细小碳烟颗粒，除部分较粗重碳烟粒子受重力影响沉积在排气管上外，大部分细小的轻碳烟颗粒则随尾气自排气管排出，这也是柴油车有黑烟排放的主要原因。由此可见，雾化后的柴油油滴越细小，燃烧时间越长，油滴被燃烧得越彻底，柴油车排放的黑烟也会越小。

7.1.1.2 加载减速法测试过程中的冒黑烟情况分析

大家可能已注意到，加载减速法测试开始时车辆排放的黑烟较明显，测试过程快结束时车辆排放的黑烟却较小，这可以通过分析加载减速法测试过程中的车速与发动机转速变化情况进行说明。

由图 1-5 可知，加载减速法主要包含功率扫描和工况测量 2 个主要部分。功率扫描过程的作用是寻找出车辆发出最大轮边功率时的车速（VelMaxHP），目的是确定100%VelMaxHP 和 80%VelMaxHP 两个测量工况车速。功率扫描过程不进行排气测量，排气测量在工况测量过程完成。

标准规定，加载减速法测试过程中的测试挡位与油门不变，测试过程自测试挡位的最高车速开始。功率扫描开始时，由于测功机的加载较小，车速与车辆发动机的转速都较快，发动机的排气量也较大，随着测功机加载量不断增加，车速和车辆发动机转速同步开始下降（注意同一测试挡位下车速与转速呈正比关系），车辆所发出的轮边功率也越来越大；至车辆发出最大轮边功率，如果测功机再继续增大加载量，受发动机外特性，车辆所发出的轮边功率将会越来越小，发动机转速与车速也越来越小。通常，车辆发出最大轮边功率时间就是发动机发出额定功率（最大功率）时间，对应的发动机转速即为额定转速。由此可见，功率扫描过程是个发动机转速与车速不断减小过程，功率扫描至车辆发出最大轮边功率前的发动机转速也大于额定转速。

柴油车在道路行驶时，发动机通常处于低转高扭运行状态，发动机的运行转速一般会小于额定转速，车辆排气系统上的积碳会随使用时间增长越积越多。加载减速法测试时，由于功率扫描开始过程发动机的转速较高，发动机排气量较大，排气流速也会较快，此时，较大的尾气气流会将沉积在排气系统的积碳扬起与发动机废气一同排出，造成车辆发动机黑烟排放严重假象。

工况测量时，由于车辆排气系统的积碳经功率扫描过程吹拂干净，此时所看到的黑烟排放较小，这才是车辆发动机自身排出的黑烟。排放监管是控制发动机的污染物排放，所以加载减速法仅将工况测量过程的尾气排放作为排气测量结果。由此可见，加载减速法测试过程的黑烟抓拍过程应与工况测量过程同步，即应在 6.7.11 节介绍的加载监管主模块调用加载半程III类监管子模块的同时，启动黑烟抓拍功能（调用黑烟抓拍监管子模块）。

7.1.1.3 自由加速法测试过程中的冒黑烟情况分析

自由加速法主要包含 6 个自由加速工况，前 3 个自由加速工况用于车辆排气系统积碳的吹拂，后 3 个自由加速工况为测量工况。同样大家可能也注意到，第一次自由加速工况吹拂时，柴油车排气管的黑烟排放浓度往往较大，第二次、第三次自由加速工况吹拂时黑烟排放浓度则逐步减小，工况测量时的黑烟排放浓度则较稳定。之所以出现这种情况，同样是因自由加速工况油门踩到底时的发动机转速较高，发动机所排出的废气量较大，较大的尾气气流会将沉积在排气系统上的积碳扬起与发动机废气一同排出。排气测量时由于吹拂过程已将沉积在排气系统上的积炭清理干净，排气管排出的黑烟相对较少，此时排出的黑烟也是车辆发动机自身排出的黑烟。

由此可见，自由加速法测试过程的黑烟抓拍应与后 3 个自由加速测量工况同步，即应在6.9.4节介绍的自由加速法监管主模块调用测量过程监管子模块的同时启动黑烟抓拍功能（调用黑烟抓拍监管子模块）。

7.1.2　排气检测场所黑烟抓拍质控措施

柴油车在道路行驶时发动机转速相对较低，沉积在排气管的积碳一般不会被扬起，粗重的碳烟粒子还会沉积，因此，柴油车在道路上排放的黑烟浓度会稍低于柴油车辆的实际排放，但基本能表征柴油车的实际排放，即道路上抓拍到的柴油车冒黑烟现象基本能反映柴油车发动机的实际排放状况。

黑烟抓拍的基本原理是林格曼法，林格曼法的测量结果受抓拍场所与抓拍点位背景光的影响较大，所以，标准规定林格曼法的测量结果需根据测试背景条件进行修正。排放检验机构排气检测场所的背景受周边环境、天气状况、时间等影响较大，周边建筑物对太阳光遮挡会随太阳光的照射角度变化，通常每天自早到晚的背景光由暗到强再到暗呈周期变化，晴天光线较亮、阴雨天光线较暗，这些因素都会造成黑烟抓拍结果的误差。此外，检测场所的黑烟抓拍背景主要为地面和车辆尾部，排气检测场所的黑烟抓拍环境更加复杂，为提高黑烟抓拍结果的有效性和实时监管效果，这里对排气检测场所的黑烟抓拍推荐采取如下质控措施与修正方法。

（1）建议采用移动摄像与固定摄像结合，抓拍时同步启动移动与固定摄像头同时抓拍，并依据检测场所的光亮度选用补光措施。

（2）因排气检测场所的光亮度在不停变化，抓拍过程还会受检测场地地面背景等影响，推荐在设备进行测前检查的同时进行一次实际背景抓拍，以修正抓拍结果。抓拍软件应具备抓拍结果修正功能，可以参照标准规定的林格曼黑度修正方法进行修正。

（3）黑烟抓拍监管的作用是对排气检测过程中柴油车不透光烟度测量结果的符合性进行质控，主要对明显冒黑烟情况出具合格报告和完全看不到黑烟情况出具不合格报告等极端性违规行为进行监管，黑烟抓拍结果误差对监管的有效性不应产生明显影响。

（4）为提高抓拍结果的有效性，应同步于测量工况进行抓拍，推荐抓拍软件按1～2 s设置时间间隔进行抓拍。

（5）建议采用控件方法对黑烟抓拍结果的限值进行维护，推荐合格与不合格结果的林格曼级数限值维护范围分别为 0.5～1.0 级和 1.0～3.0 级。

黑烟抓拍结果直接上传至数据采集系统,无须对黑烟抓拍过程数据的有效性进行监管。

7.1.3 黑烟抓拍监管子模块的控制流程

由 7.1.2 节的质控思路可知,黑烟抓拍时间应为排气测量阶段,自由加速法为后 3 个自由加速工况测量过程,加载减速法为 100%VelMaxHP 和 80%VelMaxHP 工况测量过程。因加载减速法和自由加速法在进入测量过程前,各自经历了功率扫描和 3 次自由加速工况吹拂过程,排气系统上所沉积的积炭被基本清除干净,所以,加载减速法可在加载监管主模块调用加载半程Ⅲ类监管子模块时同步调用黑烟抓拍监管子模块,自由加速法则在调用测量过程监管子模块时同步调用黑烟抓拍监管子模块。图 7-1 是黑烟抓拍监管子模块的控制流程示意。

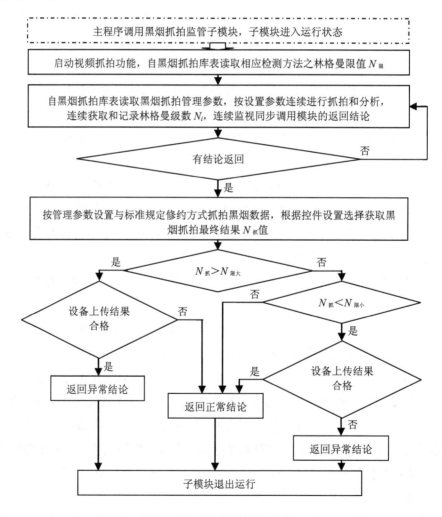

图 7-1 黑烟抓拍监管子模块的控制流程示意

对图 7-1 说明如下。

（1）图中的 N 表示林格曼级数，i 为抓拍次数，$N_{限大}$ 和 $N_{限小}$ 为黑烟抓拍控件设置限值，推荐初始林格曼级数限值设为 0.5 和 2.0。这样设置虽对林格曼级数处于 0.5~2.0 的黑烟抓拍结果未进行有效监管，但可以减少或规避误判风险。

（2）自由加速法测试过程通常在油门踩到底时车辆所冒出的黑烟较大，油门踩到底时间通常只有 2~4 s，其余时间车辆主要为怠速运行状况，怠速运行时间一般不会冒黑烟。如果抓拍频率为 2 s，每个自由加速工况油门踩到底时间被抓拍的概率可能只有一次，这样自由加速测量过程被抓拍到较大冒黑烟的概率可能只有 3 次。如果日常监管选用抓拍频率为 2 s 且取平均作为测量结果时，推荐自由加速法取 3 次黑烟抓拍结果较大值的平均值作为监管值，推荐加载减速法取 5 次较大值的平均值作为监管值。

（3）黑烟抓拍主要对排气检测结果合格性判定的有效性进行监管，主要返回正常与异常结论。返回异常结论时主程序锁止检验报告的打印，返回正常结论时由主程序根据其他监管模块运行情况确定是否许可打印检验报告。

（4）黑烟抓拍实时监管目前还缺乏有效经验，应用时应遵循初始放松，逐步加严这一原则，且黑烟抓拍最终结果是取平均值还是最大值、平均值取多少次抓拍的平均值以及抓拍频率等应结合实际应用情况进行调整，所以，推荐将这些参数都使用控件实施管理和建立相应黑烟抓拍参数管理库表，方便日常监管对这些参数进行调整修改和达到监管效果最优化。

7.2　分析仪显示屏视频抓拍实时监管方法

HJ 1237—2021 规定，分析仪需采取物理隔离措施，省级生态环境主管部门还可根据管理需要规定安装分析仪显示屏摄像头，摄像头应能清楚辨析显示屏显示内容。言下之意是在正常状况下，不允许检验员直接操作分析仪，监管人员也能通过视频记录读取显示屏上的所有示值。分析仪显示屏安装摄像头监管措施目前已有少数地区先行实施，但作用仅停留在对发现作弊嫌疑机构进行事后视频录像分析，依靠人工对分析仪显示屏的示值与上传过程数据进行粗略比对判断，实质性监管效果与作用受到限制，本节将讨论怎样利用这一措施来强化事中（实时）监管作用。

7.2.1　分析仪显示屏视频抓拍监管思路

安装分析仪显示屏摄像头后，摄像头与显示屏间的相对位置保持不变，视频抓拍图片除背景光线强弱变化外，排气检测过程的背景内容相对稳定，有利于显示屏数据的识别与读取。这里就利用分析仪显示屏摄像头强化事中监管提出如下思路。

（1）排气检测时，利用分析仪视频摄像头对分析仪显示屏进行实时抓拍，抓拍频率与设备上传过程数据频率或分析仪分析频率相同（每秒抓拍一次），实时对抓拍图片进行图文识别，将识别的各污染物分析结果示值进行实时记录、保存与上传至数据采集系统。为表述方便，以下将通过视频抓拍识别的各污染物分析结果示值简称视频数据。

（2）将设备上传过程数据中的原始尾气测量值（以下简称设备数据）与视频数据进行比较，检查它们同时自分析仪所获取的分析结果示值间的偏差，以甄别分析仪示值在上传至设备工控软件过程中是否被恶意篡改。需要强调的是设备数据为未经修正示值，不是修正后的示值结果。

（3）视频抓拍起止时间同步于排气测量时间，即同步于设备上传有效过程数据时间。

（4）为减小或消除视频数据与设备数据因取值时间不同步所造成的偏差，可采取如下方法对视频数据和设备数据进行同步处理。

——将视频抓拍系统的时钟与设备工控电脑时间定期进行精准同步，确保时钟之间的误差小于 1 s。

——取开始抓拍时同一时间内连续 2 组视频数据和连续 2 组设备数据进行比对，选取视频数据与设备数据最接近的一组数据作为各自数据组的第一组比对数据，并以此为基础顺序对视频数据和设备过程数据进行编号。因分析仪示值的刷新频率为 1 s，视频抓拍的频率也为 1 s，严格来说，相同时间的视频数据与设备数据应精确相等。

（5）采取控件方法设置视频数据与设备数据间的许可相对偏差与绝对偏差限值进行管理。推荐设置的相对偏差限值为 ±3%，绝对偏差限值维护范围为小于 2 倍分析仪的示值误差。

顺便说一句，各参数的限值设置应为独立设置，无须统一设置，比如，CO 的相对偏差限值可以设置为 ±2%，相应的 HC 相对偏差限值既可以设置为 ±2%，也可以设置为 ±1.5%、±2.5%或处于限值维护范围内的其他值。

7.2.2　分析仪显示屏示值识别内容与方法

排气测量时，排放分析仪显示屏显示的主要内容为 CO、HC、CO_2、NO、O_2、NO_2、λ、PEF 等，NO_x 分析仪显示屏显示的主要内容为 CO_2、NO、NO_2 等。图 7-2 和图 7-3 是国内几种典型分析仪在排气测量时的主菜单显示内容，这也是排气检测时视频摄像头所抓拍的图片内容。由图可以看出，排气测量时分析仪显示的内容不多，且变化内容更少。

由于分析仪显示屏与摄像头的相对位置不会发生改变，且分析仪显示屏的亮度较高，通常抓拍的图片能保证清晰可靠。目前图文识别技术已较成熟，抓拍图片的识别在技术和速度上均不存在问题，如果需进一步提高识别速度与准确率，可以在摄像头安装好后，将抓拍图片的数据区提取单独识别，并对应填写至相应参数保存位置即可。

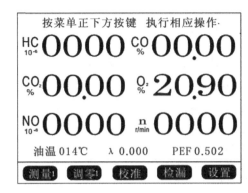

图 7-2　典型排放分析仪主菜单显示内容

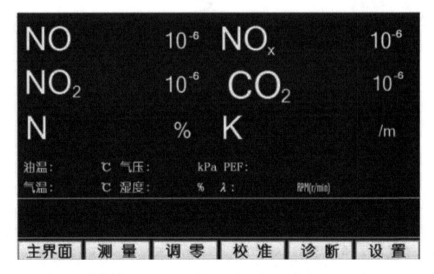

图 7-3　典型 NO_x 分析仪主菜单显示内容

7.2.3 分析仪视频抓拍监管子模块的控制流程

由 7.2.1 节的基本思路可知，简易工控法可在调用全程类监管子模块时同步调用分析仪视频抓拍监管子模块，双怠速法则在调用高怠速监管子模块时同步调用分析仪视频抓拍监管子模块。图 7-4 是分析仪视频抓拍监管子模块的控制流程示意。

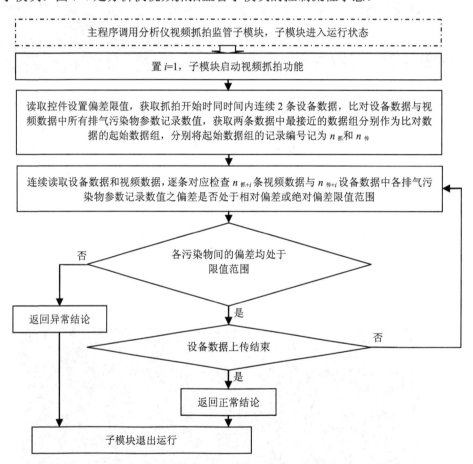

图 7-4　分析仪视频抓拍监管子模块的控制流程示意

图 7-4 中用了两个说明文本框，对此说明如下。

（1）两个文本框都是视频数据与设备数据的比对过程说明。稳态和瞬态分析仪需比对的主要参数为 CO、HC、CO_2、NO、O_2、λ、PEF，如果瞬态分析仪的 NO_2 值采用直接测量法测量，还需进行 NO_2 参数比对。NO_x 分析仪比对的主要参数为 CO_2、NO、NO_2，如果 NO_2 采用转化测量法测量时则不需进行 NO_2 参数比对。

（2）第 1 个说明文本框包含 4 组数据比对，具体比对方法可以参考如下方法。

先将第 1 组视频数据分别与 2 组设备数据比对，再用第 2 组视频数据分别与 2 组设备数据比对，将视频数据与设备数据比对偏差值最小的数据组分别作为视频数据与设备数据的起始数据组。分析仪示值更新频率为每秒 1 次，上传示值时间为每秒 1 次，抓拍视频时间也是每秒 1 次，严格来说，在时钟精准同步后，视频数据与设备数据中各污染物的示值最小偏差应该为"0"。确定起始数据组后，严格来说，所有视频数据与设备数据的比对偏差都应该为"0"，这也是通过比对方式确定起始数据组的作用。

（3）第 2 个说明文本框虽也是视频数据与设备数据的比对，但是它们是一对一数据比对，方法较简单。

模块开发时，应将图中 2 个流程说明文本框的具体内容在流程图中细化和完善。

7.3　混合动力车测试过程监管子模块的控制流程

对于汽油车，简易瞬态工况法、稳态工况法和双怠速法 3 种排气检测方法均规定排气测试全过程发动机不允许熄火和 $CO+CO_2$ 应大于 6.0%。标准规定油电混合动力汽车进行排气检测时，应尽量保证测试过程中发动机不熄火，对于无法采取相关措施保证排气测试过程不熄火的油电混合动力车辆，推荐采取如下监管思路。

（1）稳态或简易瞬态监管主模块被主程序调用时，稳态或简易瞬态监管主模块先读取测试车辆的燃料类别。如果燃料类别为油电混合时，稳态或简易瞬态监管主模块先将尾气 $CO+CO_2$ 浓度值和转速比相对变化绝对值 2 个控件标示为取消，对于简易瞬态监管主模块同时还应将稀释氧浓度控件标示为取消，稳态或简易瞬态监管主模块运行结束后再将这些控件标示自动恢复至原标示。其他质控参数的监管方式则仍然不变。

（2）新建油电混合动力车监管子模块，根据测试过程发动机的转速值实时启用或取消 $CO+CO_2$ 质控参数监管。即当发动机转速非"0"时，延迟约 8 s 后启用 $CO+CO_2$ 质控参数监管，否则取消 $CO+CO_2$ 质控参数监管。

图 7-5 是油电混合动力车测试过程监管子模块控制流程示意，对于图 7-5 说明如下。

（1）汽油车的发动机怠速转速通常为 600～800 r/min，一般不会低于 500 r/min。发动机熄火时其转速为"0"，为避免误判，图中将转速低于 400 r/min 时便认为车辆的发动机已熄火，此时不对 $CO+CO_2$ 值进行监管。

（2）考虑到分析仪的响应时间一般需要 8 s 左右，所以图中在发动机正常运转超过 8 s 后再启动 $CO+CO_2$ 值监管。

（3）如果无法保证车辆在简易工况法测试过程发动机不熄火，这时油电混合动力车的发动机基本不会有怠速运行状态，也无法让发动机运行高怠速工况，所以，图 7-5 不适用于双怠速法监管。

应该注意的是，除本节说明内容外，油电混合动力车测试过程的其他质控参数监管与普通汽油车完全相同，这里不再重复介绍和说明。此外，如果对油电混合动力车测试过程进行监管，则稳态和瞬态监管主模块的控制流程也应参考上述第（1）小点说明进行相应修改与完善，因控制流程的修改内容较简单，这里也不补充介绍。

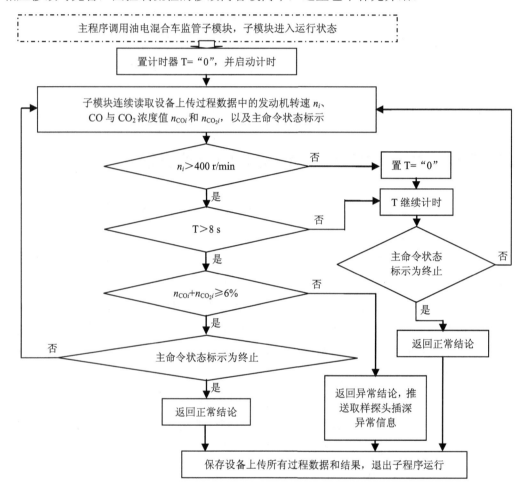

图 7-5　油电混合动力车监管子模块控制流程示意

7.4　监管功能选配管理方法

第 3 章说明模块化结构的好处是可以通过灵活选用模块搭建系统功能，也可以根据需求灵活增加新的功能模块，以满足不同用户的需求。这里对监管系统模块的选配以及新增模块功能方法提出相关建设性思路。

7.4.1　模块使用状态的标示方法

从商业软件角度考虑，系统功能通常会依据用户需求搭配，用户不需要的软件应用功能，往往不会开放给用户使用，如果用户需要使用未开放的软件应用功能，在支付相关费用后，系统又需将相关功能开放给用户使用。

软件应用功能由模块功能实现，软件应用功能的管理实质上就是模块的使用管理。模块的使用通常可以采取设置模块使用状态标示方法进行管理。监管系统的监管功能较丰富，第 5 章、第 6 章和本章共建立了几十个排放检验监管模块，每个模块都实现着一定的功能，这里对监管系统的监管模块选配方法提出如下思路。

（1）建立监管模块使用状态标示管理，设选用/备用 2 种标示，标示为备用时则取消相应模块的使用。

（2）由于监管模块之间存在相互调用关系，监管模块的备用标示原则上只对具体模块起作用。如果想建立标示关联关系，则应将专属于监管主模块调用的监管子模块与监管基模块（以下简称专属模块）建立关联关系，以及将专属于监管子模块调用的监管基模块建立关联关系。采取这种措施后，当监管主模块或监管子模块标示为备用后，属下的专属模块将自动标示为备用。

比如测功机期间核查监管主模块关联的监管子模块有负荷精度检查、加载响应时间检查、变负荷滑行检查 3 个监管子模块，各监管子模块又关联理论滑行时间、恒功率滑行检查、加载响应时间检查等 3 个监管基模块。由于理论滑行时间、恒功率滑行检查 2 个监管基模块也是加载滑行检查监管主模块的调用模块，所以它们不是专属模块。负荷精度检查、加载响应时间检查、变负荷滑行检查 3 个监管子模块仅被测功机期间核查监管主模块调用，加载响应时间检查监管基模块仅被加载响应时间检查监管子模块调用，所以这 3 个监管子模块和加载响应时间检查监管基模块都是专属模块。如果将测功机期间核查监管主模块的使用状态标示为备用时，则可以同步将其属下的专属模块标示为备用。

（3）如果需启用某个具体监管模块功能，则需同时启用上一级监管模块，直至监管主模块功能也被启用，此时应该注意的是不应改变监管主模块属下其他监管模块的标示。

（4）模块使用状态只能由系统超级管理人员人工进行标示，系统管理员也无权进行标示。

7.4.2　监管模块返回结果分析

模块被调用后通常会向调用主程序返回运行结果，结果通常有数据也有结论。结论往往会根据日常名词使用习惯命名，如合格/不合格、许可/不许可、通过/不通过、正常/异常等等。为方便表述和监管模块的使用管理，第 5 章、第 6 章和本章所建立的监管子模块与监管基模块均使用了正常/异常作为返回结论,部分模块还结合具体情况返回了合格/不合格结果,以及返回了具体数据。通常,返回合格/不合格结果和返回具体数据的监管模块都是专属模块,专属模块的使用状态与调用主程序模块一般都应同步标示。

由第 5 章、第 6 章和本章所建立的监管主模块还可知,监管主模块均是负责专项业务的监管,所以监管主模块之间不存在相互调用情况,监管主模块也不用返回结论与结果。

7.4.3 被调用模块使用状态标示为备用时的处理方法

某个具体监管模块被标示为备用后,当主程序调用该模块时,则可能会出现因无法获得该模块的返回结论,导致主程序运行错误甚至进入运行死循环情况发生。为解决这一问题,推荐建立一个专用的模块选用管理基模块。当主程序需要调用某个监管模块时,先调用模块选用管理基模块,由模块选用管理基模块根据拟调用模块的使用状态标示确定是否真正调用该模块。如果被调用模块的使用状态标示为备用,模块选用管理基模块则直接返回正常结论与合格结果,如果被调用模块的使用状态标示为选用,模块选用管理基模块则真正调用该模块。

采取上述措施后,如果主程序仅需要返回结论,主程序只会读取返回结论,如果主程序既需要返回结论也需要返回结果,则主程序会先后读取返回结论与结果。

7.4.4 模块选用管理基模块的控制流程

模块选用管理基模块的控制流程示意如图 7-6 所示。

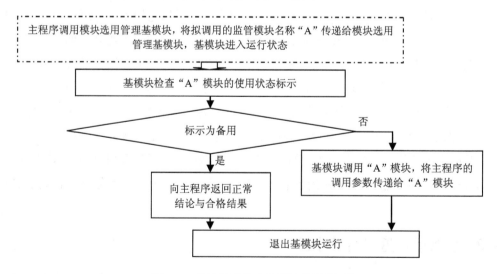

图 7-6 模块选用管理基模块的控制流程

由图可见，模块选用管理基模块相当于一个嵌入式模块被插入调用主程序和被调用模块之间，被调用模块的返回结论与结果仍返回给调用主程序。

7.4.5　新增模块的管理

如果用户需求提出了新的功能要求，通常应先分析新增功能与已有模块间的关联关系，并根据需求确定需建立的新增模块数量与层次，确定与关联模块间信息或数据交换内容以及可以利用哪些已有模块等基础工作。新增功能往往相对独立，新增子模块和基模块往往都是新增功能模块的专属模块，只需对系统原有模块中的关联模块进行小范围修改，比如在关联模块中增加调用新增模块流程等。

新增模块也应建立使用状态标示管理，标示的管理方法与系统原有模块类似。

参考文献

陈爱平，2006. 基于分布式多层结构的机动车排放检测管理系统的研究[D]. 广州：中国科学院广州地球
　　化学研究所.

陈伟，2013. 江苏省机动车排气检测与维护网络监管系统研究[J]. 污染防治技术，26（4）：24-26.

丁焰，葛蕴珊，张学敏，2009. 汽车简易工况法与新车排放认证工况法的相关性研究[J]. 环境科学研究，
　　22（9）：1027-1031.

付燕，2009. 软件体系结构实用教程[M]. 西安：西安电子科技大学出版社.

葛蕴珊，刘志华，杨志强，等，2007. 汽油车简易瞬态工况污染物排放检测系统的开发[J]. 汽车工程，
　　29（11）：954-957.

葛蕴珊，杨志强，张学敏，等，2007. 在用汽油车瞬态工况排放测试方法研究[J]. 汽车工程，29（3）：
　　212-215.

葛蕴珊，张学敏，高力平，等，2006. 简易瞬态工况法测量准确度影响因素研究[J]. 汽车工程，28（4）：
　　335-339.

国家环境保护总局，2006. 柴油车加载减速工况法排气烟度测量设备技术要求：HJ/T 292—2006[S]. 北
　　京：中国环境科学出版社.

国家环境保护总局，2006. 汽油车简易瞬态工况法排气污染物测量设备技术要求：HJ/T 290—2006[S]. 北
　　京：中国环境科学出版社.

国家环境保护总局，2006. 汽油车双怠速法排气污染物测量设备技术要求：HJ/T 289—2006[S]. 北京：
　　中国环境科学出版社.

国家环境保护总局，2006. 汽油车稳态工况法排气污染物测量设备技术要求：HJ/T 291—2006[S]. 北京：
　　中国环境科学出版社.

国家环境保护总局，2007. 点燃式发动机汽车瞬态工况法排气污染物测量设备技术要求：HJ/T 396—
　　2007[S]. 北京：中国环境科学出版社.

国家环境保护总局，2007. 压燃式发动机汽车自由加速法排气烟度测量设备技术要求：HJ/T 395—2007[S].
　　北京：中国环境科学出版社.

韩应键，戴映云，陈南峰，2013. 机动车排气污染物检测培训教程[M]. 2 版. 北京：中国质检出版社，

中国标准出版社.

韩甄,李星耀,马志明,2014. 机动车排气检测监管系统防作弊功能应用概述[J]. 北方环境, 12: 94-96.

郝吉明,吴烨,傅立新,等,2002. 中国城市机动车排放污染控制规划体系研究[J]. 应用气象学报,S1: 195-203.

环境保护部,国家质量监督检验检疫总局,2013. 轻型汽车污染物排放限值及测量方法(中国第五阶段): GB 18352. 3—2013[S]. 北京:中国环境出版社.

刘铁,尚若静,2013. 南京市机动车尾气检测监管系统的应用[J]. 环境监测管理与技术, 25(3): 51-54.

生态环境部,2021. 机动车排放定期检验规范: HJ 1237—2021[S]. 北京:中国环境出版集团.

生态环境部,2021. 汽车排放定期检验信息采集传输技术规范: HJ 1238—2021[S]. 北京:中国环境出版集团.

生态环境部,国家市场监督管理总局,2018. 柴油车污染物排放限值及测量方法(自由加速法及加载减速法): GB 3847—2018[S]. 北京:中国环境出版集团.

生态环境部,国家市场监督管理总局,2018. 汽油车污染物排放限值及测量方法(双怠速法及简易工况法): GB 18285—2018[S]. 北京:中国环境出版集团.

史韵,朱云,周勤,等,2010. 省级机动车排气检测监管系统应用研究[J]. 计算机应用研究, 27(11): 4193-4196.

双菊荣,2014. 车辆加载减速法技术防弊措施分析研究[J]. 环境科学与管理, 39(11): 127-131.

双菊荣,洪家龙,周咪,等,2019. 柴油车加载减速法的加载控制原理与方法[M]. 北京:中国环境出版集团.

双菊荣,黄如娜,2007. 实施简易工况法排气检测若干问题探讨[J]. 环境科学与管理, 32(5): 133-136.

双菊荣,刘剑筠,姚欣灿,2014. LugDown法设备性能的改进与完善方法[J]. 环境监测管理与技术,(26) 6: 67-70.

双菊荣,刘剑筠,周咪,等,2017. 机动车排放检验实用技术习题与解析[M]. 北京:中国环境出版社.

双菊荣,王伯光,黄如娜,等,2017. 机动车排放检验标准解析、设备原理、技术方法与应用[M]. 北京:科学出版社.

王军方,丁焰,汤大钢,等,2010. 机动车污染防治政策与管理[J]. 环境保护, 38(24): 14-17.

王岐东,贺克斌,傅立新,2013. 机动车排放检测运行体系的相关研究[J]. 上海环境科学, 12: 971-976, 1050.

张雪莉,2010. 机动车排气污染物检测技术[M]. 北京:清华大学出版社,北京交通大学出版社.

张友生,2021. 软件体系结构原理、方法与实践[M]. 3版. 北京:清华大学出版社.

赵宏,王恺,2019. 程序设计基础[M]. 北京:清华大学出版社.

附录 1 稳态工况法底盘测功机的加载规定

（摘自 GB 18285—2018 规范性附件 BA）

BA.1 测功机的加载功率

BA.1.1 滚筒直径为（218±2）mm 的测功机按下列公式进行计算加载功率

$$P_{5025\text{-}2}=RM/148$$

$$P_{2540\text{-}2}=RM/185$$

式中：RM —— 基准质量，kg；

$P_{5025\text{-}2}$ —— 滚筒直径为（218±2）mm 的测功机 ASM5025 工况设定功率值，kW；

$P_{2540\text{-}2}$ —— 滚筒直径为（218±2）mm 的测功机 ASM2540 工况设定功率值，kW。

对重型车，如果 $P_{5025\text{-}2}$ 或 $P_{2540\text{-}2}$ 的加载功率计算结果大于或等于 25.0 kW，均按 25.0 kW 进行加载测试。

BA.1.2 其他滚筒直径的测功机按下列公式进行计算加载功率

$$P_{5025}=P_{5025\text{-}2}+P_{f5025\text{-}2}-P_{f5025}$$

$$P_{2540}=P_{2540\text{-}2}+P_{f2540\text{-}2}-P_{f2540}$$

式中：P_{5025} —— 任意滚筒直径的测功机 ASM5025 工况设定功率值，kW；

P_{2540} —— 任意滚筒直径的测功机 ASM2540 工况设定功率值，kW；

$P_{5025\text{-}2}$ —— 滚筒直径为（218±2）mm 测功机 ASM5025 工况设定功率值，kW；

$P_{2540\text{-}2}$ —— 滚筒直径为（218±2）mm 测功机 ASM2540 工况设定功率值，kW；

$P_{f5025\text{-}2}$ —— 滚筒直径为（218±2）mm 测功机 ASM5025 工况轮胎与滚筒表面摩擦损失功率，kW；

$P_{f2540\text{-}2}$ —— 滚筒直径为（218±2）mm 测功机 ASM2540 工况轮胎与滚筒表面摩擦损失功率，kW；

P_{f5025} —— 任意滚筒直径的测功机 ASM5025 工况轮胎与滚筒表面摩擦损失功率，kW；

P_{f2540} —— 任意滚筒直径的测功机 ASM2540 工况轮胎与滚筒表面摩擦损失功率，kW。

BA.2　轮胎与测功机滚筒表面摩擦损失功率计算

轮胎与任意直径滚筒的表面摩擦损失功率可表示为

$$P_f=Av+Bv^2+Cv^3$$

式中：P_f —— 轮胎与任意直径滚筒的表面摩擦损失功率，kW；可通过测功机对车辆反拖
或车辆在测功机上空挡滑行测量取值；

A、B、C —— 特定滚筒直径的测功机轮胎与滚筒表面摩擦损失功率拟合系数；

v —— 车辆速度，m/s。

附录 2 仪器性能检查与校正要求

（摘自 HJ 1237—2021 规范性附录 A）

A.1 概述

本附录规定了检验机构仪器性能检查项目和检查周期要求。

检验机构应按照本附录要求开展设备的检查，检查项目和周期应至少满足本附录规定要求，检查方法及指标应符合 GB 18285 和 GB 3847 的相关要求。本标准未明确的其他仪器性能检查应满足计量检定和检验机构质量控制的相关规定。

A.2 双怠速仪器性能检查项目及周期

表 A.1 双怠速法仪器性能检查项目及周期

检查单元	项目	检查内容	周期	类型
排气分析仪	泄漏检查	取样系统密闭性检查	每天开始检测前	自检
	HC 残留检查	检查系统中 HC 残留值	每次测试前	校正
	单点检查	用低浓度标准气体进行单点检查。如检查不通过，需要改用零气和高浓度标准气体进行标定，再用低浓度标准气体进行复查	每天开始检测前	自检
	响应时间检查	检查 CO、CO_2、HC 和 O_2 响应时间	每月进行	周期检查

A.3 稳态工况法仪器性能检查项目及周期

表 A.2 稳态工况法仪器性能检查项目及周期

检查单元	项目	检查内容	周期	类型
排气分析仪	泄漏检查	取样系统密闭性检查	每天开始检测前	自检
	零点校正	排气分析仪 HC、CO、CO_2、NO 的零点校正 O_2 传感器量距点校正	每次检测前	校正
	环境空气测定	测量并记录环境空气 HC、CO、NO 浓度	每次检测前	校正

检查单元	项目	检查内容	周期	类型
排气分析仪	背景空气浓度取样	取样管抽气分析 HC、CO、NO_x 浓度计算 HC 残留量浓度	每次检测前	校正
	单点检查	用低浓度标准气体进行单点检查（含氧检查）。如检查不通过，需要改用零气和高浓度标准气体进行标定，再用低浓度标准气体进行复查。高浓度标准气体标定应每月至少进行一次	低标气：每天开始检测前 高标气：每月至少一次	自检
	响应时间检查	CO、NO、O_2 传感器响应时间	高浓度气标定时	自检
	五点检查	单点检查连续 3 次不通过，应对排气分析仪进行维护保养或重新线性化处理，然后进行五点检查	自检	
底盘测功机	滑行测试	50～30 km/h 滑行测试及 35～15 km/h 滑行测试	每天开始检测前*	自检
	附加损失测试	测功机内部摩擦损失功率	每周进行，当滑行检查不通过时也需进行	自检/周期检查
	其他	力传感器检查、转鼓转速检查、负荷准确度、响应时间、变负荷滑行	180 d	周期检查

注：* HJ 1237—2021 使用的是"每天进行"，本表参照其他简易工况法之规定修改为"每天开始检测前"。

A.4　简易瞬态工况法仪器性能检查项目及周期

表 A.3　简易瞬态工况法仪器性能检查项目及周期

检查单元	项目	检查内容	周期	类型
排气分析仪	泄漏检查	取样系统密闭性检查	每天开始检测前	自检
	零点校正	排气分析仪 HC、CO、CO_2、NO_x 零点校正；O_2 传感器量距点校正	每次检测前	校正
	环境空气测定	测量并记录环境空气 HC、CO、NO_x 浓度	每次检测前	校正
	背景空气浓度取样	取样管抽气分析 HC、CO、NO_x 浓度；计算 HC 残留量浓度	每次检测前	校正
	单点检查	低浓度标准气体检查（含氧检查）。如检查不通过，需要改用零气和高浓度标准气体进行标定，再用低浓度标准气体进行复查。高浓度标准气体标定应每月至少进行一次	低标气：每天开始检测前 高标气：每月至少一次	自检
	响应时间检查	CO、NO_x、O_2 传感器响应时间	高浓度气标定时	自检
	NO_x 转化效率检查	采用转化炉方式测量 NO_x 的分析仪应进行 NO_2 转换为 NO 的转化效率检查，检查方法应按照附件 AA。转化效率不小于90%	每周至少一次 更换 NO 转化剂组件时必须进行	周期检查
	五点检查	当单点检查连续 3 次不通过，应对排气分析仪进行维护保养或重新线性化处理，然后进行五点检查		自检

检查单元	项目	检查内容	周期	类型
底盘测功机	滑行测试	50～30 km/h 滑行测试及 35～15 km/h 滑行测试	每天开始检测前	自检
	附加损失测试	测功机内部摩擦损失功率	每周进行，当滑行测试不通过时也需进行	自检/周期检查
	其他	力传感器检查、转鼓转速检查、负荷准确度、响应时间、变负荷滑行	180 d	周期检查

A.5 自由加速法仪器性能检查项目及周期

表 A.4 自由加速法仪器性能检查项目及周期

检查单元	项目	检查内容	周期	类型
不透光烟度计	零点和满量程检查	0%、100%点	每次检测前	校正
	滤光片检查	标准滤光片量距点检查	每天开始检测前	自检

A.6 加载减速法仪器性能检查项目及周期

表 A.5 加载减速法仪器性能检查项目及周期

检查单元	项目	检查内容	周期	类型
不透光烟度计	零点和满量程点检查	0%、100%点	每次检测前	校正
	滤光片检查	标准滤光片量距点检查	每天开始检测前	自检
NO_x分析仪	泄漏检查	取样系统密闭性检查	每天开始检测前	自检
	零点校正	CO_2、NO_x排气分析仪零点校正	每次检测前	校正
	单点检查	低浓度标准气体检查。如检查不通过，需要改用零气和高浓度标准气体进行标定，再用低浓度标准气体进行复查。高浓度标准气体标定应每月至少进行一次	低标气：每天开始检测前 高标气：每月至少一次	自检
	响应时间检查	CO_2、NO_x传感器响应时间	高浓度标定时	自检
	NO_x转化效率检查	采用转化炉方式测量 NO_x 的分析仪应进行 NO_2 转换为 NO 的转化效率检查，检查方法应按照附件 AA。转化效率应不小于90%	每周至少一次，更换 NO 转化剂组件时必须进行	周期检查
	五点检查	当单点检查连续 3 次不通过，应对分析仪进行维护保养或重新线性化处理，然后进行五点检查		自检

检查单元	项目	检查内容	周期	类型
底盘测功机	滑行测试	100～10 km/h（至少 80～10 km/h）滑行测试（10～30 kW 任意一个负载）	每天开始检测前	自检
	附加损失测试	测功机内部摩擦损失功率	每周进行，当滑行测试不通过时也需进行	自检/周期检查
	其他	测功机静态检查（扭矩/力）、测功机速度测试、响应时间、变负荷滑行	180 d	周期检查

附录 3 简易瞬态工况载荷设定

（摘自 GB 18285—2018 规范性附录 D）

D.2.3.5.8 简易瞬态工况载荷设定

简易瞬态工况测试前，系统应根据车辆基准质量等参数自动设定测功机载荷，或根据基准质量设定测试工况吸收功率值，吸收功率应采用表 D.1 的推荐值。

表 D.1 在 50 km/h 时驱动轮的吸收功率

基准质量 RM/kg	测功机吸收功率 P/kW	基准质量 RM/kg	测功机吸收功率 P/kW
RM≤750	1.3	1 700≤RM≤1 930	2.1
750≤RM≤850	1.4	1 930≤RM≤2 150	2.3
850≤RM≤1 020	1.5	2 150≤RM≤2 380	2.4
1 020≤RM≤1 250	1.7	2 380≤RM≤2 610	2.6
1 250≤RM≤1 470	1.8	2 610≤RM	2.7
1 470≤RM≤1 700	2.0		

注：对于车辆基准质量大于 1 700 kg 的乘用车，表中功率应乘以系数 1.3。

附录4 λ值计算方法

（摘自 GB 18285—2018 规范性附件 AA）

AA.3.15 过量空气系数（λ）计算

AA.3.15.1 仪器指示的λ值应按 AA.3.15.3 中的公式作相应计算，并按 4 位数字显示。

AA.3.15.2 仪器指示的λ值应符合下列精度要求

表 AA.4 λ值精度要求

λ值范围	0.850～0.950	0.950～1.050	1.050～1.200
精度要求	±2.0%	±1.0%	±2.0%

AA.3.15.3 标准计算公式如下：

$$\lambda = \dfrac{[CO_2]+\dfrac{[CO]}{2}+[O_2]+\left\{\left[\dfrac{H_{cv}}{4}\times\dfrac{3.5}{3.5+\dfrac{[CO]}{[CO_2]}}-\dfrac{O_{cv}}{2}\right]\times([CO_2]+[CO])\right\}}{\left[1+\dfrac{H_{cv}}{4}-\dfrac{O_{cv}}{2}\right]\times\{[CO_2]+[CO]+k_1\times[HC]\}}$$

式中：[ ] —— 体积分数，以%为单位，仅对 HC 以 10^{-6} 为单位；

k_1 —— HC 转换因子，当 HC 浓度以 10^{-6} 正己烷（C_6H_{14}）当量表示时，该值为 6×10^{-4}；

H_{cv} —— 燃料中氢和碳的原子比，根据不同的燃料可选为：汽油：1.726 1，LPG：2.525，NG：4.0；如果计算结果不符合 AA.3.15.2 精度要求，应根据汽车（发动机）所使用的燃料选定相应常数值（下同）；

O_{cv} —— 燃料中氧和碳的原子比，根据不同的燃料可选为：汽油：0.017 6，LPG：0，NG：0。

AA.3.15.4 其他公式

可采用其他等效公式计算λ值，但必须达到上述精度要求。

附录5 简易瞬态工况法排气测量结果的计算方法

（摘自 GB 18285—2018 规范性附录 D）

D.2.5 排气污染物测量值计算和测试结果修正

D.2.5.1 应由主控系统按下列公式进行逐秒计算并修正排气污染物测量结果

单位时间排放质量（g/s）=浓度×密度×排气流量

各污染物在标准状态下的密度参见 C.2.9，其中 NO_x 以 NO_2 密度进行计算。

D.2.5.2 各种气体污染物密度和排气流量都应修正为标准状态。

D.2.5.3 系统主控计算机应按下列公式计算得到最终的测试结果：

比排放量（g/km）= Σ 单位时间排放质量（g/s）/ Σ 车辆当量行驶距离（km/s）

D.2.5.4 排气污染物浓度修正

对从分析仪测得的排放结果应进行稀释校正和湿度校正：

$$C_{HC}(i) = R_{HC}(i) \times DF$$
$$C_{CO}(i) = R_{CO}(i) \times DF$$
$$C_{NO_x}(i) = R_{NO_x}(i) \times DF \times k_H(i)$$

式中：$C_{HC}(i)$ —— HC 排放平均浓度，10^{-6}；

$C_{CO}(i)$ —— CO 排放平均浓度，%；

$C_{NO_x}(i)$ —— NO_x 排放平均浓度，10^{-6}；

$R_{HC}(i)$ —— 第 i 秒 HC 测量浓度，10^{-6}；

$R_{CO}(i)$ —— 第 i 秒 CO 测量浓度，%；

$R_{NO_x}(i)$ —— 第 i 秒 NO_x 测量浓度，10^{-6}；

$DF(i)$ —— 第 i 秒稀释系数；

$k_H(i)$ —— 第 i 秒湿度校正系数。

D.2.5.4.1 稀释校正

简易瞬态排放测试的 CO、HC、NO_x 测量结果应进行稀释系数（DF）校正，当稀释系数计算值大于 3.0 时，取稀释系数等于 3.0，稀释系数计算公式如下：

$$DF = \frac{C_{CO_2修}}{C_{CO_2测}}$$

$$C_{CO_2修} = \left[\frac{X}{\alpha + 1.88X}\right] \times 100$$

$$X = \frac{C_{CO_2测}}{C_{CO_2测} + C_{CO测}}$$

式中：DF —— 稀释系数；

$C_{CO_2修}$ —— CO_2 排放浓度测量修正值，%；

$C_{CO_2测}$ —— CO_2 排放浓度测量值，%；

$C_{CO修}$ —— CO 排放浓度测量值，%；

α —— 燃料计算系数，根据燃料种类选取下列值：

—汽油：4.644；

—压缩天然气：6.64；

—液化石油气：5.39。

D.2.5.4.2 NO 测量结果应同时乘以相对湿度校正系数 k_H，湿度校正系数计算公式如下：

$$k_H = \frac{1}{1 - 0.0329 \times (H - 10.71)}$$

$$H = \frac{6.2111 \times R_a \times P_d}{P_B - \left(P_d \times \frac{R_a}{100}\right)}$$

式中：k_H —— 湿度校正系数；

H —— 绝对湿度，g 水/kg 空气；

R_a —— 环境空气的相对湿度，%；

P_d —— 环境温度下水蒸气的饱和蒸气压，kPa，如果环境温度大于 30℃，应使用 30℃的饱和蒸气压代替；

P_B —— 大气压力，kPa。

D.2.5.5 关于测试结果中负值的处理规定

如果逐秒测量的排放数据中出现负值，在逐秒记录的数据中应如实记录负值测试结果。但是在积分计算中，应该把负值作为 0.0 进行计算。如果需要将逐秒实时计算结果提供给机动车车主，或者提供给修理厂，无论是曲线，还是数据表格，都应该将负值转换为 0.0。

D.2.5.6 测试距离判断准则

应根据实际驾驶距离确定车辆的当量行驶距离，如果实际测试距离和理论距离的偏差大于 0.2 km，则测试结果无效。

D.2.5.7 如果测试期间发动机熄火，测试结果无效，需重新开始测试。如果连续出现 3 次或 3 次以上熄火，将不得继续进行排放测试，待车辆检查维修正常后，方可重新进行测试。

混合动力车辆，可以不受上述规定的限制。

附录 6　稳态工况法排气测量结果的计算方法

（摘自 GB 18285—2018 规范性附录 B）

B.4.4　排气污染物测量值的计算

排放测试结果应进行稀释校正及湿度校正，计算连续 10 s 的算术平均值。

测量结果计算公式如下：

$$C_{HC} = \frac{\sum\limits_{i=1}^{10} C_{HC(i)} \times DF_{(i)}}{10}$$

$$C_{CO} = \frac{\sum\limits_{i=1}^{10} C_{CO(i)} \times DF_{(i)}}{10}$$

$$C_{NO} = \frac{\sum\limits_{i=1}^{10} C_{NO(i)} \times DF_{(i)}}{10}$$

式中：C_{HC} —— HC 排放平均浓度，10^{-6}；

C_{CO} —— CO 排放平均浓度，%；

C_{NO} —— NO 排放平均浓度，10^{-6}；

$C_{HC(i)}$ —— 第 i 秒 HC 测量浓度，10^{-6}；

$C_{CO(i)}$ —— 第 i 秒 CO 测量浓度，%；

$C_{NO(i)}$ —— 第 i 秒 NO 测量浓度，10^{-6}；

$DF_{(i)}$ —— 第 i 秒稀释系数；

$k_{H(i)}$ —— 第 i 秒湿度校正系数。

B.4.4.1　稀释校正

稳态工况法排放测试结果中的 CO、HC、NO 测量值应乘以稀释系数（DF）进行校正，稀释系数按下列公式进行计算，当稀释系数计算结果大于 3.0 时，取稀释系数等于 3.0。稀释系数计算公式如下：

$$DF = \frac{C_{CO_2修}}{C_{CO_2测}}$$

$$C_{CO_2修} = \left[\frac{X}{\alpha + 1.88X}\right] \times 100$$

$$X = \frac{C_{CO_2测}}{C_{CO_2测} + C_{CO测}}$$

式中：DF —— 稀释系数；

$C_{CO_2修}$ —— CO_2 排放浓度测量修正值，%；

$C_{CO_2测}$ —— CO_2 排放浓度测量值，%；

$C_{CO修}$ —— CO 排放浓度测量值，%；

α —— 燃料计算系数，根据燃料种类选取下列值：

—汽油：4.644；

—压缩天然气：6.64；

—液化石油气：5.39。

B.4.4.2　NO 的湿度校正

NO 测量结果应按相对湿度校正系数 k_H 进行湿度修正，按如下公式计算湿度校正系数：

$$k_H = \frac{1}{1 - 0.032\,9 \times (H - 10.71)}$$

$$H = \frac{6.211\,1 \times R_a \times P_d}{P_B - \left(P_d \times \dfrac{R_a}{100}\right)}$$

式中：k_H —— 湿度校正系数；

H —— 绝对湿度，g 水/kg 空气；

R_a —— 环境空气的相对湿度，%；

P_d —— 环境温度下水蒸气的饱和蒸气压，kPa，如果环境温度大于 30℃，则按 30℃的饱和蒸气压进行计算；

P_B —— 大气压力，kPa。

附录 7 加载减速法排气测量结果的计算方法

（摘自 GB 3847—2018 规范性附录 B）

B.4.5 合格不合格的判定

B.4.5.1 氮氧化物 NO_x 测量结果计算

排放测试结果应进行湿度校正，计算连续 9 s 的算术平均值。

测量结果计算公式如下：

$$C_{NO_x} = \frac{\sum_{i=1}^{9} C_{NO_x(i)} \times k_{H(i)}}{9}$$

式中：C_{NO_x} —— NO_x 排放平均浓度，10^{-6}；

　　　$C_{NO_x(i)}$ —— 第 i 秒 NO_x 测量浓度，10^{-6}；

　　　$k_{H(i)}$ —— 第 i 秒湿度校正系数。

湿度校正系数计算公式如下：

$$k_H = \frac{1}{1 - 0.032\,9 \times (H - 10.71)}$$

$$H = \frac{6.211\,1 \times R_a \times P_d}{P_B - \left(P_d \times \dfrac{R_a}{100} \right)}$$

式中：k_H —— 湿度校正系数；

　　　H —— 绝对湿度，g 水/kg 空气；

　　　R_a —— 环境空气的相对湿度，%；

　　　P_d —— 环境温度下水蒸气的饱和蒸气压，kPa，如果环境温度大于 30℃，则按
　　　　　　30℃的饱和蒸气压进行计算；

　　　P_B —— 大气压力，kPa。

B.4.5.2 检测系统应对检测中记录的原始光吸收系数 k 和 NO_x、发动机转速和吸收功率数据进行自动处理，不允许对上述数据进行任何人工修改。

B.4.5.3 从两个加载减速速度段检测记录的数据组中，筛选出真实 VelMaxHP 下的发动机转速、转鼓转速、吸收功率和光吸收系数 k 数据输至数据区 1，筛选出 80%的 VelMaxHP 下的相应数据及 NO_x 分别输入数据区 2 中。

B.4.5.4 在数据区 1，根据系统自动记录的环境温度、环境湿度和大气压力，对测量得到

的吸收功率进行修正，吸收功率的修正公式如下：

$$P_C = P_0 \left(f_a\right)^{f_m}$$

对自然吸气式和机械增压发动机：

$$f_a = \frac{99}{B_d}\left[\frac{t+273}{298}\right]^{0.7}$$

对涡轮增压或涡轮增压中冷发动机：

$$f_a = \left[\frac{99}{B_d}\right]^{0.7}\left[\frac{t+273}{298}\right]^{1.5}$$

式中：P_C —— 修正功率，kW；

$\quad\quad$ P_0 —— 实测功率，kW；

$\quad\quad$ f_a —— 大气修正系数；

$\quad\quad$ f_m —— 发动机系数；选取 f_m=1.2；

$\quad\quad$ B_d —— 环境干空气压力，kPa；

$\quad\quad$ t —— 进气温度，℃。

B.4.5.5　将所需最小功率和测试修正后的轮边功率进行比较，如果修正后的轮边功率小于所需最小功率，判定车辆检测不合格，注意修正功率应保留到小数点后 1 位数。

B.4.5.6　在数据区 1 检查光吸收系数 k，在数据区 2 检查光吸收系数 k 和 NO_x 数据，如果任何一个数据超过了规定的限值，则车辆排放不合格，应通过主程序设置菜单设置限值。注意检测的光吸收系数 k 值需要精确到 0.01 m^{-1}。

B.4.5.7　如果车辆没有通过上述任何一项检测（光吸收系数 k、NO_x 和轮边功率），则认为该车没有通过加载减速法排放检测。否则，则认为该车通过检测。

B.4.5.8　检验员需要按相应的控制键接受检测结果。同时用软件存储数据，并以标准格式输出结果。数据区 1 的 VelMaxHP 应与发动机制造厂规定的发动机额定转速同时输出在检测报告中。

B.4.5.9　将每次检测的数据通过检测序列号进行标记，并存为电子文档。

B.4.5.10　检验员应在打印输出的表格上签上姓名和检测标志号。

附录8 简易瞬态工况法运转循环车速表

（摘自 GB 18285—2018 规范性附件 C 中的表 C.1）

表 C.1 瞬态工况运转循环

操作序号	操作	工序	加速度/（m/s²）	速度/（km/h）	每次时间 操作/s	每次时间 工况/s	累计时间/s	手动换挡时使用的挡位	时间标示③
1	怠速	1	—	—	11	11	11	6sPM①+5sK₁②	$T_{1始}$
2	加速	2	1.04	0～15	4	4	15	1	
3	等速	3	—	15	8	8	23	1	
4	减速		−0.69	15～10	2		25	1	$T_{1止}$
5	减速，离合器脱开	4	−0.92	10～0	3	5	28	K₁	
6	怠速	5	—	—	21	21	49	16sPM+5sK₁	$T_{2始}$
7	加速		0.83	0～15	5		54	1	$T_{2止}$
8	换挡	6	—	—	2	12	56	—	$T_{3始}$
9	加速		0.94	15～32	5		61	2	
10	等速	7	—	32	24	24	85	2	
11	减速		−0.75	32～10	8		93	2	$T_{3止}$
12	减速，离合器脱开	8	−0.92	10～0	3	11	96	K₂	
13	怠速	9	—	—	21	21	117	16sPM+5sK₁	$T_{4始}$
14	加速		0.83	0～15	5		122	1	$T_{4止}$
15	换挡		—	—	2		124	—	$T_{5始}$
16	加速	10	0.62	15～35	9	26	133	2	$T_{5止}$
17	换挡		—	—	2		135	—	$T_{6始}$
18	加速		0.52	35～50	8		143	3	
19	等速	11	—	50	12	12	155	3	
20	减速	12	−0.52	50～35	8	8	163	3	
21	等速	13	—	35	13	13	176	3	$T_{6止}$

操作序号	操作	工序	加速度/ (m/s²)	速度/ (km/h)	每次时间		累计时间/s	手动换挡时使用的挡位	时间标示[3]
					操作/s	工况/s			
22	换挡		—	—	2		178	—	$T_{7始}$
23	减速	14	−0.86	35～10	7	12	185	2	$T_{7止}$
24	减速，离合器脱开		−0.92	10～0	3		188	K_2	
25	怠速	15	—	—	7	7	195	7sPM	

注：①PM—变速器置空挡，离合器接合。

　　②K_1、K_2—变速器置一挡或二挡，离合器脱开。

　　③为本书增加的调用瞬态半程Ⅰ类监管模块之起止时间标示，对应取累计时间值。